技工院校实训基地人才培养一体化模块教材

焊工实训
（中级模块）

人力资源和社会保障部教材办公室组织编写

中国劳动社会保障出版社

简　介

本书主要内容有焊条电弧焊、二氧化碳气体保护焊、手工钨极氩弧焊、埋弧焊、气焊、钎焊、切割以及职业技能鉴定焊工中级考核模拟试卷。

图书在版编目(CIP)数据

焊工实训：中级模块/华茂青主编. —北京：中国劳动社会保障出版社，2015
技工院校实训基地人才培养一体化模块教材
ISBN 978-7-5167-2263-3

Ⅰ. ①焊…　Ⅱ. ①华…　Ⅲ. ①焊接-技工学校-教材　Ⅳ. ①TG4

中国版本图书馆 CIP 数据核字(2015)第 317433 号

中国劳动社会保障出版社出版发行
（北京市惠新东街 1 号　邮政编码：100029）

*

三河市华骏印务包装有限公司印刷装订　新华书店经销
787 毫米×1092 毫米　16 开本　16.5 印张　367 千字
2016 年 1 月第 1 版　2024 年 2 月第 4 次印刷
定价：29.00 元
营销中心电话：400－606－6496
出版社网址：http://www.class.com.cn
http://jg.class.com.cn

技工院校实训基地人才培养一体化模块
教材编委会名单

编审委员会（以姓氏笔画排序）

王国海　冯跃虹　吕成鹰　刘海光　孙大俊
冷耀明　张　林　胡恒庆　龚　安

编审人员

本书主编：华茂青
本书参编：郑新浪、刘锋、李希兵、许为柏、龚爱民、王玉生、王卫民、张华

前言

Preface

为了进一步发挥技工院校在技能人才培养方面的作用，切实满足企业对技能型人才的需求，人力资源和社会保障部教材办公室组织有关学校的骨干教师和行业、企业专家，在充分调研技工院校实训基地人才培养和培训模式以及企业技能人才需求的基础上，吸收和借鉴当前较为成熟的人才培养理念，编写了技工院校实训基地人才培养一体化模块教材。

使用说明

本套教材分为基础模块和专业核心模块（见下图）。其中专业核心模块教材根据国家职业技能鉴定标准中的初级、中级和高级要求设计有相对应的初级模块教材、中级模块教材和高级模块教材。实训基地可根据需要按照“基础模块 + 专业核心模块”组合模式选择相应的教材。

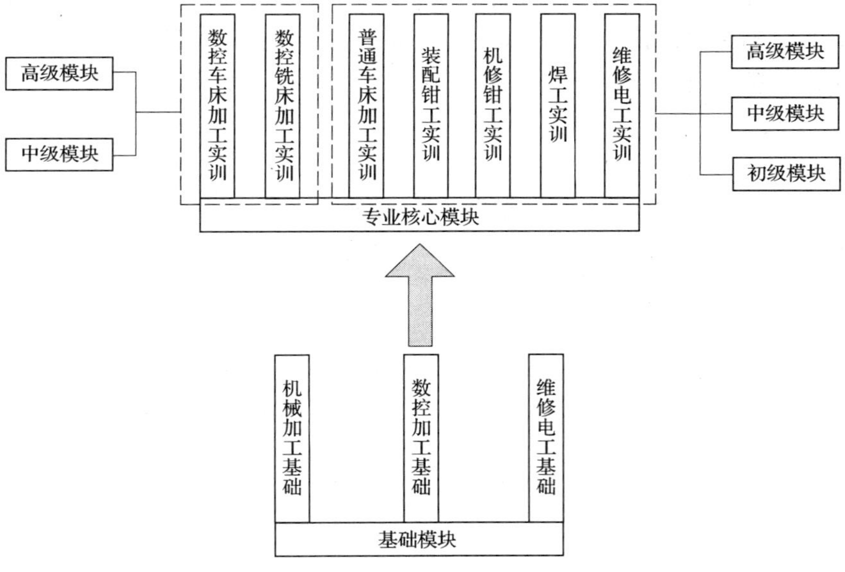

编写特色

◆与职业技能鉴定接轨

教材的编写以车工、数控车工、数控铣工、装配钳工、机修钳工、焊工、维修电工等国家职业技能标准为依据，涵盖国家职业技能标准（初、中、高级）的知识和技能要求，内容具有权威性。为了帮助学员熟悉职业技能鉴定考核形式及考题类型，每种专业核心模块教材均附有 3 ~ 5 套职业技能鉴定模拟试卷（包含理论知识试卷和技能操作试卷），并配有相应的参考答案。

◆与企业需求接轨

教材在编写中充分考虑企业的培训和用人需求，尽量选取企业真实的、有代表性的操作案例，整合相应的知识和技能，构建一体化教学模块，实现理论与操作技能的统一，既符合职业教育和职业培训的基本规律，又有利于培养学员分析问题和解决问题的综合职业能力。

◆保证先进性和规范性

教材根据相关专业领域的最新发展，编入了新知识、新技术、新设备、新材料等方面的内容，保证教材的先进性。同时采用最新的国家技术标准，使教材更加科学和规范。

读者对象

本套教材既可作为技工院校实训基地技能人才培养和培训用书，还可作为企业、社会培训机构的技能培训用书以及职业技术院校师生的专业用书。

后续拓展

作为补充，我们将陆续开发各专业高新技术应用方面的拓展模块教材，通过职业教育教学资源和数字学习中心网站（http：//zyjy. class. com. cn/）提供在线论坛等网上交流以及相关教学资源下载服务，还将陆续开发相关的在线培训课程。

致谢

本套教材的开发工作得到了全国有关技工院校、实训基地及其人力资源和社会保障主管部门的支持，尤其是得到了江苏省有关技工院校及实训基地的大力支持和帮助，在此我们表示诚挚的谢意。

人力资源和社会保障部教材办公室

2014年10月

目 录

CONTENTS

模块一 焊条电弧焊

模块二 二氧化碳气体保护焊

模块三 手工钨极氩弧焊

模块四　埋弧焊

模块五　气焊、钎焊

模块六　切割

模块七　职业技能鉴定焊工中级考核模拟试卷

模块一 焊条电弧焊

课题一　板板立对接

子课题一　I形坡口立对接双面焊

学习目标

1. 了解焊条（或焊丝）的熔化及熔滴过渡。
2. 了解立焊的特点。
3. 熟悉立焊操作的基本知识和操作要点。
4. 掌握I形坡口立对接操作。

一、焊条（或焊丝）的熔化及熔滴过渡

1. 焊接热源

在金属熔焊中，须有一个能量集中、温度较高的局部加热热源。常用焊接热源有以下几种：电弧热、气体火焰（气焊）、电阻热（电渣焊）、摩擦热、等离子弧（等离子弧焊）等。

2. 焊条、焊丝的加热及熔化

熔化极电弧焊时，加热并熔化焊条、焊丝的主要热量有电弧热和电阻热，而非熔化极电弧焊仅有电弧热而无焊丝的电阻热。

（1）电阻加热

当电流通过焊条或焊丝时，将产生电阻热。电阻热的大小取决于焊条或焊丝的伸出长度、电流强度、焊条或焊丝金属的电阻率和直径。

电阻热过大会给焊接过程带来不利的影响。如焊条电弧焊时，过高的电阻热将使焊条药皮在熔化前就发红变质，失去保护和冶金作用。自动焊时，过高的电阻热将使焊丝发生崩断而影响焊接。为了减小过大的电阻热带来的不利影响，在焊接过程中应采取以下措施：

1）限制焊条或焊丝的伸出长度。焊条电弧焊时焊条不能过长，特别是在采用细直径

焊条时，更要限制其长度。例如，直径 5 mm 的焊条，其最大长度为 450 mm；而直径为 2.5 mm 的焊条，其最大长度为 300 mm。同样直径的不锈钢焊条，其长度更要短一些，如直径 5 mm 的不锈钢焊条，长度为 400 mm。埋弧焊及气体保护焊时，在焊接参数的选择中对焊丝伸出长度都有一定的限制。

2）限制焊接电流。对于一定直径的焊条或焊丝，在生产中应根据工艺的要求选用合适的电流值，决不能单纯为了提高效率而选用过高的电流值。埋弧焊及二氧化碳气体保护焊时，由于焊丝伸出长度比焊条长度短得多，且没有焊条药皮，所以同样直径的焊丝可以选用比焊条电弧焊大得多的电流值，这样就大大地提高了生产率。不锈钢焊条由于本身材料的电阻率大，所以选用电流应比同样直径的碳钢焊条小一些。

（2）电弧加热

真正使焊条、焊丝熔化的是电弧热。尽管电弧热只有一小部分用来熔化焊条或焊丝（大部分热量熔化母材），但它却是熔化焊条、焊丝的主要热量。而焊条、焊丝本身的电阻热仅起辅助作用。

3. 焊条、焊丝金属向母材的过渡

熔滴是电弧焊时在焊条或焊丝端部形成的向熔池过渡的液态金属滴。熔滴通过电弧空间向熔池转移的过程称为熔滴过渡。

（1）熔滴过渡的形式

金属熔滴向熔池过渡根据其形式不同，大致可分为滴状过渡、短路过渡和喷射过渡，如图 1—1—1 所示。

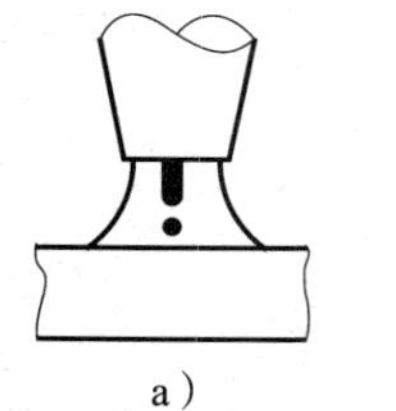
a）

b）

c）

图 1—1—1　熔滴过渡形式
a）粗滴过渡　b）短路过渡　c）喷射过渡

1）滴状过渡。滴状过渡有粗滴过渡和细滴过渡两种。熔滴呈粗大颗粒状向熔池自由过渡的形式称为粗滴过渡，也称颗粒过渡，如图 1—1—1a 所示。当电流较小时，熔滴依靠表面张力的作用可以保持在焊条或焊丝端部自由长大，直至熔滴下落的力（如重力、电磁力等）大于表面张力时才脱离焊条或焊丝端部落入熔池，此时熔滴较大，电弧不稳，呈粗滴过渡，通常不采用。随着电流增大，熔滴变细，过渡频率提高，电弧较稳定、飞溅减小，呈细滴过渡。细滴过渡是焊条电弧焊和埋弧焊所采用的熔滴过渡形式。

2）短路过渡。焊条（或焊丝）端部的熔滴与熔池短路接触，由于强烈过热和磁收缩的作用使其爆断，直接向熔池过渡的形式称为短路过渡，如图 1—1—1b 所示。

短路过渡能在小电流、低电弧电压下，实现稳定的熔滴过渡和稳定的焊接过程。短路过渡适合于薄板或低热输入的焊接。二氧化碳气体保护电弧焊采用的最典型的过渡形式就是短路过渡。

3）喷射过渡。熔滴呈细小颗粒并以喷射状态快速通过电弧空间向熔池过渡的形式称为喷射过渡。焊接时，熔滴的尺寸随着焊接电流的增大而减小，当焊接电流增大到一定数值后，即产生喷射过渡状态。需要强调的是，产生喷射过渡除了要有一定的电流密度外，还必须要有一定的电弧长度（电弧电压）。

喷射过渡的特点是熔滴细，过渡频率高，熔滴沿焊丝的轴向高速向熔池运动，并具有电弧稳定、飞溅小、熔深大、焊缝成形美观、生产效率高等优点。喷射过渡是熔化极氩弧焊、富氩混合气体保护焊所采用的熔滴过渡形式，如图 1—1—1c 所示。

（2）熔滴过渡的作用力

在熔滴形成和长大过程中，受到多种力的作用。根据其来源不同，可分为重力、表面张力、电磁压缩力、斑点压力和气体的吹力。

1）重力。金属熔滴因本身的重力而具有下垂的倾向。平焊时，金属熔滴的重力起促进熔滴过渡的作用。但是在立焊或仰焊时，熔滴的重力阻碍了熔滴向熔池过渡，成为阻碍力。熔滴的重力如图 1—1—2 所示。

2）表面张力。表面张力是焊条或焊丝端头上保持熔滴的作用力，如图 1—1—2 所示。

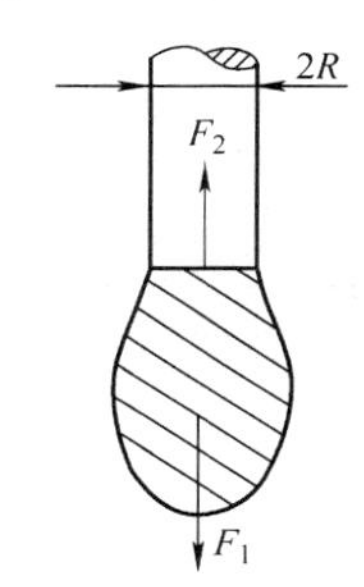

图 1—1—2　熔滴的重力和熔滴的表面张力
F_1——熔滴的重力　F_2——熔滴的表面张力

焊条或焊丝金属熔化后，其液体金属并不会马上掉下来，而是在表面张力的作用下形成球滴状悬挂在焊条或焊丝末端。随着其不断熔化，熔滴体积不断增大，直到作用在熔滴上的作用力超过熔滴与焊芯或焊丝界面间的张力时，熔滴才脱离焊芯或焊丝过渡到熔池中去。因此平焊时表面张力对熔滴过渡起阻碍作用。

但表面张力在仰焊等其他位置的焊接时，却有利于熔滴过渡。其一，熔池金属在表面张力作用下，倒悬在焊缝上而不易滴落；其二，当焊芯或焊丝末端熔滴与熔池金属接触时，会由于熔池表面张力的作用，而将熔滴拉入熔池。表面张力越大，焊芯或焊丝末端的熔滴越大。

表面张力的大小与多种因素有关，如焊条直径越大，焊条末端熔滴的表面张力越大；液体金属温度越高，其表面张力越小；在保护气体中加入氧化性气体（如氩气中加氧气），可以显著降低液体金属的表面张力，有利于形成细颗粒熔滴向熔池过渡。

3）电磁压缩力。由电工学可知，两根平行的载流导体，若它们通过的电流方向相同，则这两根导体彼此相吸，使这两根导体相吸的力叫作电磁力，方向是从外向内，电磁力的大小与两根导体上的电流成正比，即通过导体的电流越大，电磁力越大。

焊接时，把焊条或焊丝末端的液体熔滴看成是由许多载流导体组成，如图 1—1—3 中箭头所示，这样熔滴就会受到由四周向中心的径向收缩力，称之为电磁压缩力。电磁压缩力垂直作用在金属熔滴表面上，电流密度最大的地方在熔滴的细颈部分，这部分也是电磁压缩力作用最大的地方。因此随着颈部逐渐变细，电流密度增大，电磁压缩力也随之增强，则促使熔滴很快地脱离焊条或焊丝端部向熔池过渡，这样就保证了熔滴在任何空间位置都能顺利地过渡到熔池。所以电磁压缩力在任何焊接位置都是促使溶滴过渡的力。

焊接时，一般焊条或焊丝上的电流密度都比较大，因此，电磁压缩力是焊接过程中促使熔滴过渡的一个主要作用力。在气体保护焊时，通过调节焊接电流的密度来控制熔滴尺寸，是工艺上的一个主要方法。

4）斑点压力。焊接电弧中的带电微粒（电子和正离子），在电场的作用下分别向阳极和阴极运动，撞击在两极的斑点上而产生的机械压力，称为斑点压力，如图 1—1—4 所示。由于斑点压力的方向与熔滴过渡的方向相反，所以在任何焊接位置都是阻碍熔滴过渡的力。在直流正接时，阻碍熔滴过渡的是正离子的压力；直流反接时，阻碍熔滴过渡的是电子的压力。由于正离子的质量比电子大，所以直流正接时的斑点压力比直流反接时大。

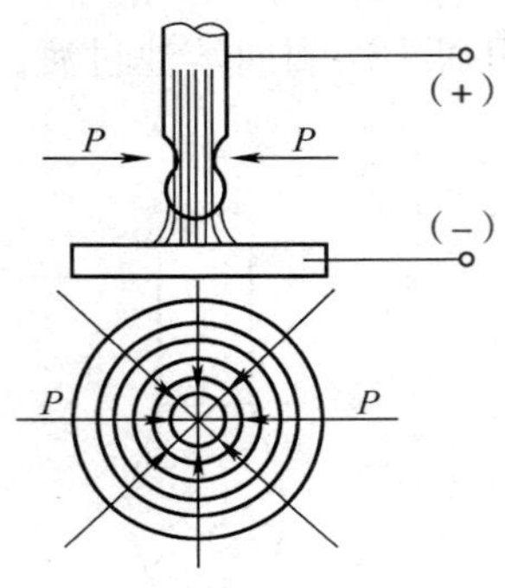

图 1—1—3　电磁力在熔滴上的压缩作用
P——电磁压缩力

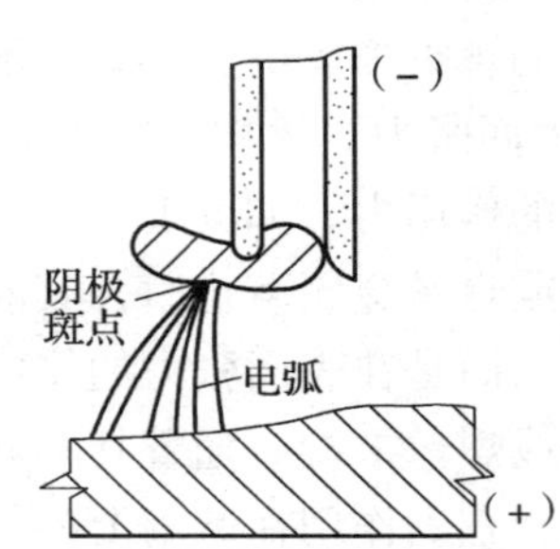

图 1—1—4　斑点压力阻碍熔滴过渡

5）气体的吹力。焊条电弧焊时，焊条药皮的熔化稍微落后于焊芯的熔化，在药皮的末端会形成一小段尚未熔化的“喇叭”形套筒，如图 1—1—5 所示。药皮造气剂分解产生的气体及焊芯中碳元素氧化生成的 CO 气体从套管中喷出。这些气体在高温状态下，体积急剧膨胀，沿焊条的轴线方向，形成挺直而稳定的气流，把熔滴吹到熔池中。因此，在任何焊缝位置，这种气流都将有利于熔滴金属的过渡。

4. 母材的熔化

熔焊时在焊接热源作用下，在焊条、焊丝金属熔化的同时，被焊金属（母材）也发生局部的熔化。母材上由熔化的焊条、焊丝金属与母材金属所组成的具有一定几何形状的液体金属称为焊接熔池。焊接时，熔池随热源的向前移动而作同步运动。

熔池的形状如图 1—1—6 所示，很像一个不标准的半椭圆形球。熔池的大小、存在时间对焊缝性能有很大影响。

一般情况下，随着电流的增加，熔池的最大深度 H_{max} 增大，熔池的最大宽度 B_{max} 相对减小；而随着电压的升高，H_{max} 减小，B_{max} 增大。

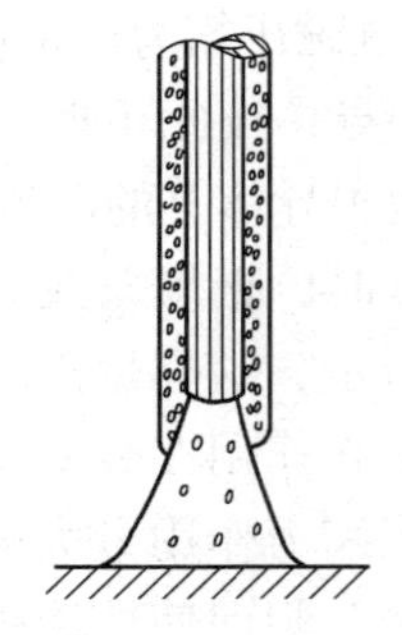

图 1—1—5　焊条药皮形成的套筒

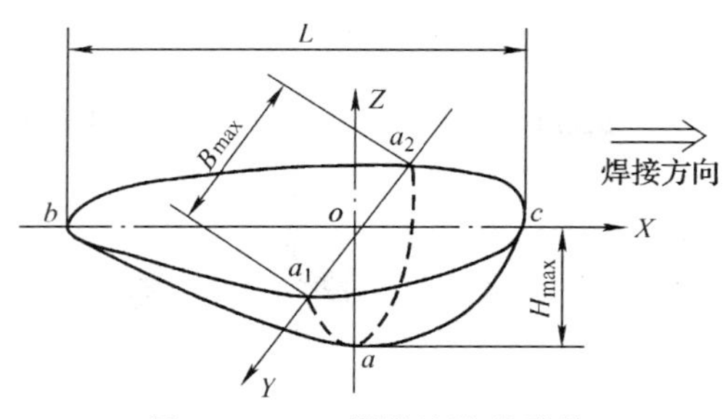

图 1—1—6　焊接熔池的形状

二、立焊的特点

与水平面相垂直的立位焊缝的焊接称为立焊。根据焊条的移动方向，立焊焊接方法可分为两类：一类是自上向下焊，需特殊焊条才能进行施焊，故应用少；另一类是自下向上焊，采用一般焊条即可施焊，故应用广泛。

立焊较平焊操作困难，具有下列特点。

1. 铁液与熔渣因自重下坠，故易分离。但熔池温度过高时，铁液易下流形成焊瘤、咬边；温度过低时，易产生夹渣缺陷。

2. 易掌握熔透情况，但焊缝成形不良。

3. T 形接头焊缝根部易产生未焊透现象，焊缝两侧易出现咬边缺陷。

4. 焊接生产效率较平焊低。

5. 焊接时宜选用短弧焊。

6. 操作技术难掌握。

三、立焊操作要点

保持正确的焊条角度。选用较小的焊条直径，采用短弧施焊。采用正确的运条方法：I 形坡口对接向上立焊时，可选用直线形、锯齿形、月牙形运条和挑弧法焊接等运条方法。

四、立焊操作的基本姿势

1. 操作姿势

可采用站姿、坐姿、蹲姿，身体略偏向左侧便于握焊钳的右手操作，如图 1—1—7 所示。

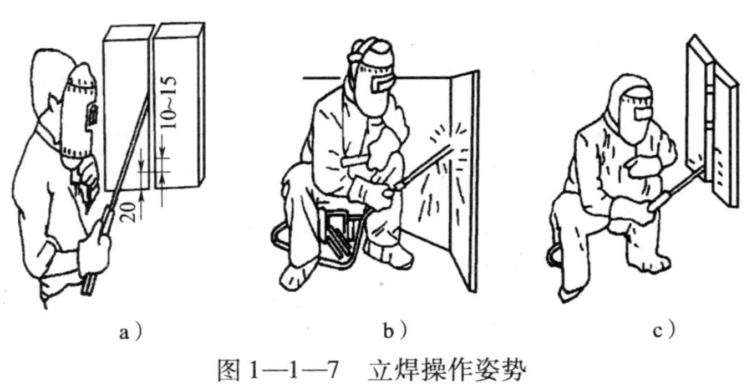

图 1—1—7　立焊操作姿势

a）站姿　b）坐姿　c）蹲姿

2. 握钳方法

握钳方法如图 1—1—8 所示。

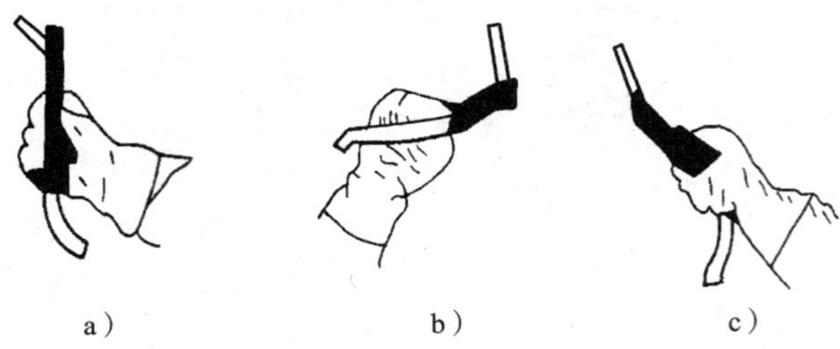

a） b） c）

图 1—1—8 立焊握钳姿势

a)、b) 正握 c) 反握

五、I 形坡口立对焊操作

1. 焊前准备

（1）试件材料与尺寸：Q235，300 mm×150 mm×8 mm，2 块。

（2）焊接材料：E4303，直径为 3.2 mm。

（3）焊接要求：双面焊，正面两层（打底层和盖面层），背面一层封底焊。

（4）焊接设备：BX1－250 型或 ZX7－400ST。

（5）焊前清理：用钢丝刷等工具将试件坡口两侧（正、反面）20 mm 范围内的油污、铁锈、鳞皮和脏物等仔细清理干净，打磨至露出金属光泽。

2. 焊接参数

焊接参数见表 1—1—1。

表 1—1—1　　I 形坡口立对焊焊接参数

焊接层次	焊丝直径（mm）	焊接电流（A）	电弧电压（V）
打底层	3.2	110～120	22～24
盖面层	3.2	100～110	22～24
背面层	3.2	100～110	22～24

3. 试件装配

（1）修磨钝边，无毛刺。

（2）装配间隙：始端为 3.2 mm、终端为 4 mm 左右，错边量≤0.5 mm。

（3）定位焊：在坡口内定位焊 2 点，焊缝长度为 10～15 mm，间隙小的端部向下，将焊件固定在焊架上，高度为蹲时与眼睛上边缘平齐。

（4）反变形角度：≤3°。

（5）辅助工具：清渣工具、处理缺陷工具、个人劳动保护用品等。

4. 焊条电弧焊 I 形坡口立对焊操作要点

（1）打底层

1）焊条角度。焊条与焊缝下倾角度为 60°～80°，焊条与焊件坡口角度为 90°，如图

1—1—9 所示。

2）运条方法。采用小锯齿形、小月牙形运条或采用挑弧焊时，为了有效地保护好熔池，挑弧长度不应超过 6 mm，而不熄弧连续焊接，如图 1—1—10、图 1—1—11 所示。

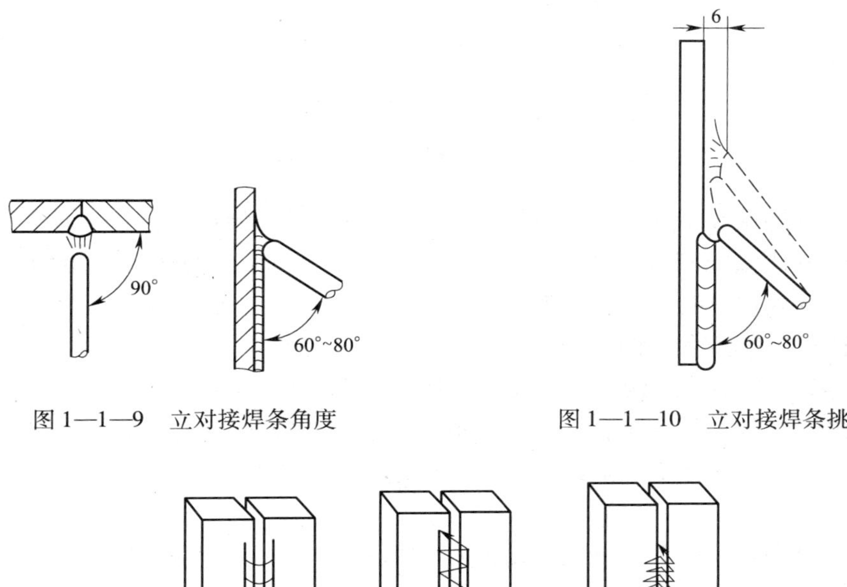

图 1—1—9　立对接焊条角度

图 1—1—10　立对接焊条挑弧角度

图 1—1—11　立对接焊条月牙形、锯齿形、三角形摆动示意图

a）月牙形　b）锯齿形　c）三角形

采用挑弧焊时，在焊接初始阶段，因为焊件较冷，挑弧时间短些，焊接时间可长些。随着焊接时间延长，焊件温度增加，挑弧时间要逐渐增加，焊接时间要逐渐缩短。这样才能有效地避免出现烧穿和焊瘤。

3）焊接。立焊是一种比较难焊的位置，因此在起头或更换焊条时，当电弧引燃后，应将电弧稍微拉长，对焊缝端头起到预热作用后再压低电弧进行正式焊接。当接头采用热接法时，因为立焊选用的焊接电流较小、更换焊条时间过长、接头时预热不够及焊条角度不正确，造成熔池中熔渣、铁液混在一起，接头中产生夹渣和造成焊缝过高现象。若用冷接法，则应认真清理接头处焊渣，于待焊处前方 15 mm 处起弧，拉长电弧，到弧坑上 2/3 处压低电弧作划半圆形接头。立焊收弧方法较简单，采用反复点焊法收弧即可。

（2）盖面层

1）焊前清理。对打底层熔渣、飞溅，特别是死角处的焊渣必须清理干净。

2）焊条角度。焊条与焊缝下倾角度为 60°～80°，焊条与焊件坡口角度为 90°。

3）运条方法。采用小锯齿形或小月牙形法摆动，如图 1—1—11 所示。两侧稍停顿，中间稍快，摆动幅度比打底层稍宽，要合理地运用焊条摆动幅度和摆动频率，以控制焊条向上移的速度，掌握熔池温度和形状变化，如发现椭圆形熔池下边缘由比较平直的轮廓逐渐鼓起来变圆时，表示温度已稍高或过高，如图 1—1—12 所示。

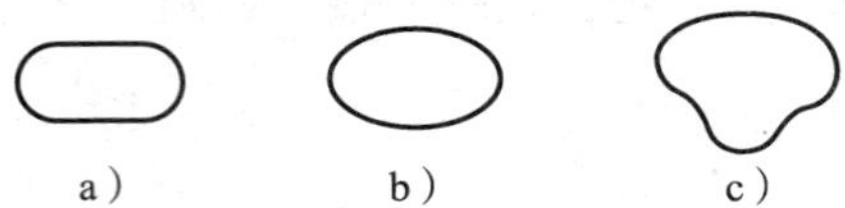

图 1—1—12　熔池形状与温度的关系

a）温度正常　b）温度稍高　c）温度过高

4）引弧。在距始焊端 10 mm 左右处引弧，然后向下拉回始焊端。

5）接头。在距弧坑 10 mm 左右打底层焊缝上引弧，并向下拉回原弧坑处填满弧坑。

6）收弧。采用反复断弧方法填满弧坑。

（3）背面层（背面封底焊）

1）焊前清理。对打底层熔渣、飞溅，特别是焊瘤处焊渣必须清理干净。

2）焊条角度。焊条与焊缝下倾角度为 60°～80°，焊条与焊件坡口角度为 90°。

3）运条方法。采用小锯齿形或小月牙形法摆动。两侧稍停顿，中间稍快，摆动幅度稍宽。

4）引弧。在距始焊端 10 mm 左右处引弧，然后向下拉回始焊端。

5）接头。在距弧坑 10 mm 左右打底层焊缝上引弧，并向下拉回原弧坑处填满弧坑。

6）收弧。采用反复断弧方法填满弧坑。

5. 焊接时安全注意事项

（1）由于立焊位置的特殊性，在焊接时要特别注意飞溅烧伤，应穿戴好工作服，戴好焊接皮手套及工作帽。

（2）清渣时要戴好护目平光眼镜。

（3）在搬运及翻转焊件时，应注意防止手脚压伤或烫伤。

（4）工件摆放高度应与操作者眼睛相平行。将工件夹牢固，防止倒塌伤人。

（5）焊好的工件应妥善保管好，不能脚踩或手拿，以免烫伤。

（6）严格按照操作规程操作，出现问题应及时报告指导教师解决。

6. 评分标准（见表 1—1—2）

表 1—1—2　　**评分标准**

序号	项目与技术要求	配分	检测标准	实测记录	得分
1	咬边	10	深≤0.5 mm，每长 10 mm 扣 2 分；深＞0.5 mm，每长 10 mm 扣 5 分		
2	劳保用品	10	穿戴好劳保用品，否则扣 5 分		
3	焊缝宽度	10	允许宽度 10～12 mm，每超差 1 mm 扣 3 分		
4	焊缝余高	8	允许余高 0.5～3 mm，每超差 1 mm 扣 3 分		

续表

序号	项目与技术要求	配分	检测标准	实测记录	得分
5	焊缝高度差	8	允许 2 mm，每超差 1 mm 扣 2 分		
6	焊缝成形	6	细、匀、整齐、光滑，每项缺陷扣 2 分		
7	焊缝直线度	8	每超差 2 mm 扣 1 分		
8	夹渣	10	点渣 <2 mm，每处扣 2 分；条渣 >2 mm，每处扣 5 分		
9	起头、连接、收弧	10	无焊缝缺陷、过渡圆滑、熔合好		
10	角变形	5	≤3°，每超 1°扣 2 分		
11	焊后清理	5	无飞溅，否则扣 4 分		
12	安全文明操作	10	违者每次扣 2 分		

课后练习

一、填空题

1. 进行熔化极电弧焊时，熔化焊条的主要热量是________和________，其中________起主要作用。

2. 电弧焊时，作用在熔滴上的作用力有________、________、________、________、________。

3. 金属熔滴向熔池过渡的形式大致可分为________、________和________三种。

二、判断题

(　　) 1. 电弧焊时，电弧产生的热量全部被用来熔化焊条（焊丝）和母材。

(　　) 2. 熔化极电弧焊时，熔化焊条（焊丝）的主要热量是焊接电流通过（焊丝）时所产生的电阻热。

(　　) 3. 任何位置焊接，电磁力都能促使熔滴向熔池过渡。

(　　) 4. 电弧气体吹力总是有利于熔滴金属过渡。

(　　) 5. 斑点压力阻碍熔滴金属过渡。

三、简答题

1. 板对接立焊时有哪些困难？怎样克服？

2. 立焊时挑弧法和灭弧法的操作要点有哪些？

3. 运条时焊条的摆动幅度、摆动频率、焊条上移的速度对焊缝成形有何影响？

子课题二　60° V 形坡口立对接单面焊双面成形

1. 了解对焊接区金属的保护。

2. 了解焊接化学冶金过程的特点。
3. 了解有害元素对焊缝金属的作用。
4. 了解焊缝金属合金化的目的和方式。
5. 掌握60° V形坡口立对接单面焊双面成形。

焊接化学冶金是指焊接区中各种物质（熔化金属、熔渣、气体）之间在高温下相互作用的过程。焊接化学冶金过程的作用就是对焊接区的金属进行保护，防止空气的有害作用；其次是通过熔化金属、气体、熔渣之间的冶金反应来消除焊缝金属中的有害杂质，增加焊缝金属中某些有益的合金元素，从而保证焊缝金属的各种性能。

一、对焊接区金属的保护

焊接时对焊接区金属的保护是指防止空气的有害作用，消除焊缝金属中的有害杂质，以及增加焊缝金属中某些有益的合金元素，从而保证焊缝金属的各种性能，保证焊缝质量。不同的焊接方法，其保护方式也不相同，见表1—1—3。

表1—1—3　　各焊接方法的保护方式

保护方式	焊接方法
熔渣保护	电渣焊、不含造气物质的焊条或药芯焊丝焊接
气体保护	在惰性气体或其他气体（如 CO_2、混合气体等）保护中焊接
气—渣联合保护	具有造气物质的焊条或药芯焊丝焊接
真空保护	真空电子束焊接
自保护	用含有脱氧、脱硫剂的“自保护”焊丝进行焊接

二、焊接化学冶金过程的特点

1. 温度高及温度梯度大

焊接电弧的温度很高，一般可达到6 000 ~ 8 000℃，使金属强烈蒸发，电弧周围的气体 CO_2、N_2、H_2等大量分解，分解后的气体原子或离子很容易溶解在液态金属中，随着温度下降溶解度也降低，如果来不及析出，易造成气孔。熔池温差大，熔池的平均温度在2 000℃以上，并被周围的冷却金属所包围，两者温差相当大，温度梯度大。因此，使焊件产生内应力就会引起变形，严重者还产生裂纹。

2. 熔池体积小，熔池存在时间短

焊接熔池的体积极小，焊条电弧焊时熔池的质量通常是0.6 ~ 16 g。同时，加热及冷却速度很快，由局部金属开始熔化形成熔池，到结晶完了的全部过程一般只有几秒钟的时间，而温度又在急剧变化，因此整个冶金反应常常达不到平衡。在很小的金属体积内化学成分就有较大的不均匀性，形成偏析。

3. 熔池金属不断更新

在焊接时，由于熔池中参加反应的物质经常改变，不断有新的铁液及熔渣加入到熔池中参加反应，增加了焊接冶金的复杂性。

4．反应接触面大、搅拌激烈

焊接时，熔化金属是以滴状从焊条端部过渡到熔池的，因此熔滴与气体及熔渣的接触面就大大超过了一般炼钢的情况。接触面大可以加速反应进行，但同时气体侵入液体金属中的机会也增多了，使焊缝金属易产生氧化、氮化及气孔。此外熔池搅拌激烈有助于加快反应速度，也有助于熔池中气体的逸出。

三、有害元素对焊缝金属的作用

在焊接过程中，熔池周围充满着各种气体，这些气体主要来自以下几个方面：焊条药皮或焊剂中造气剂产生的气体；来自周围的空气；焊芯、焊丝和母材在冶炼时残留的气体；焊条药皮或焊剂未烘干在高温下分解成的气体；母材表面未清理干净的铁锈、水分、油、漆等，在电弧作用下分解出的气体。

这些气体都不断地与熔池金属发生作用，有些还进入到焊缝金属中去，其主要成分为 CO、CO_2、H_2、O_2、N_2、H_2O 以及少量的金属与熔渣的蒸气，气体中以 O_2、N_2、H_2 对焊缝的质量影响最大。硫、磷也严重影响焊缝质量。

1．氧与焊缝金属的作用

（1）氧的来源

焊接区的氧气主要来自电弧中氧化性气体（CO_2、O_2、H_2O 等）、空气中氧的侵入、药皮中的高价氧化物和焊件表面的铁锈、水分等的分解产物。氧在电弧高温作用下分解为原子，原子状态的氧比分子状态的氧更活泼，能使铁和其他元素氧化。

（2）氧对焊接质量的影响

1）由于氧化的作用，使焊缝中有益元素大量烧损，氧化的产物一般上浮到熔渣中去，有时也会以夹杂形式存在于焊缝中。焊缝金属中的含氧量增加，使它的抗拉强度、屈服强度、塑性和冲击韧度降低，尤以冲击韧度降低更为明显。

2）使焊缝金属的耐腐蚀性降低，加热时有晶粒长大趋势，冷脆的倾向增加。

3）氧与碳、氢反应，生成不溶于金属的气体 CO 和 H_2O，若这种反应是在结晶温度时进行的，那么，由于熔池已开始凝固，CO 和 H_2O 不能顺利逸出，便形成气孔。

4）产生飞溅，影响焊接过程稳定。

（3）控制氧的措施

1）加强保护，如采用短弧焊、选用合适的气体流量等，防止空气侵入。采用惰性气体保护或真空保护下焊接。

2）清理焊件及焊丝表面的水分、油污、锈迹，按规定温度烘干焊剂、焊条等焊接材料。

3）焊缝金属的脱氧。焊接时，除采取措施防止熔化金属氧化外，设法在焊丝、药皮、焊剂中加入一些合金元素，去除或减少已进入熔池中的氧，是保证焊缝质量的关键。这个过程称为焊缝金属的脱氧。

①脱氧剂的选择。用来脱氧的元素或合金叫作脱氧剂。作为脱氧剂必须具备下列条件：

a. 脱氧剂在焊接温度下对氧的亲和力应比被焊金属的亲和力大。

元素对氧的亲和力大小按递减顺序排列为 Al、Ti、Si、Mn、Fe。在实际生产中，常用它们的铁合金或金属粉，如锰铁、硅铁、钛铁、铝粉等作为脱氧剂。元素对氧的亲和力越大，脱氧能力越强。

b. 脱氧后的产物应不溶于金属而容易被排除入渣，且熔点应较低，密度应比金属小，易从熔池中上浮入渣。

②脱氧途径。焊缝金属的脱氧有先期脱氧、沉淀脱氧和扩散脱氧三种途径。

a. 先期脱氧。在焊条药皮加热过程中，药皮中的碳酸盐（$CaCO_3$、$MgCO_3$）或高价氧化物（Fe_2O_3）受热分解放出 CO_2 和 O_2，这时药皮内的脱氧剂如锰铁、硅铁、钛铁等便与其发生氧化反应生成氧化物，从而使气相氧化性降低，这种在药皮加热阶段发生的脱氧方式称为先期脱氧。

先期脱氧的目的是尽可能在早期把氧去除，减少熔化金属的氧化。先期脱氧是不完全的，脱氧过程和脱氧产物一般不和熔滴金属发生直接关系。

b. 沉淀脱氧。沉淀脱氧是利用溶解在熔滴和熔池中的脱氧剂直接与 FeO 反应进行脱氧，并使脱氧后的产物排入熔渣而清除。沉淀脱氧的对象主要是液态金属中的 FeO，沉淀脱氧常用的脱氧剂有锰铁、硅铁、钛铁等。酸性焊条（E4303）一般用锰铁脱氧；碱性焊条（E5015）一般用硅铁、钛铁脱氧。

锰铁、硅铁、钛铁的脱氧化学反应式如下：

$$2FeO + Si = SiO_2 + 2Fe$$

$$2FeO + Ti = TiO_2 + 2Fe$$

$$FeO + Mn = MnO + Fe$$

Si、Ti 与氧的亲和力比 Mn 与氧的亲和力大，按理说脱氧作用比 Mn 强，那么为什么酸性焊条（E4303）中，不用 Si 及 Ti 而必须用 Mn 来脱氧呢？这是由于酸性焊条（E4303）的熔渣中含有大量的酸性氧化物 SiO_2 及 TiO_2，而用 Si 及 Ti 脱氧后的生成物也是 SiO_2 及 TiO_2，这些生成物无法与熔渣中存在的大量酸性氧化物结合成稳定的复合物而进入熔渣，所以脱氧反应难以进行。而 MnO 是碱性氧化物，因此，很容易与酸性氧化物（SiO_2、TiO_2）结合成稳定的复合物（$MnO \cdot SiO_2$ 及 $MnO \cdot TiO_2$）而进入熔渣，所以脱氧反应易于进行，有利于脱氧。

那么碱性焊条（E5015）为何不能用 Mn 脱氧，而必须用 Si、Ti 来脱氧呢？这是因为碱性焊条（E5015）熔渣中含有大量的 CaO 等碱性氧化物，而 Mn 脱氧后的生成物 MnO 也是碱性氧化物，这些生成物无法与熔渣中存在的大量碱性氧化物结合成稳定的复合物进入熔渣。如用 Si、Ti 来脱氧，则脱氧后的产物 SiO_2、TiO_2 就可以与熔渣中大量的碱性氧化物形成稳定的复合物（$CaO \cdot SiO_2$ 及 $CaO \cdot TiO_2$）而进入熔渣。Al 的脱氧能力虽然很强，但生成的 Al_2O_3 熔点高，不易上浮，易形成夹渣，同时还会产生飞溅、气孔等缺陷，故一般不宜单独作脱氧剂。

c. 扩散脱氧。利用 FeO 既能溶于熔池金属，又能溶解于熔渣的特性，使 FeO 从熔池扩散到熔渣，从而降低焊缝含氧量，这种脱氧方式称为扩散脱氧。

酸性焊条主要以扩散脱氧为主，碱性焊条主要以沉淀脱氧为主。

2. 氢与焊缝金属的作用

(1) 来源

主要来自受潮的药皮或焊剂中的水分、焊条药皮中的有机物、空气中的水分、焊件表面的铁锈、油脂及油漆等。氢是还原性气体，它在电弧气氛中有助于减少金属的氧化，但是，在大多数情况下，这种好作用不仅完全被抵消，而且还产生许多有害的作用，如引起氢脆、白点、硬度升高，使钢的塑性严重下降，严重时将引起裂纹。

(2) 氢对焊接质量的影响

1) 形成气孔。熔池结晶时氢的溶解度突然降低，容易造成过饱和的氢残留在焊缝金属中，当焊缝金属的结晶速度大于它的逸出速度时，就形成气孔。

2) 产生白点和氢脆。钢焊缝含氢量高时，常常在焊缝拉断面上出现如鱼目状的、直径为0.5～5 mm的白色圆形斑点，称为白点。氢在室温时使钢的塑性严重下降的现象称为氢脆。白点和氢脆使焊缝金属塑性严重下降。

3) 产生冷裂纹。氢是产生冷裂纹的因素之一，焊缝含氢量高时易产生冷裂纹。

(3) 控制氢的措施

1) 焊前清理干净焊件及焊丝表面的铁锈、油污、水分等污物。

2) 焊前按规定温度烘干焊剂、焊条，气体保护焊保护气体进行去水、干燥处理。

3) 尽量选用低氢型焊条，焊接时采用直流反接，短弧操作。

4) 焊后消氢处理，即焊后立即将焊件加热到250～350℃，保温2～6 h，使焊缝金属中的扩散氢加速逸出，降低焊缝和热影响区的氢含量。

3. 氮与焊缝金属的作用

(1) 来源

焊接区中的氮主要来自空气。它在高温时溶入熔池，并能继续溶解在凝固的焊缝金属中。氮随着温度下降，溶解度降低，析出的氮与铁形成化合物，以针状夹杂形式存在于焊缝金属中。

(2) 氮对焊接质量的影响

1) 形成气孔。氮与氢一样，在熔池结晶时溶解度突然降低，此时有大量的氮将要析出，当来不及析出时，就会形成气孔。

2) 影响焊缝的力学性能。氮与铁等形成化合物，并以针状夹杂物形式存在于焊缝金属中，使硬度和强度提高，塑性、韧性降低，影响焊缝的力学性能。

(3) 控制氮的措施

1) 加强对焊接区液态金属的保护，防止空气中氮的侵入，是控制焊缝中氮的含量的主要措施。

2) 采取正确的焊接工艺措施，尽量采用短弧焊接，因为电弧越长，氮侵入熔池越多，焊缝中氮的含量越高。此外，采用直流反接比直流正接可减少焊缝中氮的含量。

4. 焊缝金属中硫、磷的控制

(1) 硫、磷的来源

主要来自母材、焊丝、药皮、焊剂等材料。硫在焊缝中主要以FeS和MnS形式存在，由于MnS在液态铁中溶解度极小，且易排除入渣，即使不能排走而留在焊缝中，也呈球状分布于焊缝中，因而对焊缝质量影响不大。所以焊缝中以 FeS 形式最为有害。磷在焊缝中主要以铁的磷化物 Fe_2P、Fe_3P 的形式存在。

（2）硫、磷的危害

硫、磷是焊缝中的有害杂质。FeS 可无限地溶解于液态铁中，而在固态铁中的溶解度只有 0.015% ~0.020%，因此熔池凝固时 FeS 析出，并与 $\alpha-Fe$、FeO 等形成低熔点共晶，尤其焊接高 Ni 合金钢时，硫与 Ni 形成的 NiS 与 Ni 共晶的熔点更低。这些低熔点共晶呈液态薄膜聚集于晶界，导致晶界处开裂，产生热裂纹。此外，硫还能引起偏析，降低焊缝金属的冲击韧性和耐腐蚀性。

磷与硫一样可与铁形成低熔点共晶 Fe_3P+P，聚集于晶界，易产生热裂纹。此外，这些磷化物还削弱了晶粒间的结合力，且它本身既硬又脆，因而增加了焊缝金属的冷脆性，使冲击韧度降低，造成冷裂。

（3）脱硫和脱磷的措施

1）脱硫的措施。焊接过程中脱硫的主要措施有元素脱硫和熔渣脱硫两种。

①元素脱硫。元素脱硫是在液态金属中加入一些对硫的亲和力比对铁大的元素，把铁从 FeS 中还原出来，形成的硫化物不溶于金属而进入熔渣，从而达到脱硫的目的。在焊接中最常用的是 Mn 元素脱硫，因为 Mn 的脱硫产物 MnS 几乎不溶于金属而进入熔渣，其反应式为：

$$FeS + Mn = Fe + MnS$$

②熔渣脱硫。熔渣脱硫是利用熔渣中的碱性氧化物如 CaO、MnO 及 CaF_2 等进行脱硫。脱硫产物 CaS、MnS 进入熔渣被排除，从而达到脱硫目的。其反应式如下：

$$FeS + MnO = MnS + FeO$$

$$FeS + CaO = FeO + CaS$$

Ca 比 Mn 对硫的亲和力强，并且 CaS 完全不溶于金属，所以 CaO 脱硫效果较 MnO 好。

CaF_2 脱硫主要是利用氟与硫化合生成挥发性氟硫化合物及 CaF_2 与 SiO_2 作用可产生 CaO 进行的。

2）脱磷的措施。焊接过程中脱磷的措施分为以下两步。

①将 P 氧化成 P_2O_5，其反应式如下：

$$2Fe_3P + 5FeO = P_2O_5 + 11Fe$$

$$2Fe_2P + 5FeO = P_2O_5 + 9Fe$$

②利用碱性氧化物与 P_2O_5 形成稳定的磷酸盐进入熔渣。P_2O_5 是酸性氧化物，易与碱性氧化物结合成稳定的磷酸盐进入熔渣，从而达到脱磷目的。碱性氧化物中 CaO 效果最好，因此常用 CaO 脱磷，其反应式如下：

$$3CaO + P_2O_5 = Ca_3P_2O_8$$

$$4CaO + P_2O_5 = Ca_4P_2O_9$$

从上述可知，熔渣中如同时有足够的自由 FeO 和自由 CaO（在熔渣中未形成稳定复合物的 FeO 或 CaO），则脱磷效果好。但实际上在碱性焊条或酸性焊条中，要同时具有上述两个条件是困难的。

（4）酸性焊条和碱性焊条的脱硫和脱磷

1）酸性焊条熔渣中碱性氧化物 CaO 及 MnO 较少，熔渣脱硫能力弱，仅靠 Mn 元素脱硫。同时碱性氧化物 CaO 较少，脱磷能力差。所以酸性焊条脱硫、脱磷效果较差。

2）碱性焊条药皮中含有大量的大理石、萤石和铁合金，熔渣中有大量的碱性氧化物 CaO、MnO 等，既能进行熔渣脱硫又能脱磷，同时还可元素脱硫，所以碱性焊条的脱硫、脱磷能力比酸性焊条强，这是碱性焊条的力学性能、抗裂性能比酸性焊条强的重要原因。虽然冶金反应脱硫、脱磷能降低焊缝中的含硫、含磷量，且碱性焊条的脱硫、脱磷能力比酸性焊条强，但由于焊接冶金时间短，脱硫、脱磷反应来不及充分进行，总的来说，酸性焊条和碱性焊条的脱硫和脱磷效果仍较差。因此，严格控制母材和焊接材料中的硫、磷的来源是控制焊缝金属中含硫、含磷量的主要措施。

四、焊缝金属合金化

焊缝金属的合金化就是将所需的合金元素由焊接材料通过焊接冶金过程过渡到焊缝金属中去的反应，也称焊缝金属的渗合金。

1. 焊缝金属合金化的目的

（1）补偿焊接过程中由于合金元素氧化和蒸发等造成的损失，以保证焊缝金属的成分、组织和性能符合预定的要求。

（2）通过向焊缝金属中渗入母材不含或少含的合金元素，以满足焊件对焊缝金属的特殊要求。如用堆焊的方法来提高焊件表面耐磨性、耐热性、耐腐蚀性等。

（3）消除焊接工艺缺陷，改善焊缝金属的组织和性能。如向焊缝金属中加入锰以消除硫所引起的热裂纹等。

2. 焊缝金属合金化的方式

焊条电弧焊时，焊缝金属合金化方式有两种：一种是通过焊芯（即利用合金钢焊芯）过渡；另一种是通过焊条药皮（即将合金成分加在药皮里）过渡。也有这两种方式同时进行的。

通过合金钢焊芯合金化，外面再涂以碱性药皮，焊缝金属合金化的效果与可靠性最好。通过药皮实现合金化，是在焊条药皮中加入各种铁合金粉末和合金元素，然后在焊接时，把这些元素过渡到焊缝金属中去。这种方法在生产上应用较广，通常是采用在低碳钢（H08、H08A）焊条药皮中加入合金剂，从而达到合金化的目的。焊条药皮常用的合金剂有锰铁、硅铁、镍铁、钼铁、钨铁、硼铁等。

采取短弧焊接既可以减少空气中氧的侵入，又可以缩短熔滴过渡的路程，从而减少了熔滴过渡时与氧的接触时间，提高了焊缝的合金化效果。

五、60° V 形坡口立对接单面焊双面成形操作

1. 焊前准备

（1）试件材料与尺寸：Q235，300 mm × 150 mm × 8 mm，2 块。

（2）焊接材料：E4303，直径为 3.2 mm。

（3）焊接要求：单面焊双面成形。

（4）焊接设备：BX1－250 型或 ZX7－400ST。

（5）焊前清理：用钢丝刷等工具将试件坡口正、反两面侧 20 mm 范围内的油污、铁锈、鳞皮和脏物等仔细清理干净，打磨至露出金属光泽。

2. 焊接参数

焊接参数见表 1—1—4。

表 1—1—4　　V 形坡口立对焊焊接参数

焊接层次	焊条直径（mm）	焊接电流（A）	电弧电压（V）
打底焊	3. 2	100 ~ 110	22 ~ 24
填充焊、盖面焊	3. 2	90 ~ 100	22 ~ 24

3. 试件装配

（1）修磨钝边至无毛刺。

（2）装配间隙：始端为 3. 2 mm、终端为 4 mm 左右，错边量≤0. 5 mm，如图 1—1—13 所示。

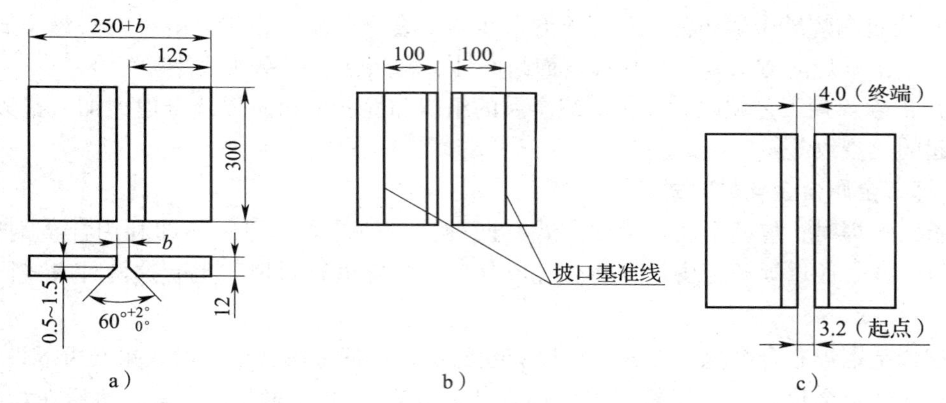

图 1—1—13　立焊 60°坡口试板的装配

a）V 形坡口对接焊试板　b）划基准线　c）试板装配

（3）定位焊：在坡口内定位焊 2 点，焊缝长度为 10 ~ 15 mm，间隙小的端部向下，将焊件固定在焊架上，高度为蹲时与眼睛上边缘平齐，如图 1—1—14 所示。

（4）反变形：预留反变形角度不大于 3°，如图 1—1—15 所示。

（5）辅助工具：清渣工具、处理缺陷工具、个人劳动保护用品等。

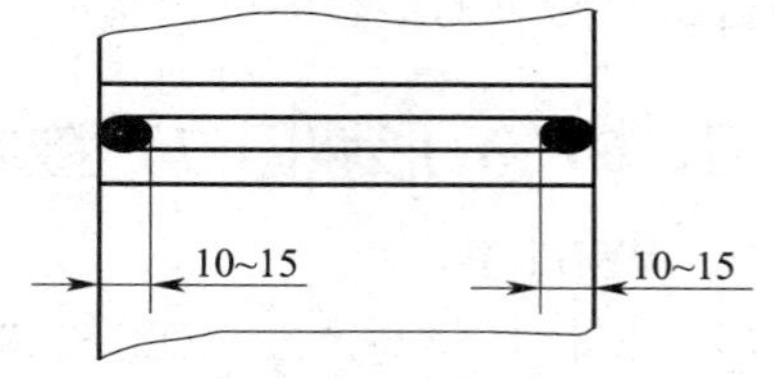

图 1—1—14　立焊定位焊点

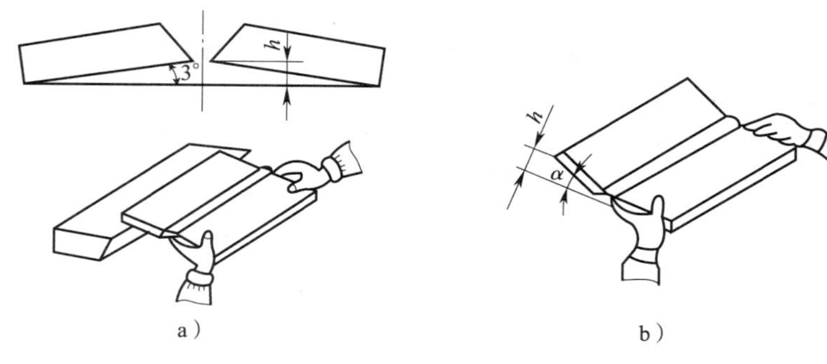

图 1—1—15　试板定位焊时预留反变形

a）获得反变形的方法　b）反变形角度的测量方法

4. 焊条电弧焊 V 形坡口立对焊操作要点

(1) 打底焊

单面焊双面成形，采用立向上焊接，始端在下方，可以采用灭弧法，也可采用连弧法。

1）运条方法。采用灭弧法焊接时在定位焊缝上引弧，焊至定位焊尾部时，稍加预热，将焊条向根部顶一下，听到击穿声，此时，熔池前方应有熔孔，熔孔各深入 0.5 ~ 1 mm，如图 1—1—16 所示。当熔池边缘变成暗红，熔池中间处于熔融状态时，立即在熔池中间引燃电弧，焊条略向下轻微地压一下，形成熔池，打开熔孔后立即灭弧。

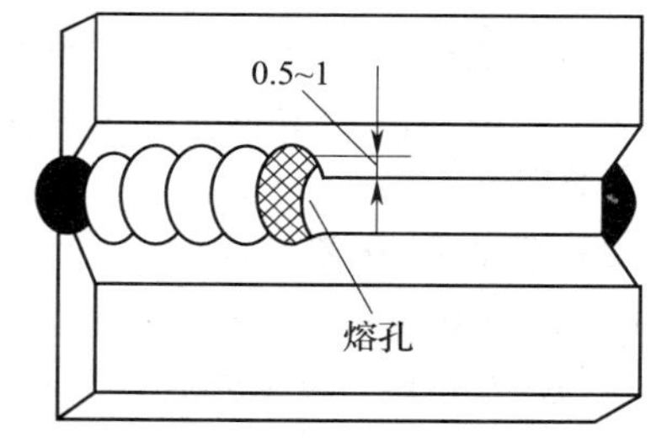

图 1—1—16　试板焊接时熔孔示意图

2）焊条下倾角 60° ~ 80°，在坡口两侧稍作停留，以利于填充金属与母材熔合良好，其交界处不易形成夹角并便于清渣，如图 1—1—17 所示。

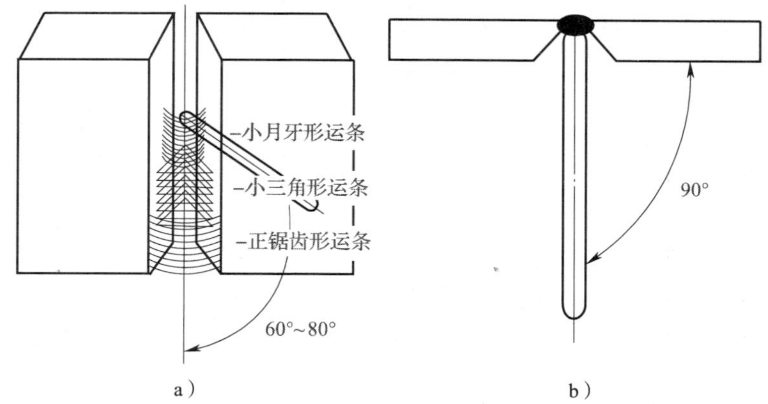

图 1—1—17　焊条角度

a）焊条与焊缝间夹角　b）焊条与焊件间夹角

3）打底焊道更换焊条而停弧时，先在熔池上方做一个熔孔，焊接时在弧坑下方 8 ~ 10 mm 处斜坡引弧向上运行，将焊条沿预先做好的熔孔向坡口根部顶一下，稍作停顿，恢复正常焊接然后回焊 10 ~ 50 mm 再熄弧。

4）接头。接头有热接法和冷接法两种。

热接法：当弧坑还处在红热状态时，在弧坑下方 10 ~ 15 mm 处的斜坡上引弧，并焊至收弧处，使弧坑根部温度逐步升高，然后将焊条沿预先做好的熔孔向坡口根部顶一下，使焊条与试件的下倾角增大到 90°左右，听到“噗噗”声后，稍作停顿，恢复正常焊接。停顿时间一定要适当，若过长，易使背面产生焊瘤；若过短，则不易接上头。另外焊条更换的动作越快越好，落点要准。

冷接法：当弧坑已经冷却，用砂轮或扁铲在已焊的焊道收弧处打磨一个 10 ~ 15 mm 的斜坡，在斜坡上引弧并预热，使弧坑的根部温度逐步升高，当至斜坡最低处时，将焊条沿预先做好的熔孔向坡口根部顶一下，听到“噗噗”声后，稍作停顿，并提起焊条进行正常焊接。

5）操作要点。操作要点主要是一看、二听、三准。

一看：观察熔池形状和熔孔大小，并基本保持一致。当熔孔过大时，应减小焊条与试板的下倾角，让电弧多压向熔池，少在坡口上停留。当熔孔过小时，应压低电弧，增大焊条与试板的下倾角度。

二听：注意听电弧击穿坡口根部发出的“噗噗”声，如没有这种声音则表示没焊透。一般保持焊条端部离坡口根部 1. 5 ~2 mm 为宜。

三准：施焊时熔孔的端点位置要把握准确，焊条的中心要对准熔池前与母材的交界处，使后一个熔池与前一个熔池搭接 2/3 左右，保持电弧的 1/3 部分在试件背面燃烧，以加热和击穿坡口根部。

（2）填充层焊接

1）焊前清理。对打底层熔渣、飞溅，特别是死角处焊渣必须清理干净。

2）焊条角度。焊条与焊缝下倾角度为 65° ~80°，焊条与焊件坡口角度为 90°。

3）运条方法。采用锯齿形或月牙形法摆动，两侧稍停顿，中间稍快，如图 1—1—18 所示。

4）接头。在弧坑上方 10 mm 左右打底层焊缝上引弧，并拉回原弧坑 2/3 处划圆圈。填充焊缝比母材表面低 1 ~1. 5 mm，其焊缝形状如图 1—1—19 所示。

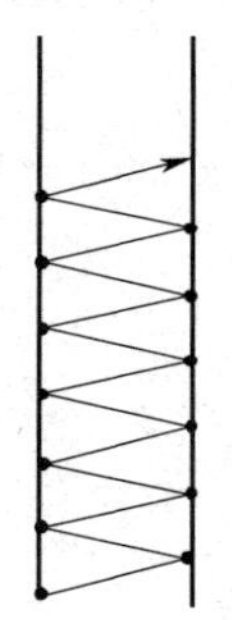

图 1—1—18　锯齿形运条方法

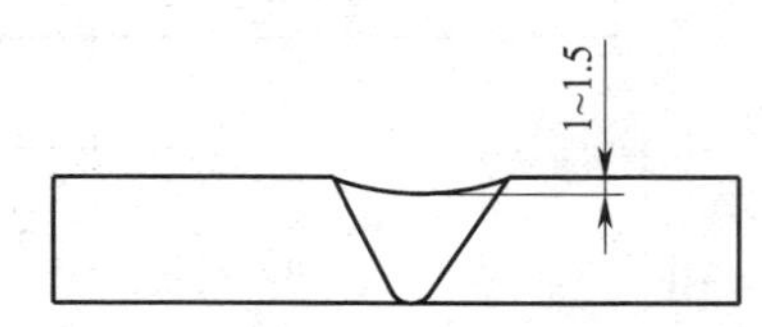

图 1—1—19　填充焊缝形状

5）收弧。采用反复断弧方法直至填满弧坑。

（3）盖面层

1）焊前清理。对填充层熔渣、飞溅，特别是死角处焊渣必须清理干净。

2）焊条角度。焊条与焊缝下倾角度为65°～80°，焊条与焊件坡口角度为90°。

3）运条方法。采用锯齿形或月牙形法摆动，两侧稍停顿，中间稍快，摆动幅度比填充层稍宽，如图1—1—20所示。

4）接头。在弧坑上方10 mm左右填充层焊缝上引弧，并向下拉回原弧坑处2/3处划圆圈。

5）收弧。采用反复断弧方法直至填满弧坑。

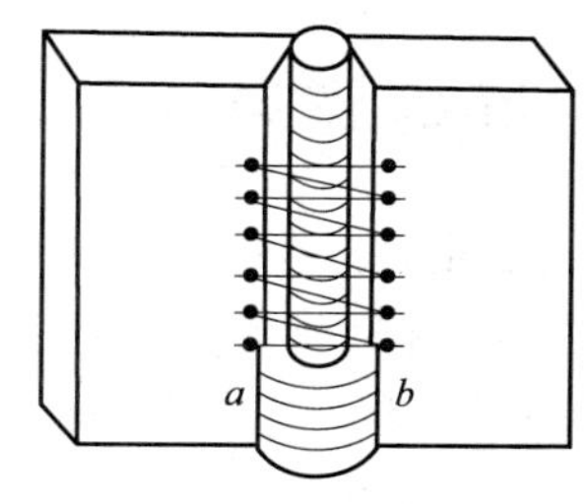

图1—1—20　盖面层焊条运条方法

5. 评分标准（见表1—1—5）

表1—1—5　评分标准

序号	检测项目	配分	评分标准	扣分	得分
1	焊缝余高	4	允许高度3 mm，每超1 mm扣2分		
2	焊缝宽度	4	允许12～14 mm，每超1 mm扣1分		
3	表面夹渣	8	点渣<2 mm，每处扣2分；条、块渣>2 mm，每处扣4分		
4	咬边	8	深<0.5 mm、10 mm扣1分；深>0.5 mm、5 mm扣2分		
5	起头、接头	8	接头脱节或超高（起焊未顶端、收尾不到位）每处扣2分		
6	焊缝成形	12	要求细、匀、整齐、光滑		
7	错边与角变形	4	允许错边0.5 mm，超0.5 mm扣1分；允许角变形3°，超1°扣1分		
8	焊缝背面高度	4	允许高度1～3 mm，每超1 mm扣2分		
9	缩孔（含气孔）	10	每个缩孔扣2分		
10	未熔合、未焊透	10	未熔合每长5 mm扣1分，未焊透每长5 mm扣2分		
11	背面夹渣	8	点渣<2 mm，每处扣2分；条、块渣>2 mm每处扣4分		
12	焊瘤	8	每个扣3分		
13	背面成形	8	要求细、匀、整齐、光滑		
14	试件清理	4	清理不干净扣4分，电弧擦伤每处扣1分		
15	文明生产	不配分，可根据情况倒扣分	服从管理，穿戴好劳保用品，每处扣3分，按规定安全技术操作，遵守考场纪律		

课后练习

一、填空题

1. 在焊接过程中脱硫的主要方法有________、________两种。前者最常用的脱硫元素是________；后者最常用的脱硫物质是________、________、________。

2. 硫在低碳钢中主要以________和________的形式存在；磷在低碳钢中主要以________和________的形式存在。

3. 焊接区中氧主要来自________、________、________和________。

4. 焊接区中氮主要来自________，控制其含量的主要措施是________。

5. 焊接区中氢主要来自________、________、________和________。

6. 降低焊缝中的含硫、磷量的关键措施是________。

7. 焊缝金属脱氧的主要三个途径是________、________、________。

二、判断题

(　　) 1. 焊缝两侧距离相同的各点其焊接热循环是相同的。

(　　) 2. 清除焊件表面的铁锈、油污等，其目的是提高焊缝金属的强度。

(　　) 3. 焊条电弧焊时，采用短弧可减少气孔的产生。

(　　) 4. 适当增加电弧气氛中的氧化性能可减少氢气孔的产生。

(　　) 5. 由于硅、锰的脱氧效果不如钛、铝，所以焊接常用的脱氧剂是钛和铝。

(　　) 6. E4303 型焊条的脱硫效果比 E5015 型焊条好。

(　　) 7. E5015 型焊条的脱硫效果比 E4303 型焊条好。

(　　) 8. 酸性焊条主要采用沉淀脱氧，碱性焊条主要采用扩散脱氧。

(　　) 9. 扩散脱氧主要依靠熔渣中的碱性氧化物，如 CaO 等。

(　　) 10. 沉淀脱氧主要是脱去熔池中的 FeO。

(　　) 11. FeO 具有脱磷作用。

(　　) 12. 碱性熔渣的脱硫、脱磷效果比酸性熔渣好。

三、简答题

1. 焊接区内的气体主要来自哪几个方面？

2. 氢对焊接质量有哪些影响？如何控制氢的含量？

3. 氧对焊接质量有哪些影响？控制氧的措施有哪些？

4. 焊缝中的硫、磷如何控制？

子课题三　I 形坡口 T 形接头立角焊

学习目标

1. 了解焊缝结晶过程。

2. 熟悉焊接热影响区的组织和性能。

3. 了解I形坡口立角焊特点。
4. 熟悉I形坡口立角焊操作要点。
5. 掌握I形坡口立对接操作。

一、焊缝结晶过程

焊缝金属从熔池中的高温的液体状态冷却至常温的固体状态，经历了两个过程，即从液相转变为固相的一次结晶过程和在固相焊缝金属中出现同素异构转变的二次结晶（或称重结晶）过程。同时，在焊缝的结晶过程中，出现了偏析现象，这将导致焊缝缺陷的产生。

1. 焊缝金属的一次结晶

焊缝金属由液态转变为固态的凝固过程，即焊缝金属晶体结构的形成过程，称为焊缝金属的一次结晶。它遵循着金属结晶的一般规律，包括“生核”和“长大”两个基本过程。

在熔池中，最先出现晶核的部位是在熔合线上，这是因为在整个熔池中，温度最高点是熔池前端的中心，熔合线处的散热条件好，则是熔池中温度最低的地方，也是最先达到凝固温度的部位。事实上，熔合线上的半熔化晶粒就成为附近液体金属结晶的晶核。随着熔池温度的不断降低，晶核开始向着与散热方向相反的方向长大，同时也向两侧较缓慢地长大。在晶粒长大的过程中，由于受到相邻长大晶粒的阻挡，最后，晶粒只能向熔池中心生长，从而形成了柱状结晶。当柱状晶粒不断长大至互相接触时，焊缝的这一断面的结晶过程结束。

2. 焊缝结晶过程中的偏析现象

偏析是指合金中化学成分的不均匀性。偏析对焊缝的质量影响很大，它不仅由于化学成分不均匀而导致性能改变，同时也是产生裂纹、气孔、夹杂物等焊接缺陷的主要原因之一。焊缝中的偏析主要有显微偏析、区域偏析和层状偏析。

（1）显微偏析

在一个柱状晶粒内部和晶粒之间的化学成分不均匀现象，称为显微偏析。

焊缝结晶时最先结晶的金属最纯，而后结晶的部分含合金元素和杂质略高，最后结晶的部分，即晶粒的外缘和前端含合金元素和杂质更高。相邻晶粒之间的液体，结晶最迟，含有较多的合金元素和杂质，称为晶间偏析。

影响显微偏析的主要因素是金属的化学成分，金属的化学成分不同，金属开始结晶和结晶结束的区间就不相同，结晶区间越大，就越易产生显微偏析。

一般对于低碳钢来说，因其结晶开始和结晶终了的温度区间不大，所以显微偏析现象并不严重。而高碳钢、合金钢含合金元素较多，结晶区间大，显微偏析现象就很严重，常常会因此而引起热裂纹等缺陷。所以高碳钢、合金钢等焊后必须进行扩散及细化晶粒的热处理，以此来消除显微偏析现象。

（2）区域偏析

熔池结晶时，由于柱状晶粒的不断长大和推移，把杂质推向熔池中心，这样熔池中心的杂质含量要比其他部位高，这种现象称为区域偏析。

由于焊缝断面的形状不同，使产生偏析的地点发生变化。窄焊缝时，各柱状晶的交界在中心，因此便有较多的杂质聚集在窄焊缝的中心，这时极易形成热裂纹。当焊缝宽时，杂质便聚集在焊缝上部，这种情况对焊缝在高温时的强度影响不大。因此可以利用这一特点来降低焊缝形成热裂纹的可能。例如，同样厚度的钢板，用多层多道焊比用一次深熔焊焊完，产生热裂纹的倾向小得多。

(3) 层状偏析

焊接熔池始终是处于气流和熔滴金属的脉动作用下，所以无论是金属的流动或热量的提供和传递都具有脉动的性质。同时熔池在结晶过程中要放出结晶潜热，当结晶潜热达到一定数值时，熔池的结晶出现暂时停顿，以后随着熔池的散热结晶又开始。这些都可能使晶粒成长速度出现周期性地增加和减少。

晶粒长大速度的周期性地增加和减少，伴随着出现结晶前沿液体金属中夹杂浓度的变化，这样就形成周期性的偏析现象，称为层状偏析。

层状偏析常集中了一些有害的元素，因而缺陷也往往出现在偏析层中。焊接时，由于熔池杂质的聚集，加之断弧点的熔池搅拌不够强烈等综合作用的结果，因此在焊缝收尾处有时会出现裂纹，这种火口裂纹多半是由于火口偏析所引起的。

3. 焊缝金属的二次结晶

一次结晶结束后，熔池金属就转变为固态的焊缝。高温的焊缝金属冷却到室温时，要经过一系列的相变过程，这种相变过程就称为焊缝金属的二次结晶。低碳钢一次结晶的晶粒都是奥氏体组织，当冷却到 Ac_3 时发生 γ—Fe→α—Fe 的转变，当温度再降低至 Ac_1 时，余下的奥氏体分解为珠光体，所以低碳钢焊缝在常温下的组织，即二次结晶后的组织为铁素体加珠光体。在低碳钢的平衡组织中（即非常缓慢地冷却下来所得的组织）珠光体含量很少，但由于焊缝的冷却速度较大，所得珠光体含量一般都较平衡组织中的含量大，冷却速度越大，珠光体含量越高，而铁素体量越少，硬度和强度都有所提高，而塑性和韧性则有所降低。

4. 焊缝中的夹杂物

由焊接冶金反应产生的，焊后残留在焊缝金属中的非金属杂质主要有硫化物和氧化物两种。硫化物夹杂主要是硫化亚铁（FeS）和硫化锰（MnS），硫化亚铁对焊缝的危害很大，是焊缝产生热裂纹的主要原因之一。氧化物夹杂主要是二氧化硅（SiO_2）、氧化锰（MnO）、氧化钛（TiO_2）等，会降低焊缝的力学性能。

二、焊接热影响区的组织和性能

1. 熔合区的组织和性能

熔合区是指在焊接接头中，焊缝向热影响区过渡的区域。该区范围很窄，很难分辨。熔合区温度处于铁碳合金状态图中固相线和液相线之间。该区金属处于部分熔化状态（半熔化区），晶粒非常粗大，冷却后组织为粗大的过热组织，塑性、韧性很差。由于熔合区具有明显的化学不均匀性及组织不均匀性，所以往往是焊接接头产生裂纹或局部脆性破坏的发源地，是焊接接头中性能最差的区域。

2. 焊接热循环

在焊接热源作用下，焊件上某点的温度随时间变化的过程称为焊接热循环。

焊接热循环是针对焊件上某个具体的点而言的。在焊缝两侧距焊缝远近不同的各点，所经历的热循环不同，显然，距焊缝越近的各点，加热达到的最高温度越高；距焊缝越远的各点，加热达到的最高温度越低。

（1）焊接热循环的主要特点

加热温度高，停留时间短（几秒到十几秒），加热和冷却速度快。

（2）焊接热循环的主要参数

加热速度、加热的最高温度（T_m）、在相变温度以上停留的时间（t_A）和冷却速度。

（3）影响焊接热循环的主要因素

焊接参数、焊接方法、预热和道间温度、接头形式、母材导热性等。

3. 焊接热影响区的组织和性能

焊接热影响区指在焊接过程中，母材因受热影响（但未熔化）而发生金相组织和力学性能变化的区域。焊接热影响区的组织和性能，基本上反映了焊接接头的性能和质量。

对于低碳钢及合金元素较少的低合金高强度结构钢（Q295、Q345、Q390），焊接热影响区可分为过热区、正火区、不完全重结晶区和再结晶区。

（1）过热区

过热区是指焊接热影响区中，具有过热组织或晶粒显著粗大的区域，又称粗晶区。加热温度范围在固相线以下到1 100℃之间。

在这样高的温度下，奥氏体晶粒严重长大，冷却后呈现为晶粒粗大的过热组织，在气焊和电渣焊的条件下，这部分组织中可出现魏氏组织。

过热区塑性、韧性很低，尤其是冲击韧度比母材低20%～30%，是热影响区中性能最差的区域。在焊接刚度较大的结构时，常会在过热区出现裂纹。过热区的范围宽窄与焊接方法、焊接参数和母材的板厚等有关。气焊和电渣焊时比较宽，焊条电弧焊和埋弧焊时较窄，真空电子束焊时，过热区几乎不存在。

（2）正火区

在正火区加热时，该区的铁素体和珠光体全部转变为奥氏体。由于温度不高，晶粒长大较慢，空冷后，获得均匀而细小的铁素体和珠光体，相当于热处理时的正火组织，因此，该区也称为相变重结晶区或细晶区。正火区的加热温度在Ac_3～1 100℃之间。其力学性能略高于母材，是热影响区中综合力学性能最好的区域。

（3）不完全重结晶区

加热时该区的部分铁素体和珠光体转变为奥氏体，冷却时奥氏体转变为细小的铁素体和珠光体；而未溶入奥氏体的铁素体不发生转变，晶粒长大粗化，成为粗大的铁素体。该区的加热温度处于Ac_1～Ac_3之间。

这个区的金属组织是不均匀的，一部分是经过重结晶的晶粒细小的铁素体和珠光体，另一部分是粗大的铁素体。由于晶粒大小不同，所以力学性能也不均匀。

（4）再结晶区

对于焊前经过冷塑性变形（冷轧、冷成型）的母材，加热温度在Ac_1～450℃之间的区域，将发生再结晶。经过再结晶，塑性、韧性提高，但强度却降低。

（5）热影响区宽度

热影响区宽度的大小，对于间接判断焊接接头的质量有很大意义。除了由于组织变化而引起的性能差别外，还在焊接接头中产生应力与变形。一般来说，热影响区越窄，则焊接接头中内应力越大，越容易出现裂纹；热影响区越宽，则变形较大。因此在工艺上，应在焊接接头中内应力尚不足以促使产生裂纹条件下，尽量减小热影响区的宽度，这对整个焊接接头的性能是有利的。

由于热影响区宽度的大小取决于焊件的最高温度分布情况，因此热影响区宽度的大小与焊接方法、焊接参数、焊件大小和厚度、金属材料热物理性质和接头形式等有关。采用小的焊接参数，如降低焊接电流、增加焊接速度，可以减少热影响区宽度。不同焊接方法，其热影响区宽度也不相同，焊条电弧焊的热影响区总宽约为 6 mm，埋弧焊约为 2. 5 mm，而气焊则达到 27 mm 左右。

三、I 形坡口立角焊特点

焊件熔池温度容易控制，但是，熔池散热较对接立焊快，所以，焊接电流应比对接立焊稍大些，以免产生未熔合和夹渣缺陷。如果焊条角度不正确、焊缝两侧停顿时间过短，在焊件的板面上容易产生咬边缺陷。若熔池温度控制不当，温度过高，熔池下边缘轮廓逐渐凸起变圆，还会产生焊瘤。

立角焊一般均采用多层焊，焊缝的层数根据焊件的厚度（或图样给定的焊脚尺寸）来确定。该焊件的板厚为 12 mm，确定焊脚尺寸为 10 mm，可采用两层两道进行焊接。如图 1—1—21 所示，考虑到板的厚度，第一层焊接之后，不用填充焊，可直接进行盖面焊。

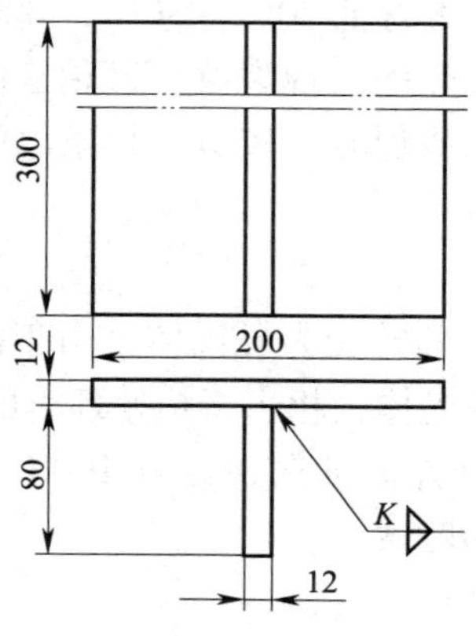

技术要求

1. 要求焊缝表面平直，焊波均匀，无咬边现象。
2. 焊脚尺寸$K=(10\pm1)$ mm。
3. 焊缝截面为等腰直角三角形。
4. 焊后用煤油检验焊缝质量。

图 1—1—21　立角焊焊件

四、I 形坡口立角焊操作要点

1. 选择小直径焊条

一般选用直径 4 mm 以下的焊条，熔池体积小，冷却凝固快，可以控制熔池温度不会过高，减少和避免熔化金属下淌的现象。

2. 选择合适的焊接电流

立角焊时熔池金属的热量向三个方向传递，散热条件较好，所以焊接电流要大一些，以保证焊缝两侧有良好的熔合。

3. 采用短弧焊

短弧焊既可以控制熔滴过渡准确到位，又可避免因电弧电压过高而使熔池温度升高，有效控制熔化过程。

4. 运用合适的运条方法

根据板厚及对焊缝的具体要求，选用合适的运条方法（见图 1—1—22d）。

5. 控制熔池形状

立角焊时，熔池金属位于两直角板的夹角内，比较容易控制。但是，要获得良好的焊缝形状，控制熔池形状是关键，焊条应根据熔池温度状况和熔池形状作适当调整，有节奏地左右摆动并向上运条。

良好的熔池形状是扁圆形和椭圆形（见图 1—1—22a、b）。当温度过高时，熔池下边缘轮廓逐渐凸起变圆，严重时会产生焊瘤（见图 1—1—22c）。这时可加快摆动节奏，同时让焊条在焊缝两侧停留时间多一些，直到把熔池下部边缘调整成平直外形。打底层焊接时使熔池外形保持为椭圆形；填充层、盖面层焊接时为扁圆形。不论选择什么形状，都要使熔池外边缘趋于平直，熔池宽度一致，厚度均匀。

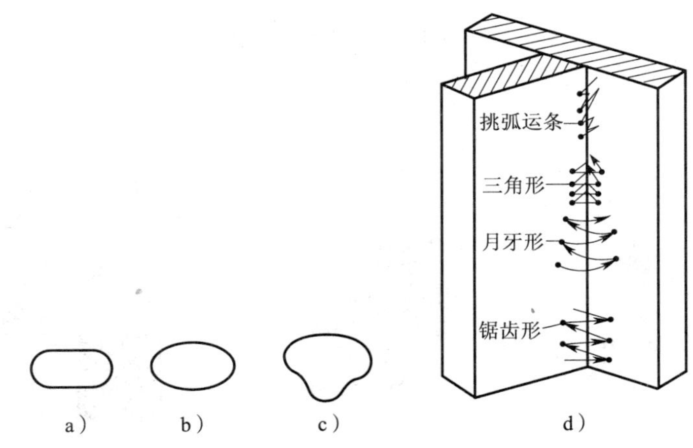

图 1—1—22 立角焊的熔池形状及运条方法

a）温度正常的熔池形状 b）温度稍高的熔池形状 c）温度过高的熔池形状 d）立角焊运条方法

五、I 形坡口立角焊操作

1. 焊前准备

（1）焊件及尺寸：Q235，250 mm × 150 mm × 12 mm。

（2）焊接材料：E4303，直径为 3.2 mm。

（3）焊接要求：T 形接头双面成形。

（4）焊接设备：BX1 – 250 型或 ZX7 – 400ST。

（5）焊前清理：用钢丝刷等工具将试件坡口正、反两面侧 20 mm 范围内的油污、铁锈、鳞皮和脏物等仔细清理干净，打磨至露出金属光泽。

（6）操作姿势及焊条角度：立角焊是指角接焊缝的焊件，置于立焊位置的焊接操作，如图 1—1—23a 所示。焊接时，焊条角度如图 1—1—23b 所示。可以保持两板所受热量趋于均衡，并利用电弧的吹力托住熔池，使熔滴顺利过渡。握焊钳有正握法和反握法（见图 1—1—24a、b、c），一般，所在的焊接位置操作较为方便的情况下，均用正握法；当焊接部位距离地面较近，若采用正握法焊条难以摆正时，则采用反握法。正握法在焊接时较为灵活，活动范围较大，尤其立焊位置利用手腕的动作，便于控制焊条摆动的节奏。因此，正握法是常用的握焊钳的方法。操作时，焊工的身体不要正对焊缝，要略偏向左侧，以使握焊钳的右手便于操作。

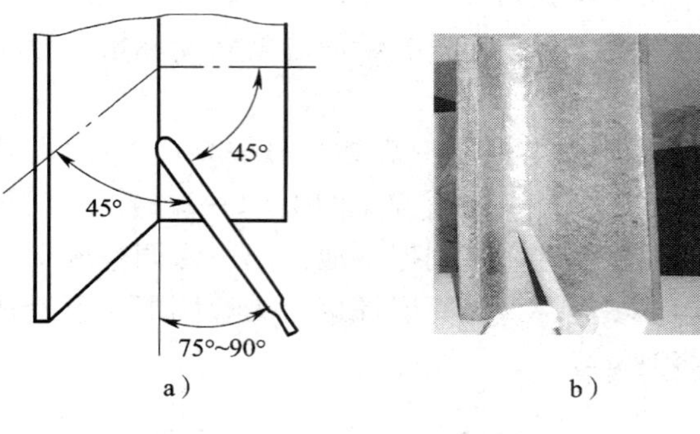

图 1—1—23　立角焊操作

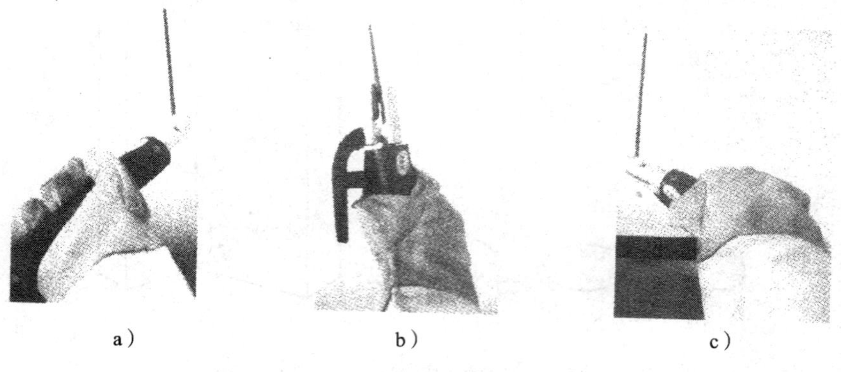

图 1—1—24　立角焊握钳姿势

a）、b）正握　c）反握

2. 试件装配

（1）装配间隙：装配间隙 < 2.5 mm，错边量 < 0.5 mm。

（2）定位焊：在焊件两端定位，定位焊缝长 10 ~ 15 mm，定位焊电流比正式焊接时大 10%，焊条与正式焊接时相同。

（3）预置反变形：如图 1—1—25 所示。

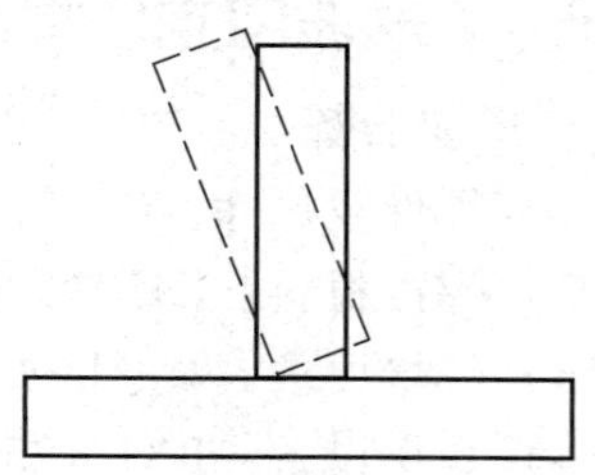

图 1—1—25　预置反变形

3. 焊接参数

焊接参数见表 1—1—6。

表 1—1—6　　I 形坡口立角焊焊接参数

焊接层次	焊条直径（mm）	焊接电流（A）	电弧电压（V）
打底层	3.2	110～120	22～24
盖面层	3.2	110～120	22～24

4. 立角焊操作方法

（1）焊接第一层焊道

在始焊端的定位焊缝处引燃电弧，拉长电弧对焊件预热 1～2 s 后，压弧熔焊。当形成第一个熔池时立即将电弧沿焊接方向挑起（电弧不熄灭），待熔池冷却颜色由亮变暗时，再将电弧向下移到熔池的 2/3 处，熔焊成另一个熔池。这样不断地挑弧，下移熔焊，挑弧运条，焊成第一层焊道（见图 1—1—26a）。

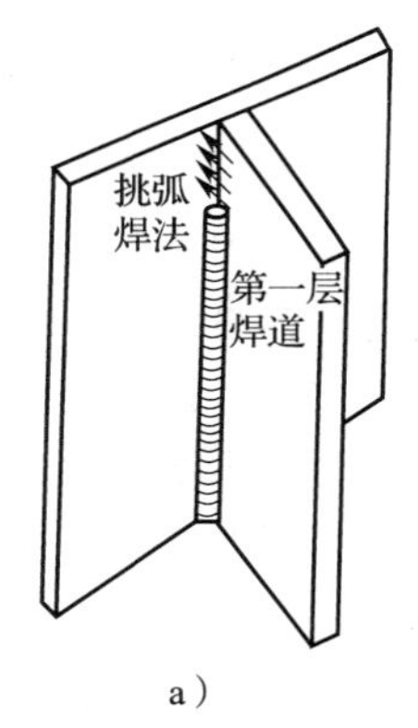

a）

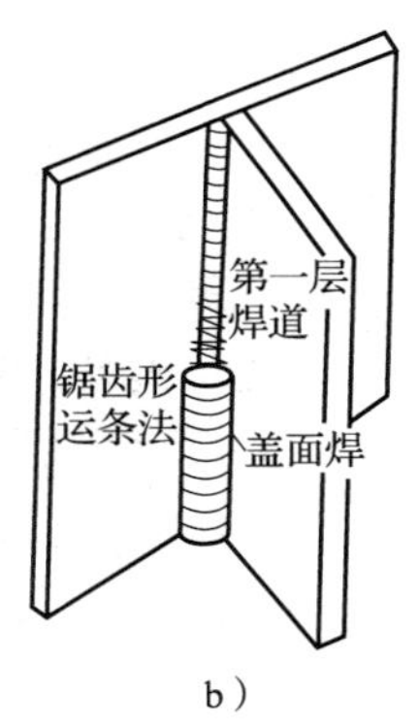

b）

图 1—1—26　焊接层次和运条方法

（2）盖面焊接

盖面焊时要认真清理前一层焊道的熔渣，采用锯齿形运条法进行焊接。焊条摆动的宽度要小于所要求的焊脚尺寸，比如所要求的焊脚尺寸为 10 mm，考虑到熔池的熔宽，焊条摆动的范围应在 8 mm 以内，待焊缝成形后就可达到焊脚尺寸的要求（见图 1—1—26b）。

5. 评分标准（见表 1—1—7）

表 1—1—7　　立角焊作业评分标准

项目	考核要求	分值	扣分标准	检验结果	得分
焊脚尺寸	9～11 mm	10	超差不得分		
焊缝宽度差	≤2 mm	6	超差不得分		
焊缝凸度	0～3 mm	10	超差不得分		
焊缝凸度差	≤2 mm	6	超差不得分		

续表

项目	考核要求	分值	扣分标准	检验结果	得分
咬边	缺陷深度：≤0.5 mm 缺陷长度：≤10 mm	8	超差不得分		
夹渣	无	8	出现不得分		
气孔	无	8	出现不得分		
未熔合	无	8	出现不得分		
焊缝偏下	无	8	出现不得分		
角变形	≤3°	8	超差不得分		
焊缝表面成形	波纹细腻、均匀、美观	20	酌情扣分		

课后练习

一、填空题

1. 熔池的一次结晶包括____________和____________两个过程。

2. 宽而浅的焊缝，杂质聚集在焊缝____________，具有________________能力。

3. 熔焊时，由焊接热源输入给单位长度焊缝的热量叫________________。

4. 焊接热输入增大时，热影响区宽度________，加热到高温的区域________，在高温的停留时间____________，同时冷却速度____________。

5. 不易淬火钢的热影响区可分为________、________、________和________四部分。

6. 熔滴通过电弧空间向熔池转移的过程称为________________。

7. 在焊接过程中热源沿焊件移动，在焊接热源作用下，焊件上某点的温度随时间变化的过程称为该点的________。

二、判断题

(　　) 1. 焊缝中心形成的热裂纹往往是区域偏析的结果。

(　　) 2. 低碳钢焊缝二次结晶后的组织为铁素体加珠光体。

(　　) 3. 在焊接时由于温度变化而引起组织变化所产生的应力是组织应力。

(　　) 4. 焊接钢时，往熔池中添加一些铜，不会促使焊缝产生热裂纹。

(　　) 5. 淬火加高温回火的热处理方法称为调质处理。

(　　) 6. 温度高及温度梯度大是焊接化学冶金过程的特点之一。

(　　) 7. 消除应力退火一般能消除残余应力 70% 以上。

(　　) 8. 焊接接头中性能最差的是焊缝区。

(　　) 9. 采用小热输入是防止气孔的措施之一。

(　　) 10. 焊接速度越大，则热输入越大。

（　　）11. 焊接接头热影响区组织主要取决于焊接热输入，过大的焊接热输入造成晶粒粗大和脆化，降低焊接接头的韧性。

（　　）12. 冷轧低碳钢焊接热影响区由过热区、正火区和部分相变区三部分组成。

三、选择题

1.（　　）是焊接化学冶金过程的特点之一。

A. 温度低及温度梯度小　　B. 温度高及温度梯度大

C. 温度低及温度梯度大　　D. 温度高及温度梯度小

2. 焊接热影响区中，且有过热组织或大晶粒的区域是（　　）。

A. 焊缝区　　B. 熔合区　　C. 过热区　　D. 正火区

3. 焊缝中心的杂质往往比周围（　　），这种现象称为区域偏析。

A. 极高　　B. 极低　　C. 低　　D. 高

4. 低碳钢焊接接头中性能最差的是（　　）。

A. 焊缝区　　B. 母材

C. 部分相变区　　D. 熔合区和过热区

5.（　　）不是影响焊接热循环的因素。

A. 预热和层间温度　　B. 焊接参数

C. 母材导热性能　　D. 焊接位置

6.（　　）不是钢焊缝金属中氧的主要来源。

A. 空气中的氧气　　B. 焊条药皮和埋弧焊剂中的氧化物

C. 母材和焊丝中的氧　　D. 二氧化碳气体保护焊时的二氧化碳气

7.（　　）不是热轧低碳钢焊接热影响区的组成部分。

A. 过热区　　B. 正火区

C. 部分相变区　　D. 再结晶区

8.（　　）不是焊接熔池一次结晶的特点。

A. 熔池体积小，冷却速度快　　B. 熔池液态金属温度高

C. 熔池是在运动状态下结晶　　D. 熔池各处同时开始结晶

9. 钢焊缝金属中的硫会引起（　　）。

A. 未熔合　　B. 热裂纹　　C. 低温脆性　　D. 冷裂纹

10.（　　）是焊缝一次结晶的组织特征。

A. 等轴晶　　B. 柱状晶　　C. 球状晶　　D. 絮状晶

11.（　　）不是调质状态的调质钢焊接热影响区的组成部分。

A. 淬火区　　B. 部分淬火区

C. 再结晶区　　D. 回火软化区

12. 改善焊缝（　　）的方法是对熔池进行变质处理。

A. 一次结晶组织　　B. 二次结晶组织

C. 三次结晶组织　　D. 四次结晶组织

13. 焊接时跟踪回火的加热温度应控制在（　　）范围。

A. 1 000～1 200℃ B. 800～900℃ C. 600～700℃ D. 900～1 000℃

14. 搭接接头的强度没有对接接头（　　）。

A. 低 B. 焊接成形好 C. 高 D. 焊接方便

15. 后热是焊后立即将焊件加热到（　　），保温2～8 h后空冷。

A. 150～200℃ B. 250～350℃ C. 500～600℃ D. 100～150℃

四、简答题

1. 焊缝金属的一次结晶有哪两个过程?
2. 焊缝中的偏析主要有哪些?

课题二　板板横对接

子课题一　I形坡口横对接双面焊

学习目标

1. 了解焊接应力与焊接变形。
2. 熟悉焊接应力与变形产生的原因。
3. 了解横焊的特点。
4. 熟悉横焊的操作要点。
5. 掌握I形坡口横对接操作。

焊接过程不同于一般的整体均匀加热，它是局部的不均匀加热过程。焊接过程除了对焊缝金属化学成分、性能以及对焊接热影响区的组织、性能有很大影响外，还会引起焊件各区域不均匀的体积膨胀和收缩，使焊接结构中产生焊接应力及变形。焊接应力往往是造成裂纹的直接原因，会降低焊接结构的承载能力和使用寿命。焊接变形不仅影响焊件尺寸精度与外形，而且在焊后要进行大量复杂的矫正工作，严重的甚至使焊件报废。因此，掌握焊接应力与变形的有关知识，对保证焊接结构的质量具有重要意义。

一、焊接应力与焊接变形

物体在受到外力作用发生变形的同时，其内部会出现一种抵抗变形的力，这种力叫作内力。单位截面积上所受的内力叫作应力。

应力并不都是由外力引起的，如物体在加热膨胀或冷却收缩过程中受到阻碍，就会在其内部出现应力，这种情况在不均匀加热或不均匀冷却过程中就会出现。当没有外力存在时，物体内部存在的应力叫作内应力。焊接构件由焊接而产生的内应力称为焊接应力，焊后残留在焊件内的焊接应力称为焊接残余应力。

物体在受到外力的作用时，会出现形状、尺寸的变化，称为物体的变形。若在外力去除后，物体能恢复到原来的形状和尺寸，这种变形称为弹性变形，反之称为塑性变形。焊件由焊接产生的变形称为焊接变形，焊后焊件残留的变形称为焊接残余变形。

二、焊接应力与变形产生的原因

1. 均匀加热引起应力与变形的原因

假设有一根钢杆，搁在两边无约束的支点上，如图 1—2—1a 中实线所示。当对钢杆均匀加热后，由于热膨胀使钢杆变粗和伸长，如图 1—2—1a 中虚线所示。然后，当钢杆均匀冷却后，因冷却收缩，钢杆又会自由恢复到原来的形状和尺寸。由于它热胀和冷缩时均没受到阻碍，所以钢杆不会产生应力和变形。

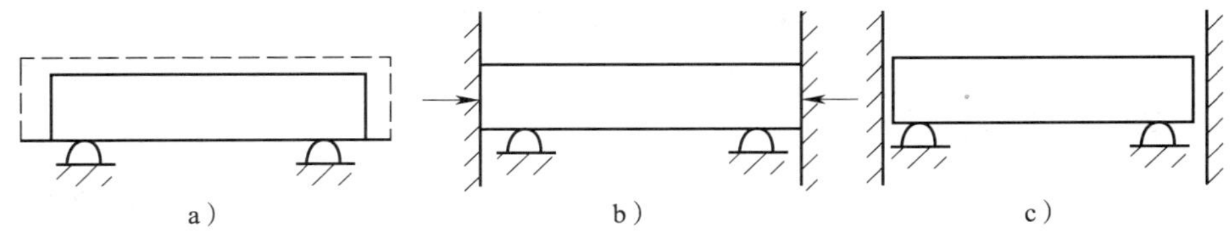

图 1—2—1 焊接应力和变形的产生过程
a）钢杆自由伸缩 b）钢杆加热时的变形 c）钢杆冷却后的变形

如果将钢杆嵌在两刚性墙之间，如图 1—2—1b 所示，然后对它均匀加热，同样由于热膨胀钢杆要伸长，但由于受到墙的阻挡不能伸长，钢杆在长度上没有变化（假定不产生弯曲），这样在钢杆内就出现了压应力。这相当于钢杆受到热膨胀而伸长了的部分在“压力”作用下“压”短了。这根钢杆在受热膨胀时被“压缩”了的伸长部分尚在弹性变形范围之内，压应力小于屈服点，则钢杆冷却后仍能恢复原状。如果钢杆在膨胀时被“压缩”了的伸长部分已超过弹性变形范围，发生了塑性变形，即压应力超过了屈服点，则冷却后钢杆将比原来缩短，由于能自由收缩，钢杆内不存在内应力，如图 1—2—1c 所示。根据测量和计算，处于绝对刚性条件下的低碳钢，当加热温度高于 1 000℃时，钢杆内部的压应力就会超过屈服点，钢杆就会产生压缩塑性变形。

如果将钢杆的两端固定好，这样不仅受热膨胀受阻，而且冷却收缩也受阻。由于钢杆在加热温度高于 1 000℃时，就会产生压缩塑性变形，冷却后钢杆长度应缩短，但由于钢杆两端固定不能自由收缩，因此，冷却后出现拉应力。当这个拉应力大于钢杆的抗拉强度值时，钢杆就会断裂。这就是金属材料在经过加热冷却和由于特定的外界条件而出现内应力的实质。

2. 焊接过程引起应力与变形的原因

焊接是一种局部不均匀加热的工艺过程，加热温度高，加热和冷却速度快。焊接时，在焊接区附近产生不均匀的温度场，如图 1—2—2 所示，低碳钢焊接熔池的平均温度达到 1 700℃以上，熔池周围温度迅速递减。焊件局部因为温度升高而膨胀，又因为温度升高，局部材料的强度降低，由于受到接头周围金属的限制而不能自由膨胀，当压应力大于材料的屈服强度时，则产生压缩塑性变形。当焊缝冷却后收缩，由于受到接头周围金属的限制而不能自由收缩而受到拉伸，产生拉应力，即焊接残余应力。总之，焊接时的局部不均匀加热与冷却是产生焊接应力和焊接变形的主要原因。

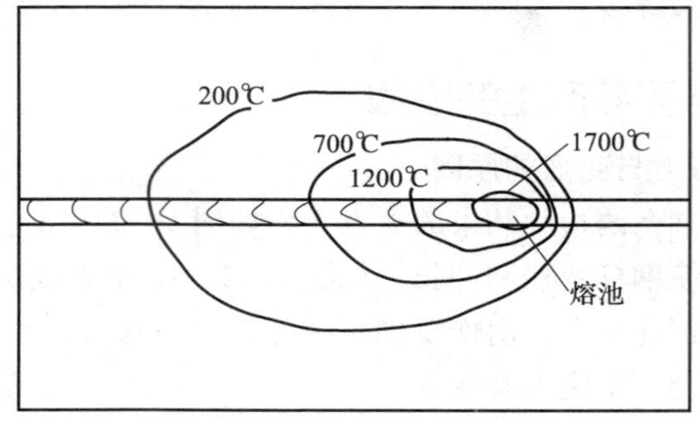

图 1—2—2　焊件上的温度分布

三、横焊的特点

1. 熔化金属受重力作用易向下淌，造成坡口上侧产生咬边缺陷、下侧形成泪滴形焊瘤或未焊透。

2. 当焊件厚度小于 6 mm 时，一般不开坡口采用双面焊接，盖面时可选用多层多道焊施焊法防止熔化金属下淌。

3. 焊接电流较平焊焊接电流小些。

四、横焊操作要点

1. 选用小直径焊条、小焊接电流、短弧操作，能较好地控制熔化金属流淌。

2. 厚板横焊时打底焊缝用较大的焊缝，盖面采用多层多道焊法施焊。

3. 盖面时，要特别注意控制焊道间的重叠距离。每道叠焊，应在前一道焊缝的 1/3 ~ 1/2 处开始焊接，以防止焊缝产生凹凸不平。

4. 根据具体情况保持适当的焊条角度。

5. 采用正确的运条方法。

开 I 形坡口对接横焊时，正面焊缝采用往复直线运条方法较好，稍厚件宜选用直线形或小斜环形运条，背面焊缝选用直线形运条，焊接电流可适当加大。

五、I 形坡口横对接操作

1. 焊前准备

（1）试件材料与尺寸：Q235，300 mm × 150 mm × 8 mm。

（2）焊接材料：E4303，直径为 3. 2 mm。

（3）焊接要求：I 形坡口横对接双面焊。

（4）电焊设备：BX1 - 250 型或 ZX7 - 400ST。

（5）焊前清理：用钢丝刷等工具将试件坡口正、反两面侧 20 mm 范围内的油污、铁锈、鳞皮和脏物等仔细清理干净，打磨至露出金属光泽。

2. 焊接参数

焊接参数见表 1—2—1。

表 1—2—1　　I 形坡口横对接焊接参数

焊接层次	焊丝直径（mm）	焊接电流（A）	电弧电压（V）
打底焊 1	3.2	100～110	22～24
盖面焊 2、3、4	3.2	100～110	22～24
背面焊 1	3.2	100～120	22～26

3. 试件装配

（1）修磨钝边 1 mm，无毛刺。

（2）装配间隙：始端为 2.5 mm、终端为 3.2 mm 左右，错边量≤0.5 mm。

（3）定位焊：在坡口内定位焊 2 点，焊缝长度为 10～15 mm，并将焊件固定在焊架上，高度为蹲时与眼睛上边缘平齐。

（4）反变形角度：不大于 3°。

4. 焊条电弧焊 I 形坡口横对接操作要点

（1）打底焊 1 层 1 焊道

1）焊条角度。焊条向下倾斜与水平面成 15°夹角，焊条与焊接方向角度为 80°～85°，如图 1—2—3 所示。可借助电弧的吹力托住熔化金属，防止下淌。

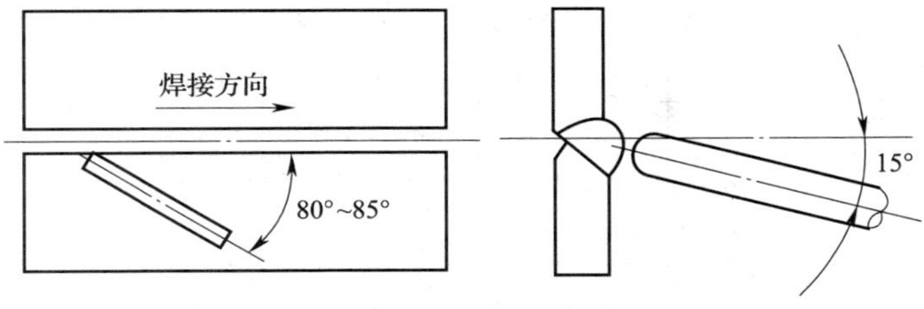

图 1—2—3　焊条角度

2）运条方法。采用直线形或直线往返形运条，如图 1—2—4 所示。

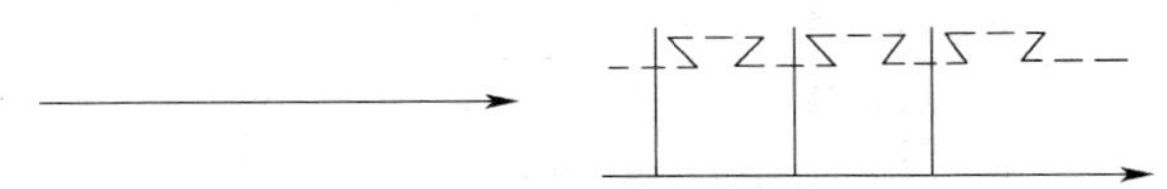

图 1—2—4　直线形或直线往返形运条

3）焊接。采用长弧预热法，先将电弧稍微拉长一些，对焊缝始端适当预热，然后再压低电弧。将焊条向下压一下，用短弧焊接将焊件焊透到 2/3。更换焊条时在原熔池前方 10～15 mm 处引弧，稍作停顿恢复正常焊接，在收弧时采用反复断弧方法填满弧坑。

（2）盖面焊 1 层 3 焊道

1）焊条角度。焊条向下倾斜与水平面成 15°夹角，焊条与焊接方向角度为 80°～85°（见图 1—2—3）。

2）运条方法。采用直线形或直线往返形运条，如图 1—2—4 所示。

3）焊接。先将电弧稍微拉长一些，对焊缝始端适当预热，然后再压低电弧。采用堆焊，第一条焊道应紧靠在第一层焊道的下面焊接，第二条焊道压在第一条焊道上面 1/3～1/2 的宽度，第三条焊道压在第二条焊道上面 1/2～2/3 的宽度。在收弧时采用反复断弧方法填满弧坑。

（3）背面封底焊

1）焊前清理。熔渣、飞溅，特别是死角处焊渣必须清理干净。

2）焊条角度。焊条向下倾斜与水平面成15°夹角，焊条与焊接方向角度为80°～85°。

3）焊接。采用斜圆圈运条方法，只焊一道完成封底焊，如图1—2—5所示。

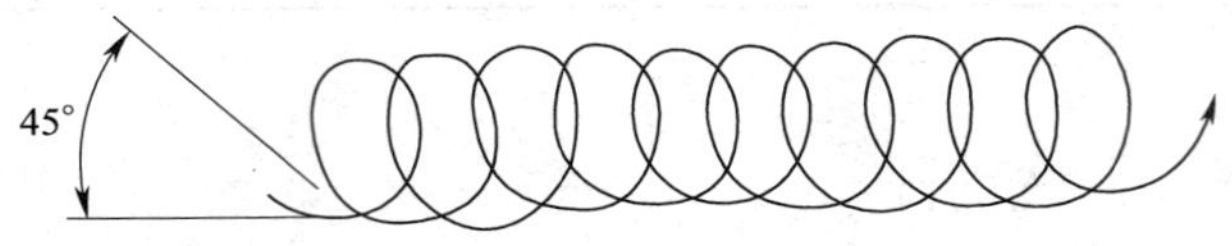

图1—2—5　斜圆圈运条方法

5. 评分标准（见表1—2—2）

表1—2—2　　评分标准

序号	项目与技术要求	配分	检测标准	实测记录	得分
1	咬边	10	深≤0.5 mm，每长10 mm扣2分；深>0.5 mm，每长10 mm扣5分		
2	劳保用品	10	穿戴好劳保用品，否则扣5分		
3	焊缝宽度	10	允许宽度10～12 mm，每超差1 mm扣3分		
4	焊缝余高	8	允许余高0.5～3 mm，每超差1 mm扣3分		
5	焊缝高度差	8	允许1 mm，每超差1 mm扣2分		
6	焊缝成形	6	细、匀、整齐、光滑，每项缺陷扣2分		
7	焊缝直线度	8	每超差2 mm扣1分		
8	夹渣	10	点渣<2 mm，每处扣2分；条渣>2 mm，每处扣5分		
9	起头、连接、收弧	10	无焊缝缺陷、过渡圆滑、熔合好		
10	角变形	5	≤3°，每超1°扣2分		
11	焊后清理	5	无飞溅，否则扣4分		
12	安全文明操作	10	违者每次扣2分		

课后练习

一、名词解释

1. 焊接应力

2. 焊接变形

3. 残余应力

二、选择题

1. 物体受外力作用而产生变形，当外力去除后，物体（　　），这种变形称为塑性变形。

A．不改变原来的形状和尺寸　　B．不改变形状和尺寸
C．恢复到原来的形状和尺寸　　D．不能恢复到原来的形状和尺寸

2．焊接热过程是一个（　　）的过程，以致在焊接过程中出现应力和变形，焊后便导致焊接结构产生残余应力和残余变形。

A．均匀加热　　B．不均匀加热　　C．压缩变形　　D．塑性变形

3．（　　）不是焊接变形造成的危害。

A．降低结构形状尺寸精度和美观　　B．降低整体结构组对装配质量
C．引起焊接裂纹　　D．矫正变形要降低生产率，增加制造成本

三、简答题

1．板对接横焊时有哪些困难？怎样克服？

2．焊接应力和焊接变形是怎样形成的？

子课题二　60° V 形坡口横对接单面焊双面成形

学习目标

1．了解焊接残余变形的分类。

2．了解影响焊接残余变形的因素。

3．熟悉控制焊接残余变形的措施。

4．熟悉残余变形的矫正。

5．掌握横焊的操作。

一、焊接残余变形的分类

在生产实际中，焊接结构的变形是比较复杂的。按焊接变形对整个结构的影响程度，可将其分为两大类：一类是局部变形，即发生于焊接结构某部分的焊接残余变形。局部变形对结构的使用性能影响较小，一般也容易控制和矫正。另一类是整体变形，它是引起整个焊接结构的形状和尺寸变化的焊接残余变形。

按焊接残余变形的特征，可将焊接残余变形分为收缩变形、角变形、弯曲变形、波浪变形、扭曲变形和错边变形六种基本变形形式，如图 1—2—6 所示。这些基本变形形式的不同组合，形成了实际生产中的焊接变形。

1．收缩变形

焊件尺寸比焊前缩短的现象称为收缩变形。收缩变形分为纵向收缩变形和横向收缩变形，如图 1—2—7 所示。

焊后产生的纵向收缩变形是指纵向缩短，即沿焊缝长度方向的缩短。焊缝的纵向收缩量一般是随着焊缝长度的增加而增加。另外，母材线膨胀系数大，其焊后纵向收缩量也大，如不锈钢和铝的焊后收缩量就比碳钢大；多层焊时，第一层引起的收缩量最大，这是因为焊第一层时焊件的刚度较小。如果焊件在夹具固定的条件下焊接，其收缩量可减少 40% ~ 70%，但焊后将引起较大的焊接应力。

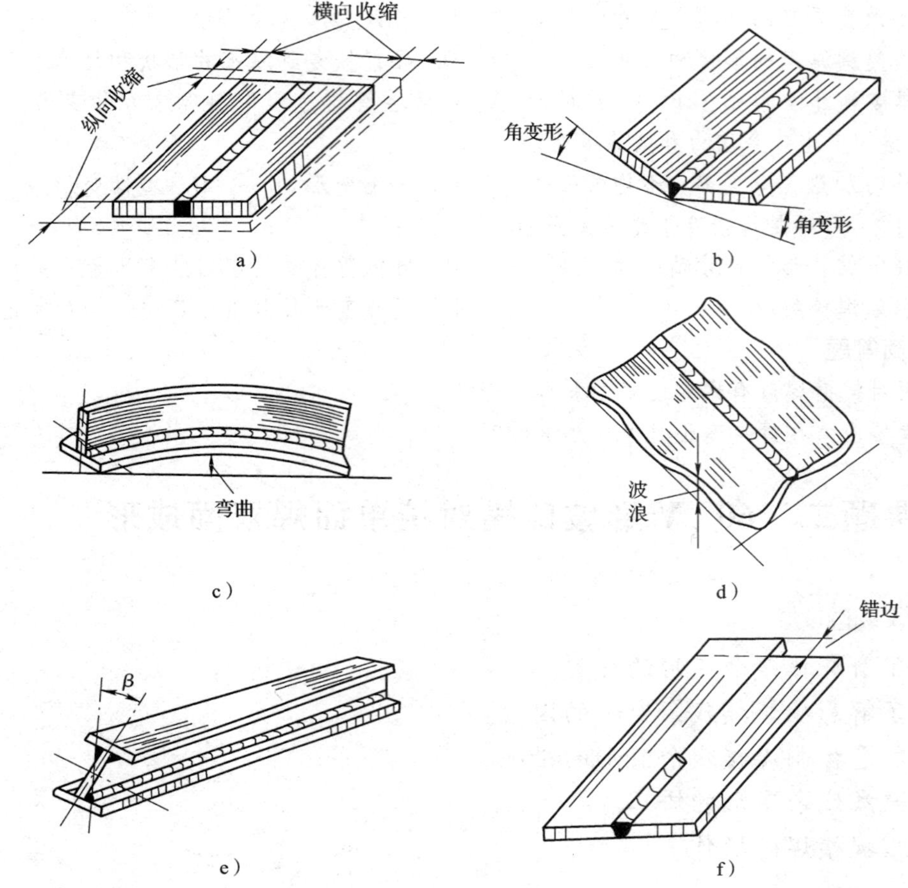

图 1—2—6　焊接变形的基本形式

a）收缩变形　b）角变形　c）弯曲变形　d）波浪变形　e）扭曲变形　f）错边变形

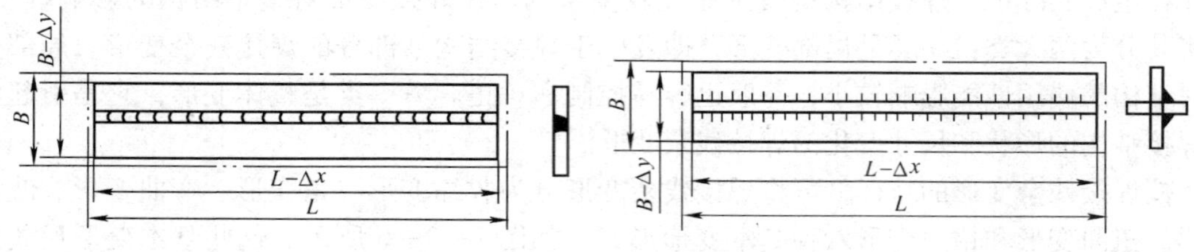

图 1—2—7　纵向和横向收缩变形

Δx——纵向收缩变形　Δy——横向收缩变形

焊后产生的横向收缩变形是指横向缩短，即垂直焊缝长度方向的缩短。一般对焊件的横向收缩，随着板厚的增加而增加；同样板厚，坡口角越大，横向收缩量越大。

2. 弯曲变形

弯曲变形常见于焊接梁、柱、管道等焊件，对这类焊接结构的生产造成较大的危害。弯曲变形大小用挠度 f 来度量，挠度是指焊后焊件的中心偏离原焊件中心轴的最大距离，如图 1—2—8 所示。挠度越大，即弯曲变形越大。

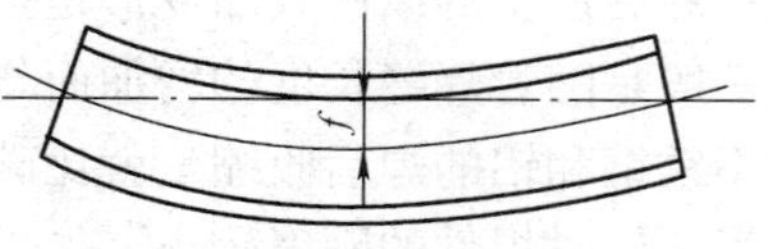

图 1—2—8　弯曲变形的挠度

（1） 由纵向收缩变形造成的弯曲变形

图 1—2—9a 所示为钢板单边施焊后产生的弯曲变形，这是由于直缝纵向收缩引起整体弯曲变形。为了说明这类变形产生的机理，用一块不太大的焊件，在其一边开一条长腰圆形孔，使边缘留下一条较窄的金属条，焊件的加热集中在这样一个边缘内（图中斜线区域）。如加热很均匀，这种情况如同钢杆在两端固定的状态下加热。在加热时，金属条膨胀受阻，产生压缩塑性变形；冷却后，由于加热区金属力求收缩到比原来的长度短，结果造成了图 1—2—9b 中所示的弯曲，即焊后产生向焊缝一边的弯曲变形。

（2） 由横向收缩变形造成的弯曲变形

如图 1—2—10 所示是一工字梁，其下部焊有肋板，由于肋板角焊缝横向收缩，就使焊件产生向下弯曲的弯曲变形。

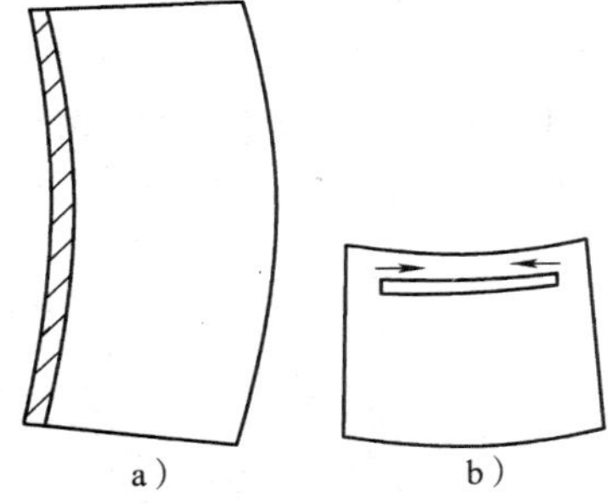

图 1—2—9　由纵向收缩变形造成的弯曲变形

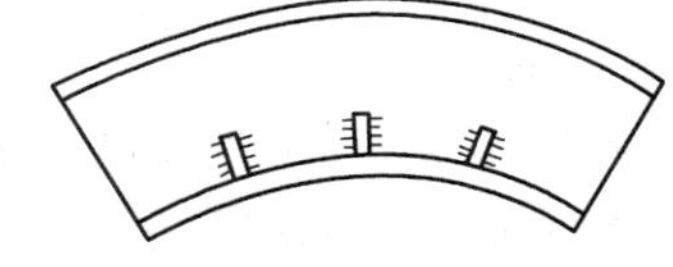

图 1—2—10　由横向收缩变形造成的弯曲变形

3. 角变形

在焊接对接接头、T 形接头、搭接接头及堆焊时，都可能产生角变形，如图 1—2—11 所示。在焊接（单面）较厚钢板时，在钢板厚度方向上的温度分布是不均匀的，温度高的一面受热膨胀较大，另一面膨胀小，甚至不膨胀。由于焊接面膨胀受阻，出现了较大的横向压缩塑性变形，这样在冷却时就产生了在钢板厚度方向上收缩不均匀的现象，焊缝一面收缩大，另一面收缩小。这种在焊后由于焊缝的横向收缩不均匀使得两连接件间相对角度发生变化的变形叫作角变形。

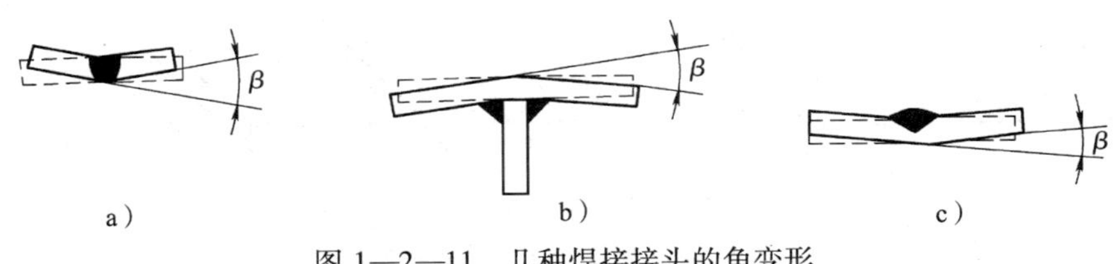

图 1—2—11　几种焊接接头的角变形

a）对接接头　b）T 形接头　c）堆焊

4. 波浪变形

波浪变形又称失稳变形，常在板厚小于 6 mm 的薄板焊接结构中产生。产生波浪变形有两种原因：一种是由于薄板结构焊接时，纵向和横向的压应力使薄板失去稳定而造成波浪形的变形，如图 1—2—12a 所示；另一种是由于角焊缝的横向收缩引起角变形而造成的，如图 1—2—12b 所示。

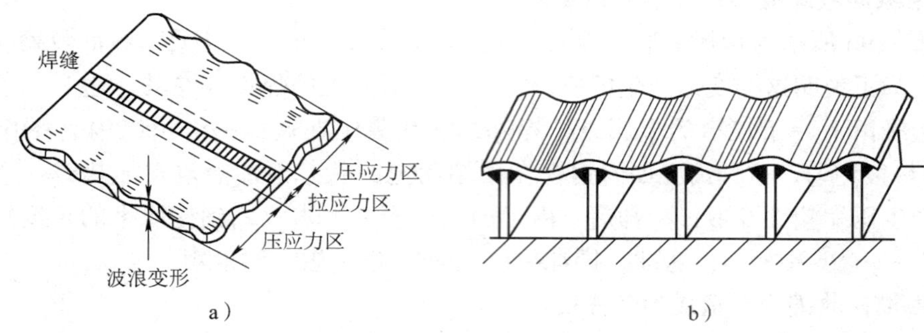

图 1—2—12　薄板焊接的波浪变形

5. 扭曲变形

扭曲变形是构件焊后两端绕中性轴相反方向扭转一角度。它产生的原因较复杂：装配质量不好，即在装配之后焊接之前的焊件位置尺寸不符合图样的要求；构件的零部件形状不正确，而强行装配；焊件在焊接时位置搁置不当，焊接顺序及方向不当等。如图 1—2—13 所示为工字梁的扭曲变形。

6. 错边变形

错边变形是两块板材于焊接过程中因刚度或散热程度不等所引起的纵向或厚度方向上位移不一致而造成的变形，如图 1—2—14 所示。引起焊件错边变形的因素主要有：装配不良；组成焊件的两零件在装夹时夹紧程度不一致；组成焊件的两零件的刚度不同或它们的热物理性质不同；电弧偏离坡口中心等。

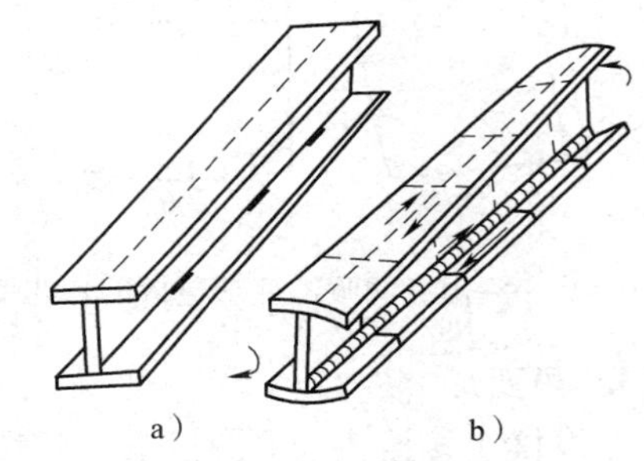

图 1—2—13　工字梁的扭曲变形
a）焊前　b）焊后

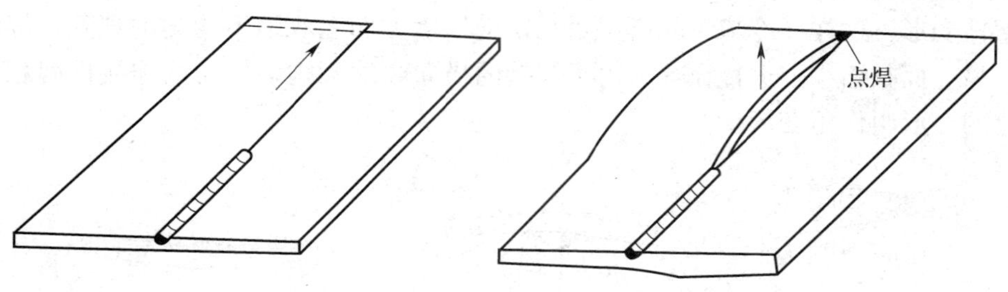

图 1—2—14　错边变形
a）长度方向的错边　b）厚度方向的错边

二、影响焊接残余变形的因素

1. 焊缝在结构中的位置

在焊接结构刚度不大、焊缝在结构中布置对称或焊缝在结构的中性轴上且施焊顺序合理时，主要产生纵向缩短和横向缩短。焊缝在结构中布置不对称时，则焊后要产生弯曲变形，弯曲方向朝向焊缝较多的一侧。焊缝偏离结构中性轴时，则焊后要产生弯曲变形，弯曲方向朝向焊缝一侧；焊缝偏离结构中性轴越远，则越容易产生弯曲变形，如图 1—2—15 所示。

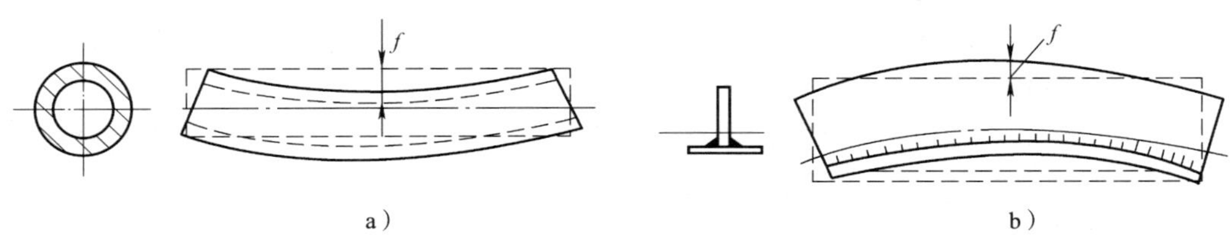

图 1—2—15　焊缝在结构上位置不对称造成的弯曲变形

a）单道焊缝的钢管焊接　b）T 形梁的焊接

2. 焊接结构的刚度

焊接结构的刚度是指焊接结构抵抗变形（拉伸、弯曲、扭曲）的能力。结构的刚度大，变形就小；反之，结构的刚度小，变形就大。金属结构的刚度主要取决于结构的截面形状及其尺寸的大小。

(1) 结构抵抗拉伸的刚度

主要取决于结构截面积的大小。截面积越大，结构抵抗拉伸的刚度越大，变形就越小。

(2) 结构抵抗弯曲的刚度

主要取决于结构截面形状和尺寸大小。就梁来说，一般封闭截面抗弯刚度大；板厚大（即截面积大），抗弯刚度也大；截面形状、面积、尺寸完全相同的两根梁，长度小，抗弯刚度大；在相同受力的情况下，同一根封闭截面的箱形梁，垂直放置比横向放置时的抗弯刚度大。

(3) 结构抵抗扭曲的刚度

除了决定于结构的尺寸大小外，最主要的是结构截面形状。如结构截面是封闭形式的，则抗扭刚度比非封闭截面的大。

一般来说，短而粗的焊接结构，刚度较大；细而长的构件，刚度较小。结构整体刚度总是比零部件刚度大。因此，生产中常采用整体装配后再进行焊接的方法来减少焊接变形。

3. 焊接结构的装配及焊接顺序

焊接结构的刚度是在装配和焊接过程中逐渐增大的，结构整体的刚度比它的零部件刚度大。所以，尽可能先装配成整体，然后再焊接，可减少焊接结构的变形。以工字梁为例，先整体装配再焊接，其焊后的上拱弯曲变形，要比边装边焊所产生的弯曲变形小得多。但是，并不是所有焊接结构都可以采用先装配后焊接的方法。

有了合理的装配方法，若没有合理的焊接顺序，结构还是达不到变形最小的程度。即使焊缝布置对称的焊接结构，如焊接顺序不合理，结果还会引起变形。

4. 其他因素

(1) 结构材料的线膨胀系数

线膨胀系数大的金属，其焊后变形也大。常用材料中铝、不锈钢、碳素钢的线膨胀系数依次减小，可见焊后铝的变形最大。

（2）焊接方法

一般气焊的焊后变形比电弧焊的焊后变形大。这是因为气焊时，焊件受热范围大，加上焊接速度慢，使金属受热体积增大，导致焊后变形大。而电弧焊尽管热源温度高，但由于热源较集中，焊接速度远大于气焊，所以焊件受热面相对较小，焊后变形也就较小。

（3）焊接参数

主要是指焊接电流和焊接速度，两者直接影响热输入的大小。一般焊后变形随着焊接电流的增大而增大，随着焊接速度的增大而减小。

（4）焊接方向

对一条直焊缝来说，如果采用按同一方向从头至尾的焊接方法，即直通焊，焊接变形较大。其焊缝越长，焊后变形也越大。

（5）焊接坡口形式

双 V 形或双 Y 形坡口焊缝比 V 形或 Y 形的坡口焊缝的角变形小，因为前者是双面焊，能尽量做到两边的角变形互相抵消。U 形坡口焊缝较 V 形坡口焊缝的角变形小，但一般较双 V 形坡口大。

此外，焊接结构的自重和形状、焊缝装配间隙大小，都会影响焊后的变形量。

各影响因素不是孤立地起作用的。因此，在分析焊接结构的应力和变形时，要考虑各种影响因素，以便能定出较合理的防止和减少焊接残余变形的措施。

三、控制焊接残余变形的措施

控制焊接残余变形，可以从两个方面考虑：一是从设计上考虑，如在保证结构足够强度的前提下，适当采用冲压结构来代替焊接结构；减少焊缝的数量和尺寸；尽量使焊缝对称布置；避免交叉焊缝和焊缝集中等，这些都可以防止或减少焊接变形。二是从工艺方面考虑，即采取一些适当的工艺措施来控制焊接变形。下面介绍几种常用的控制焊接变形的措施。

1. 采用合理的装配焊接顺序

（1）对称焊缝采用对称焊接法

由于焊接总有先后，而且随着焊接过程的进行，结构的刚度也不断增大。所以，一般先焊的焊缝容易使结构产生变形。这样即使焊缝对称的结构，焊后也会出现焊接变形。对称焊接的目的是用来克服或减少由于先焊焊缝在焊件刚度较小时造成的变形。对实际上无法完全做到对称地、同时地进行焊接的结构，可允许焊缝焊接有先后，但在顺序上应尽量做到对称，以便最大限度地减小结构变形。

（2）不对称焊缝先焊焊缝少的一侧

对于不对称焊缝的结构，应先焊焊缝少的一侧，后焊焊缝多的一侧。这样可使后焊一侧的变形足以抵消先焊一侧的变形，以减少整体变形。

（3）采用不同的焊接顺序控制焊接变形

对于结构中的长焊缝，如果采用连续的直通焊，将会造成较大的变形，这除了焊接方向因素之外，焊缝受到长时间加热也是一个主要的原因。如果在可能的情况下，将连续焊改成分段焊，并适当地改变焊接方向，可使局部焊缝造成的变形适当减小或相互抵消，以达到减少总体变形的目的。图 1—2—16 所示为对接焊缝采用的几种焊接顺序，长度 1 m 以上的焊缝，常采用分段退焊法、分中分段退焊法、跳焊法和交替焊法；长度为0.5～1 m的焊缝可用分中对称焊法。交替焊法在实际上较少使用。退焊法和跳焊法的每段焊缝长度一般以100～350 mm较为适宜。

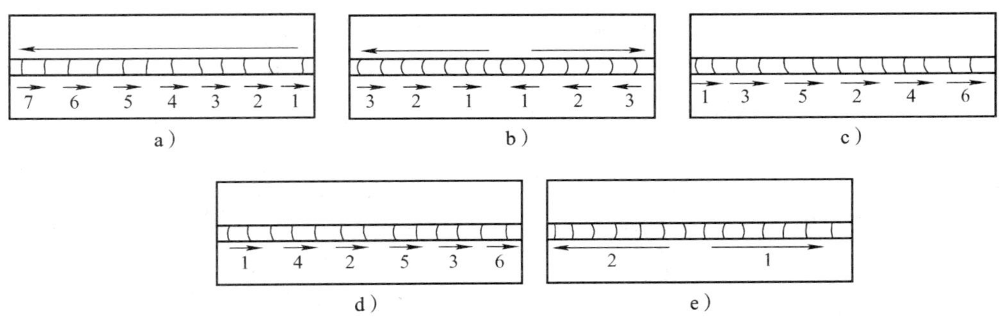

图1—2—16　对接焊缝的几种焊接顺序

a）分段退焊法　b）分中分段退焊法　c）跳焊法　d）交替焊法　e）分中对称焊法

2．反变形法

根据焊件变形规律，预先把焊件人为地制造一个变形，使这个变形与焊接变形的方向相反而数值相等，从而防止产生残余变形的方法称为反变形法，如图1—2—17所示。反变形法在实际生产中使用较广泛。

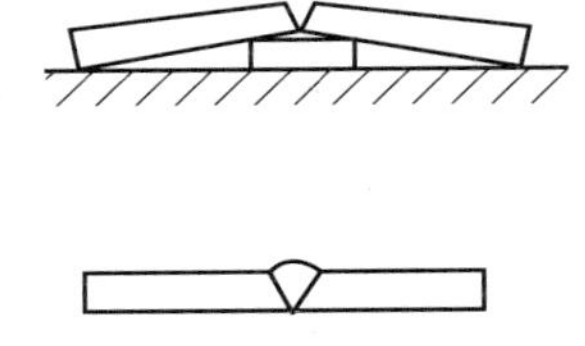

图1—2—17　Y形坡口对接的反变形焊接

3．刚性固定法

构件在无反变形的情况下加以刚性固定，可减小焊接变形而不能完全消除焊接变形。它实际上是通过刚性约束来增加结构的整体刚度来减少焊接变形的，如图1—2—18、图1—2—19所示。此法对减小角变形和波浪变形的效果较好，而对减小弯曲变形的效果不如反变形法。不过，刚性固定法只适合于塑性比较好的低碳钢材料，对于脆硬性比较大的钢和铸铁不能采用，因为刚性固定法虽然会减小焊接变形，但却会增大焊接应力，钢和铸铁这些材料变形受阻时会产生裂纹。

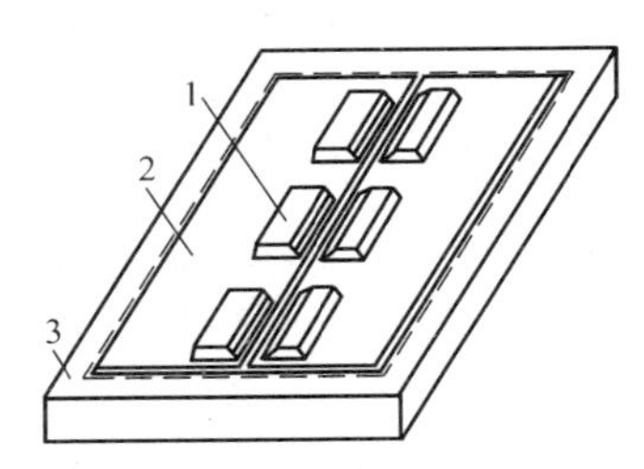

图1—2—18　薄板焊接的刚性固定法

1—压铁　2—焊件　3—平台

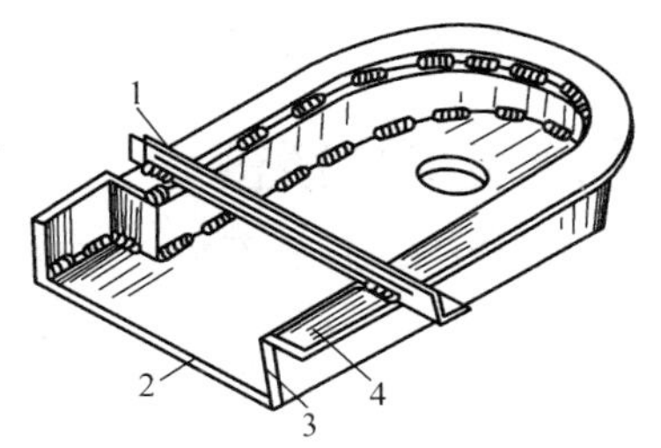

图1—2—19　防护罩临时支撑的刚性固定

1—临时支撑　2—底平板　3—立板　4—圆周法兰盘

在生产实践中，常采用手动、气动、磁力等通用夹具及专用装焊夹具，来控制焊后的焊接变形。

4. 散热法

散热法又称强迫冷却法，是将焊接处的热量迅速散发，使焊缝附近金属受热区域大大减小，以达到减小焊接变形的目的。如图 1—2—20a 所示为喷水散热，如图 1—2—20b 所示为工件浸入水中散热。

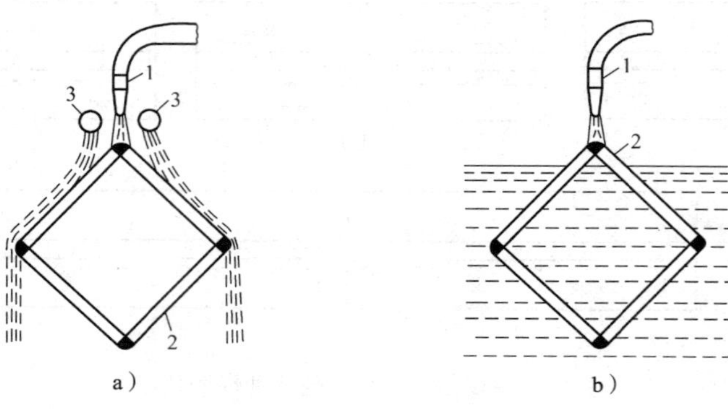

图 1—2—20 散热法示意图

a）喷水散热 b）浸入水中散热

1—焊炬 2—焊件 3—喷水管

散热法常用于不锈钢焊接时防止焊接变形，但不适用于具有淬火倾向的钢材，否则在焊接时易产生裂纹。

5. 热平衡法

对于某些焊缝不对称布置的结构，焊后往往会产生弯曲变形。如果在与焊缝对称的位置上采用气体火焰与焊接同步加热，只要加热的工艺参数选择适当，就可以减少或防止弯曲变形。图 1—2—21 所示为采用热平衡法对箱形梁结构的焊接变形进行控制。

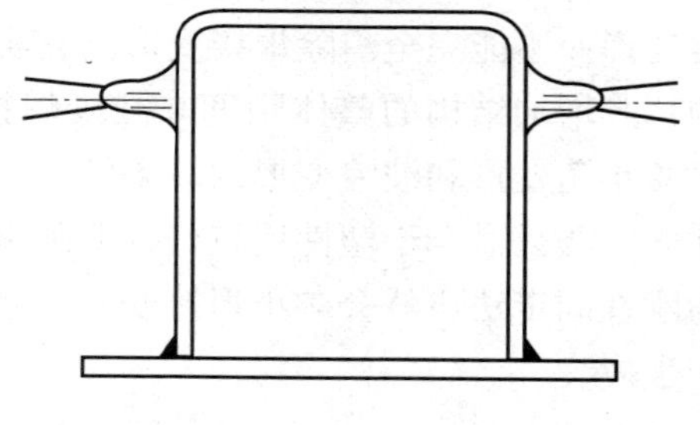

图 1—2—21 采用热平衡法防止焊接变形

此外，选择合理的焊接方法和焊接参数也可以减小焊接变形。如采用热量集中、热影响区较窄的二氧化碳气体保护焊、MAG 焊、等离子弧焊代替气焊和焊条电弧焊就能减少焊接变形；采用较小的焊接参数以减少热输入，也可以减小焊接变形。

四、残余变形的矫正

焊接结构生产中，总免不了要出现焊接变形。因此，焊后对残余变形的矫正是必不可少的一种工艺措施。

1. 机械矫正法

机械矫正法是利用机械力的作用使焊件产生与焊接变形相反的塑性变形，并使两者抵消从而达到消除焊接变形的一种方法。焊接生产中，机械矫正法应用较广，如筒体容器纵缝角变形常在卷板机上采用反复碾压进行矫正；薄板的波浪变形，常采用锤击焊缝区的方法进行矫正。机械矫正法适用于低碳钢等塑性较好的金属材料焊接变形的矫正。如图 1—2—22 所示为工字梁焊后变形的机械矫正实例。

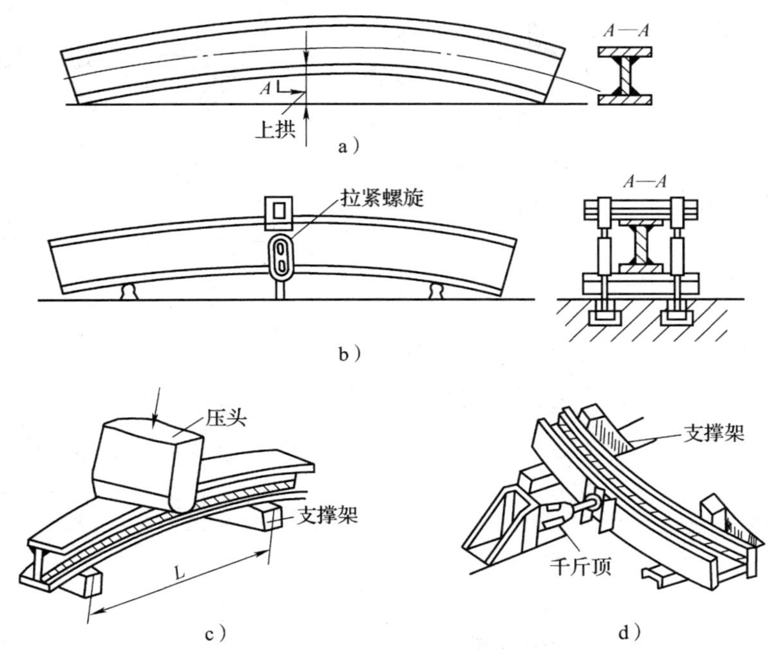

图 1—2—22　工字梁焊后变形的机械矫正法

a）拱曲焊件　b）用拉紧器拉　c）用压头压　d）用千斤顶

2. 火焰矫正法

火焰矫正法是用氧乙炔火焰或其他气体火焰（一般采用中性焰），以不均匀加热的方式引起结构变形，来矫正原有的焊接残余变形的一种方法。具体操作方法是，将变形构件的伸长部位加热到600～800℃，然后让其冷却，使加热部分冷却后产生的收缩变形来抵消原有的变形。

火焰矫正法的关键是正确确定加热位置和加热温度。火焰矫正法适用于低碳钢、Q345等淬硬倾向不大的低合金结构钢构件，不适用于淬硬倾向较大的钢及奥氏体不锈钢构件。

火焰矫正法的加热方式有点状加热、线状加热和三角形加热三种。

（1）点状加热矫正

火焰加热的区域为一个点或多个点，加热点直径一般不小于 15 mm。点间距离应随变形量的大小而变，残余变形越大，点间距离越小，一般在 50～100 mm 之间。这种矫正方法一般用于薄板的波浪变形。

（2）线状加热矫正

火焰沿着直线方向或者同时在宽度方向作横向摆动的移动，形成带状加热，称为线状加热。在线状加热矫正时，加热线的横向收缩大于纵向收缩，加热线的宽度越大，横向收缩也越大。所以，在线状加热矫正时要尽可能发挥加热线横向收缩的作用。加热线宽度一般取钢板厚度的 0.5～2 倍。这种矫正方法多用于变形较大或刚度较大的结构，也可用于薄板矫正。

线状加热矫正时，还可同时用水冷却，即水火矫正，如图 1—2—23 所示。这种方法一般用于厚度小于 8 mm 以下的钢板，水火距离通常为 25～30 mm。

(3) 三角形加热矫正

三角形加热即加热区呈三角形。加热的部位是在弯曲变形构件的凸缘，三角形的底边在被矫正构件的边缘，顶点朝内。由于加热面积较大，所以收缩量也较大，这种方法常用于矫正厚度较大、刚度较强构件的弯曲变形。

火焰矫正法实例如图 1—2—24 所示。

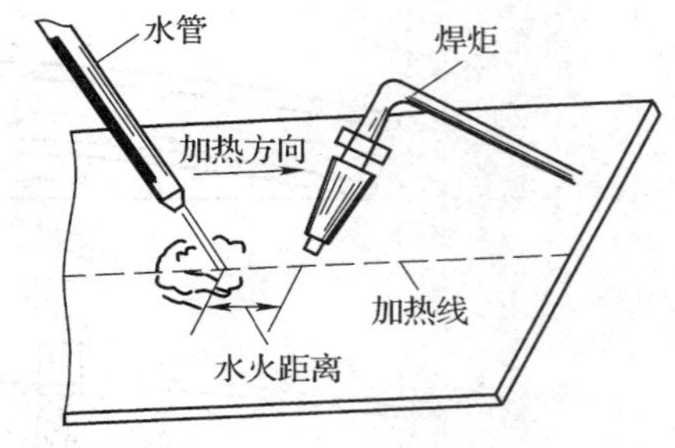

图 1—2—23　水火矫正法

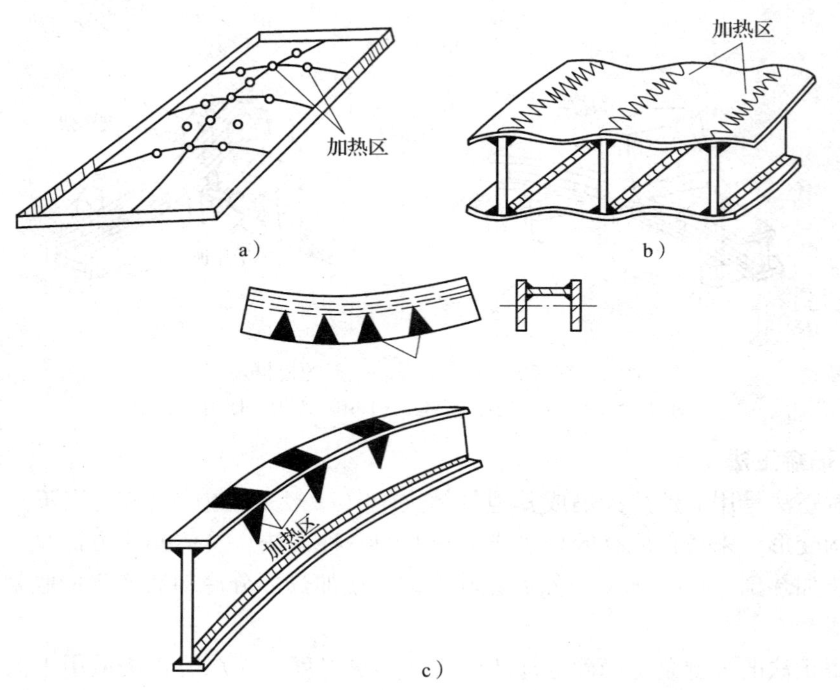

图 1—2—24　火焰矫正法

a) 点状加热矫正　b) 线状加热矫正　c) 三角形加热矫正

五、60° V 形坡口横焊操作

1. 焊前准备

(1) 试件材料与尺寸：Q235，300 mm × 150 mm × 8 mm。

(2) 焊接材料：E4303，直径为 3.2 mm。

(3) 焊接要求：V 形坡口横对接单面焊双面成形。

(4) 电焊设备：BX1 - 250 型或 ZX7 - 400ST。

(5) 焊前清理：用钢丝刷等工具将试件坡口正、反两面侧 20 mm 范围内的油污、铁锈、鳞皮和脏物等仔细清理干净，打磨至出现金属光泽。

2. 焊接参数

焊接参数见表 1—2—3。

表 1—2—3　　60°V 形坡口横对接焊接参数

焊接层次	焊条直径（mm）	焊接电流（A）
打底层（第一层焊道）	3.2	90～100
填充层（第二层 2、3）	3.2	100～110
盖面焊（第三层 4、5、6）	3.2	100～110

3. 试件装配

（1）修磨钝边 1 mm，无毛刺。

（2）装配间隙：始端为 3.2 mm、终端为 4 mm 左右，错边量≤0.5 mm。

（3）定位焊：在坡口内定位焊 2 点，焊缝长度为 10～15 mm，并将焊件固定在焊架上，高度为蹲下来焊接时眼睛视线与焊件上边缘平齐。

（4）反变形：≤3°。

4. 焊条电弧焊 60°V 形坡口横对接操作要点

（1）打底层焊接

1）焊条角度。焊条向下倾斜与水平面成 80°～90°夹角，焊条与焊接方向角度为 30°～40°。焊条角度与运条方法如图 1—2—25 所示。

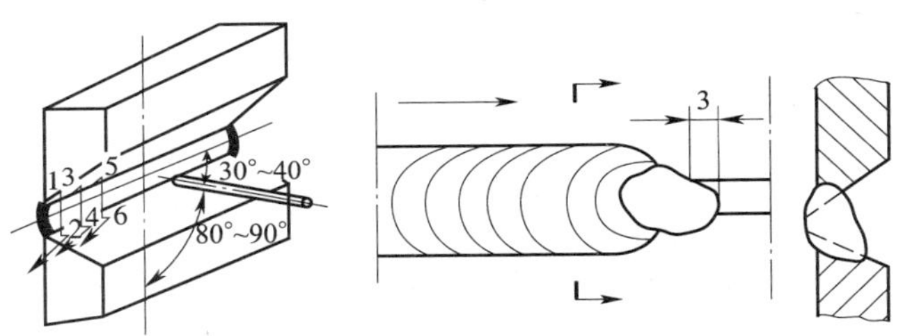

图 1—2—25　横对接打底层焊条角度和运条方法

2）运条方法。采用灭弧焊，大于号（>）方法击穿，如图 1—2—25 所示。

3）焊接。在定位焊点之前引弧、预热，将焊条电弧送到坡口钝边根部熔合成第一个熔池，听到背面有电弧击穿声、同时打开熔孔，按从上坡口到下坡口的顺序依次用大于号方法击穿灭弧焊，打开熔孔 0.5～1 mm，防止熔化金属下淌，接头时在原熔池后面 10～15 mm 处引弧，使电弧的吹力和热量击穿钝边，压低电弧并稍作停顿，形成新的熔池后，转入正常焊接。

（2）填充层焊接

1）焊前清理。熔渣、飞溅，特别是死角处焊渣必须清理干净。

2）焊条角度。焊条角度如图 1—2—26 所示。

3）焊接。采用直线形运条，焊两层，采用连弧焊。在距始焊端 10 mm 左右处引弧，然后向后拉回始焊端，由坡口下方开始焊接，每道向上排列。每道压住上焊道 1/2，从左向右焊接。填充层最后一层的高度距坡口边缘线 1～2 mm。

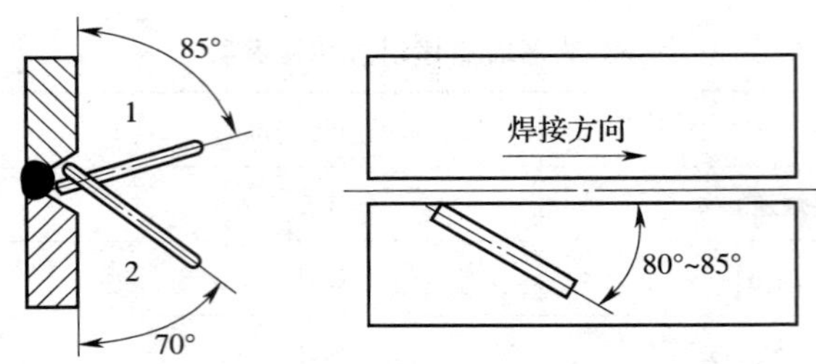

图 1—2—26　填充层焊条角度

(3) 盖面层焊接

1）焊前清理。将填充层的熔渣、飞溅，特别是死角处焊渣清理干净。

2）焊条角度。焊条角度如图 1—2—27 所示。

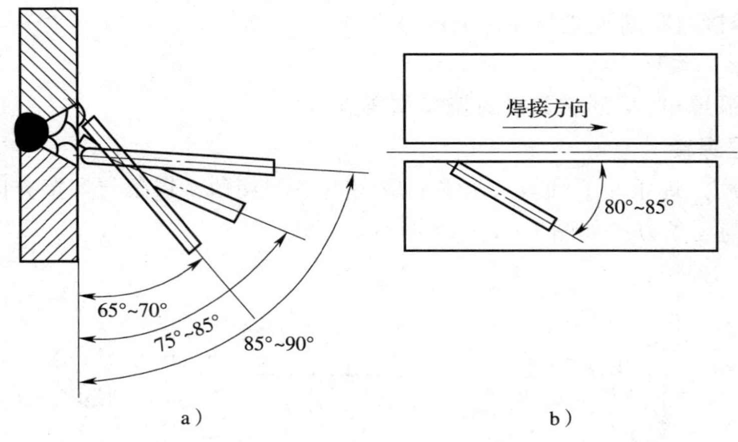

图 1—2—27　横焊时盖面层的焊条角度

a）焊条与焊件夹角　b）焊条与焊缝夹角

3）运条方法。采用直线形运条，采用连弧多焊道焊接。由坡口下方始焊第一条焊道并熔化下侧坡口边缘 1 ~ 2 mm 为宜，第二条焊道压在第一条焊道上面 1/2 ~ 2/3 的宽度，第三条焊道压在第二条焊道上面 1/2 ~ 2/3 的宽度。最后一层焊道以熔化上侧坡口边缘 1 ~ 2 mm 为宜，接头时在原熔池前方 10 ~ 15 mm 处引弧，并拉回原弧坑处填满弧坑，再恢复正常焊接，在收弧时采用反复断弧方法填满弧坑。

5. 评分标准（见表 1—2—4）

表 1—2—4　　评分标准

序号	项目与技术要求	配分	检测标准	实测记录	得分
1	咬边	10	深≤0.5 mm，每长 10 mm 扣 2 分；深 > 0.5 mm，每长 10 mm 扣 5 分		
2	劳保用品	10	穿戴好劳保用品，否则扣 5 分		
3	焊缝宽度	10	允许宽度 10 ~ 12 mm，每超差 1 mm 扣 3 分		

续表

序号	项目与技术要求	配分	检测标准	实测记录	得分
4	焊缝余高	8	允许余高0.5～3 mm，每超差1 mm扣3分		
5	焊缝高度差	8	允许2 mm，每超差1 mm扣2分		
6	焊缝成形	6	焊瘤、焊缝下坠每项扣2分		
7	焊缝直线度	8	每超差2 mm扣1分		
8	夹渣	10	点渣<2 mm，每处扣2分；条渣>2 mm，每处扣5分		
9	起头、连接、收弧	10	无焊缝缺陷、过渡圆滑、熔合好		
10	角变形	5	≤3°，每超1°扣2分		
11	焊后清理	5	无飞溅，否则扣4分		
12	安全文明操作	10	违者每次扣2分		

课后练习

一、填空题

1. 焊缝在钢板中间的纵向焊接应力是在焊缝及其附近产生__________，在钢板两侧产生__________。

2. 焊接残余变形按其特征可分为__________、__________、__________、__________、__________和__________。

3. 焊接残余变形按其对焊接结构的影响程度可分为__________和__________。

4. 产生角变形的原因是__________。

5. 反变形法主要用来控制焊件的__________变形和__________变形。

6. 焊件焊后在焊缝长度方向的缩短称为__________，在垂直焊缝方向的缩短称为__________。

7. 薄板发生波浪变形的原因是__________。

8. 焊接变形的焊接应力是互相联系的，当焊件拘束较小时焊接变形__________；而焊接应力却是__________。

9. 矫正焊接残余变形的方法有__________和__________两大类。

10. 火焰矫正法中的加热方式有__________、__________、__________三种。

二、判断题

(　　) 1. 焊接变形和焊接应力都是由于焊接时局部的不均匀加热引起的。

(　　) 2. 焊件拘束度较小时，冷却时能够比较自由地收缩，焊接变形较大，而焊接残余应力较小。

（　　）3．焊缝偏离结构中性轴越远越不容易产生弯曲变形。

（　　）4．坡口角度越大，角变形越小。

（　　）5．Y 形坡口比 U 形坡口角变形大。

（　　）6．焊接热输入越大，焊接变形越小。

（　　）7．在焊件形式尺寸及刚性拘束相同条件下，埋弧焊产生的变形比焊条电弧焊小。

（　　）8．二氧化碳气体保护焊和钨极氩弧焊产生的变形比焊条电弧焊小。

（　　）9．单道焊产生的焊接变形比多层多道焊小。

三、选择题

1．分段退焊法可以（　　）。

A．减小焊接变形　　B．减小应力

C．降低硬度　　D．提高冲击韧度

2．散热法主要用来减小结构焊后的（　　）。

A．变形　　B．未焊透　　C．硬度

3．薄板发生波浪变形的火焰矫正通常采用（　　）加热。

A．点状　　B．线状　　C．三角形

4．焊件焊后产生角变形的原因是（　　）。

A．沿焊缝长度方向的纵向收缩不均匀

B．沿焊缝横截面的横向收缩不均匀

C．扭曲变形

D．波浪变形

5．焊缝离断面中性轴越远，则（　　）变形越大。

A．弯曲　　B．角　　C．扭曲

6．焊缝不在构件的中性轴上，构件焊后易产生（　　）变形。

A．弯曲　　B．角　　C．扭曲

7．用强制手段减小焊件变形的方法称为（　　）。

A．刚性固定法　　B．反变形法　　C．预热法

8．焊接变形的种类虽然多，但基本上都是由（　　）引起的。

A．焊缝的纵向收缩或横向收缩　　B．角变形

C．弯曲变形

四、简答题

1．焊接变形按其特征分为哪几种形式？

2．控制焊接残余变形的措施有哪些？

3．焊接应力与变形产生的原因是什么？

4．焊接变形的危害主要有哪些？

5．减小焊接残余应力的工艺措施主要有哪些？

课题三　管板单面焊双面成形焊接

子课题一　V 形坡口垂直固定俯位管板平焊

学习目标

1. 了解焊接残余应力的分类。
2. 熟悉控制残余应力的措施。
3. 熟悉消除残余应力的方法。
4. 了解垂直固定俯位管板焊的特点。
5. 熟悉垂直固定俯位管板平焊操作要点。
6. 掌握垂直固定俯位管板平焊焊接操作。

一、焊接残余应力的分类

1．按照焊接残余应力产生的原因分类

按照焊接残余应力产生的原因分类，可分为温度应力、组织应力、拘束应力和氢致应力。

（1）温度应力

温度应力又称为热应力，它是由于金属受热不均匀，各处变形不一致且互相约束而产生的应力。焊接过程中温度应力是不断变化的，且峰值一般都达到屈服强度，因此产生塑性变形，焊接结束冷却后产生的残余应力被保存下来。

（2）组织应力

在焊接过程中，由于不同的焊接热循环作用引起局部金属组织发生转变，随着金属组织的转变，其体积发生变化，而局部体积的变化受到周围金属的约束，同时，由于焊接是不均匀加热与冷却，因此组织的转变也是不均匀的，这种由于组织转变而引起的内应力称为组织应力。

（3）拘束应力

焊接结构往往是在拘束条件下焊接的，造成拘束状态的因素有结构的刚度、自重、焊缝的位置以及夹持卡具的松紧程度等。在拘束条件下焊接，由于受到外界或自身刚度的限制不能自由变形，就产生了应力，这种应力称为拘束应力。

（4）氢致应力

焊接过程中，由于焊缝局部产生显微缺陷，如气孔、夹渣等，扩散氢向显微缺陷处聚集，局部氢的压力增大，产生氢致应力。氢致应力是导致焊接冷裂纹的重要因素之一。

2．按照焊接残余应力在结构中的作用方向分类

焊余应力按照在结构中的作用方向可分为线应力、平面应力和体积应力。

（1）线应力

焊接应力在焊件中只沿一个方向发生，如薄板对接和圆棒对接时，焊件中的应力是单方向的，也称为单向应力，如图 1—3—1 所示。

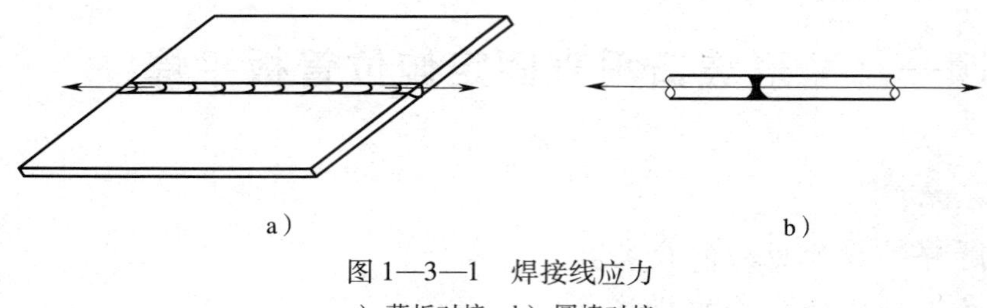

图 1—3—1　焊接线应力

a）薄板对接　b）圆棒对接

（2）平面应力

焊接应力存在于焊件中一个平面的不同方向上，如薄板十字对接和较厚板对接时，焊件中的应力存在于一个平面上，也称为双向应力，如图 1—3—2 所示。

（3）体积应力

焊接应力在焊件中沿空间三个方向上发生，如厚板对接焊缝和结构件三个方向上焊缝的交叉处都存在体积应力。体积应力也称为三向应力，如图 1—3—3 所示。

图 1—3—2　焊接平面应力　　图 1—3—3　焊接体积应力

实际上，焊件中产生的残余应力总是三向应力。当在一个或两个方向上的应力值很小可以忽略不计时，就可以认为它是双向应力或单向应力。

二、控制残余应力的措施

控制焊接残余应力，可从两方面来考虑：一是从设计上考虑，如在保证结构有足够强度的前提下，尽量减少焊缝的数量和尺寸；适当采用冲压结构以减少焊接结构；将焊缝布置在最大工作应力区域以外等。二是从工艺上考虑，即采取一些适当的工艺措施来调节或减少焊接残余应力。下面介绍几种常用的减少焊接残余应力的工艺措施。

1. 选择合理的焊接顺序

（1）尽可能考虑焊缝能自由收缩

尽可能让焊缝能自由收缩，以减少焊接结构在施焊时的拘束度，最大限度地减小焊接应力。

如图 1—3—4 所示为一大型容器底部，它是由许多平板拼接而成。考虑到焊缝能自由收缩的原则，焊接应从中间向四周进行，使焊缝的收缩由中间向外依次进行。同时，应先焊错开的短焊缝，后焊直通的长焊缝。否则，若先焊直通的长焊缝，再焊短焊缝时，会由于其横向收缩受阻而产生很大的应力。正确的焊接顺序见图 1—3—1 中标注的数字。

（2）先焊收缩量最大的焊缝

将收缩量大、焊后可能产生较大焊接应力的焊缝先焊，使它能在拘束较小的情况下收缩，以减少焊接残余应力。如对接焊缝的收缩量比角焊缝的收缩量大，故同一构件中应先焊对接焊缝。如图 1—3—5 所示为带盖板的双工字梁结构，应先焊盖板上的对接焊缝 1，后焊盖板与工字梁之间的角焊缝 2。

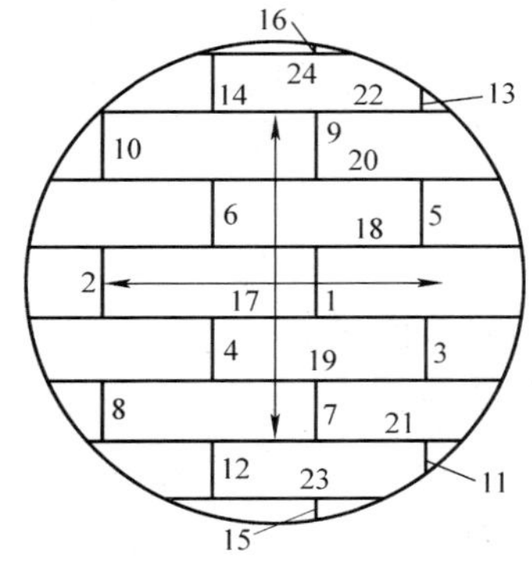

图 1—3—4　大型容器底部拼接焊接顺序

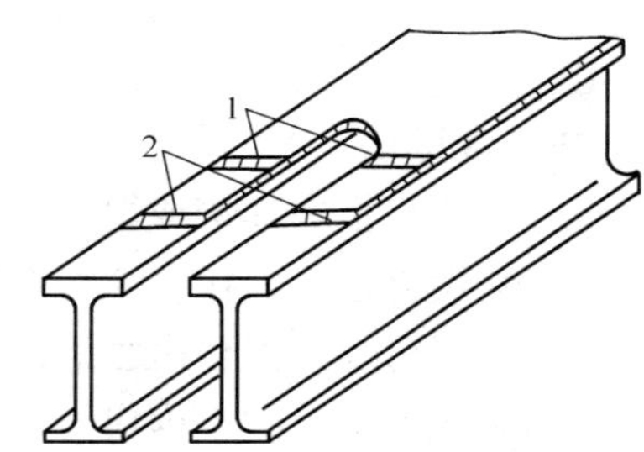

图 1—3—5　带盖板的双工字梁结构焊接顺序
1—对接焊缝　2—角焊缝

（3）保证交叉点部位不易产生缺陷且刚性拘束较小

焊接平面交叉焊缝时，由于在焊缝交叉点易产生较大的焊接残余应力，所以应采用保证交叉点部位不易产生缺陷且刚性拘束较小的焊接顺序。例如，T 形焊缝、十字形交叉焊缝正确的焊接顺序如图 1—3—6 所示。

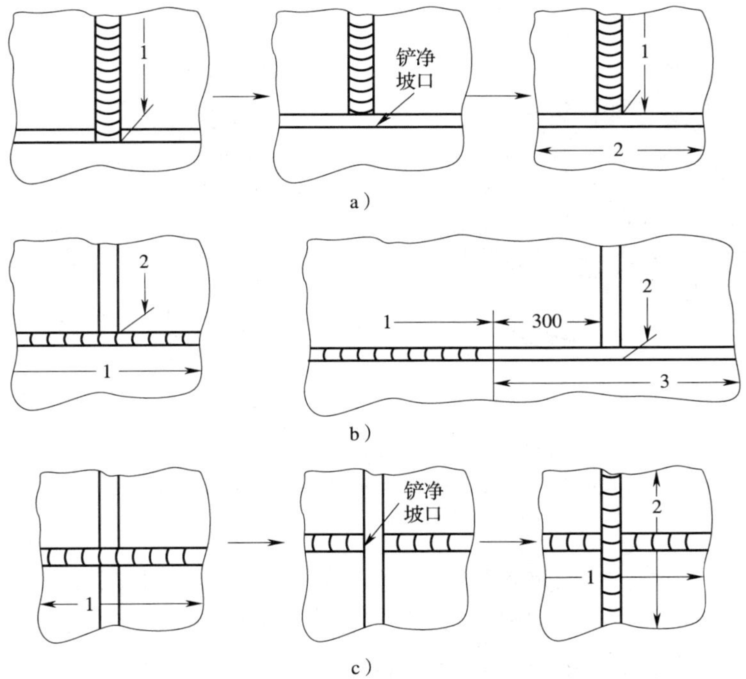

图 1—3—6　平面交叉焊缝的焊接顺序

2. 选择合理的焊接参数

焊接时应尽量采用小的焊接热输入，选用小直径焊条、较小的焊接电流和快速焊等，以减小焊件受热范围，从而减小焊接残余应力，当然焊接热输入的减小必须视焊件的具体情况而定。

3. 采用预热的方法

预热法是指在焊前对焊件的全部（或局部）进行加热的工艺措施，一般预热的温度在150～350℃之间，其目的是减小焊接区和结构整体的温差，使焊缝区与结构整体尽可能地均匀冷却，从而减小应力。此法常用于易裂材料的焊接。预热温度视材料、结构刚度等具体情况而定。

4. 加热减应区法

加热减应区法是指在焊接或焊补刚度很大的焊接结构时，选择构件的适当部位进行加热使之伸长，然后再进行焊接，这样焊接残余应力可大大减小，这个加热部位就叫作减应区。减应区应是阻碍焊接区自由收缩的部位，加热了该部位，实质上是使它能与焊接区近乎均匀的冷却和收缩，以减小内应力。如图1—3—7所示为带轮轮辐、轮缘及框架断裂采用加热减应区法修补的示意图。

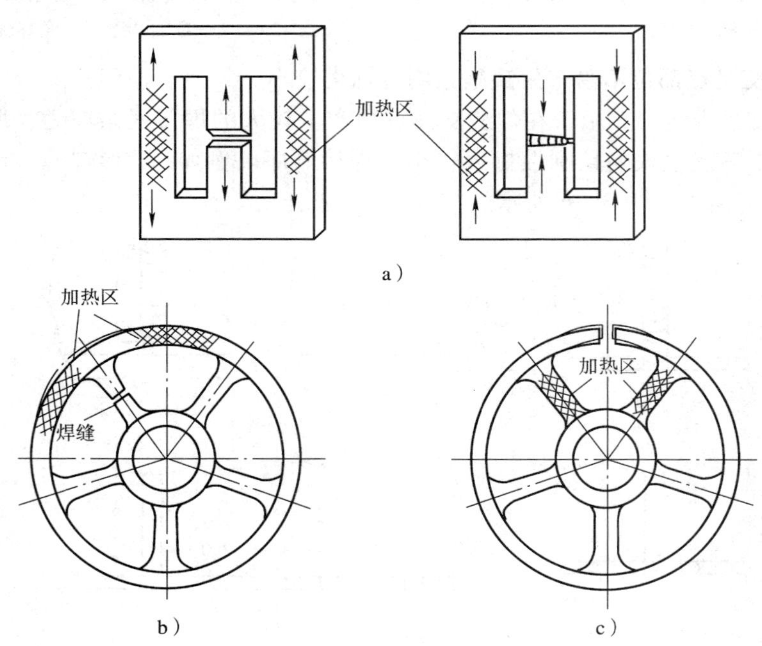

图1—3—7　加热减应区法应用

a）框架断口焊接　b）轮辐断口焊接　c）轮缘断口焊接

5. 锤击法

焊缝区金属由于在冷却收缩时受阻而产生拉伸应力，如在焊接每条焊道之后，用锤子锤击焊缝金属，促使它产生延伸塑性变形，以抵消焊接时产生的压缩塑性变形，这样便能起到减小焊接残余应力的作用。实验证明，锤击多层焊第一层焊缝金属，几乎能使内应力完全消失。锤击必须在焊缝塑性较好的热态时进行，以防止因锤击而产生裂纹。另外，为保持焊缝表面的美观，表层焊缝一般不锤击。

三、消除残余应力的方法

消除焊接残余应力的方法有消除应力热处理、机械拉伸法、温差拉伸法、振动时效法等。钢结构常用的方法是消除应力热处理，即消除应力退火。

1. 消除应力退火

焊后把焊件整体或局部均匀加热至相变点以下某一温度（一般为 600 ~ 650℃），保温一定时间，然后均匀缓慢冷却，从而消除焊接残余应力的方法称为消除应力退火。消除应力退火虽然加热的温度在相变点以下，金属未发生相变，但在此温度下，其屈服强度降低，使内部在残余应力的作用下产生一定的塑性变形，使应力得以消除。消除应力退火有整体消除应力退火和局部消除应力退火两种。

整体消除应力退火一般在炉内进行。退火加热温度越高，保温时间越长，应力消除越彻底。整体消除应力退火一般可将 80% ~90% 的残余应力消除。对于某些不允许或无法用加热炉进行加热的，可采用局部加热消除应力退火，即对焊缝及其附近局部区域加热退火。局部消除应力退火效果不如整体消除应力退火。图 1—3—8 所示为 14MnMoVB 消除应力退火工艺曲线。

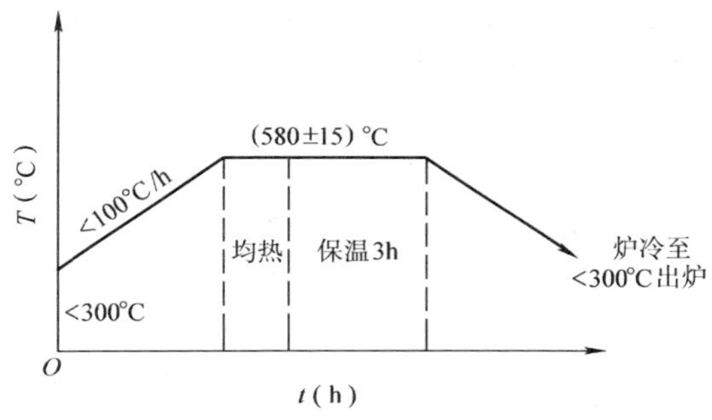

图 1—3—8　14MnMoVB 消除应力退火工艺曲线

2. 振动时效

振动时效又称为振动消除应力法，简称 VSR，是将焊接结构在其固有频率下进行数分钟至数十分钟的振动处理，以消除其残余应力，获得稳定的尺寸精度的一种方法。振动时效具有以下特点：投资相对较少，生产周期短；设备体积小、质量轻、便于携带，节约能源，降低成本；可避免金属零件时效过程中产生变形、氧化、脱碳及硬度降低等缺陷；操作简便，易于实现自动化等。因此，近年来振动时效消除残余应力法得到了迅速发展和广泛应用。

此外，机械拉伸法、温差拉伸法等也能取得较好的消除残余应力的效果。

四、垂直固定俯位管板焊的特点

1. 固定管板焊的管子与孔板的厚度的差异较大，管壁较薄，孔板较厚。如果操作不当，管与孔板受热不均，在管子的一侧很容易产生咬边或焊缝偏下的缺陷，在孔板一侧产生夹渣、未焊透和未熔合等缺陷。因此在焊接操作中应采用较大的焊接参数、直径较细的焊条、合适的焊条角度，焊接时应有节奏，可采用连弧法或灭弧法焊接。

2. 当垂直固定俯位管板焊接时，应根据管子的圆弧变化，焊工的手腕要不断转动来保证所要求的焊条角度。并通过控制焊接速度和焊条摆动幅度，来达到焊缝要求的焊脚尺寸。

3. 对于初学者，建议先焊 T 形接头，待基本上掌握了焊条角度，能够防止立板咬边和保证焊脚对称后，再开始焊接管板，这样可降低成本。

五、垂直固定俯位管板平焊操作要点

1. 选用小直径焊条、较大焊接参数，焊接时应根据管子的圆弧变化，焊工的手腕要不断转动来保证所要求的焊条角度，并控制好熔池的熔化状况。

2. 时刻注意熔渣不要超前，以免产生夹渣和未焊透等缺陷。

3. 盖面焊时，要特别注意控制焊道间的重叠距离。每道叠焊，应在前一道焊缝的 1/3 ~ 1/2 处开始焊接，以防止焊缝产生凹凸不平。

六、垂直固定俯位管板平焊焊接操作

1. 焊前准备

(1) 试件材料与尺寸：管材 20 钢管，$\phi57$ mm × 4 mm，长度 (L) = 90 mm；板材 20 钢板，100 mm × 100 mm × 10 mm，加工 $\phi62$ mm 通孔并开 50°单边坡口，如图 1—3—9 所示。

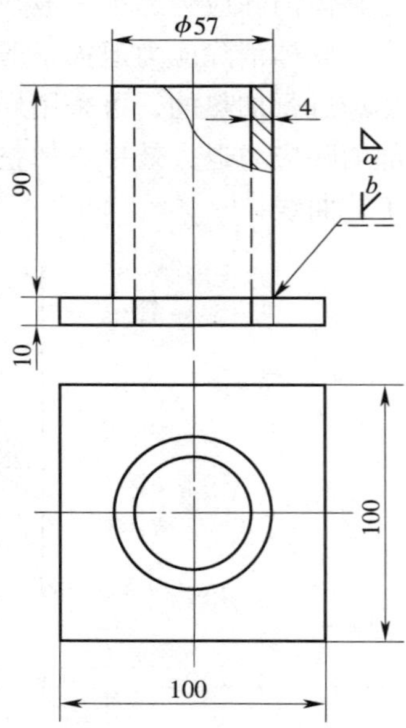

图 1—3—9　插入式管板垂直固定平焊试件

(2) 焊接材料：E4303，直径为 3.2 mm。

(3) 焊接要求：单面焊双面成形，焊脚 $K \geq 8$ mm。

(4) 电焊设备：BX1 – 250 型或 ZX7 – 400ST。

(5) 焊前清理：用钢丝刷等工具将试件板材坡口正、反两面侧 20 mm 和管子端部 20 mm 范围内的油污、铁锈、鳞皮和脏物等仔细清理干净，打磨至露出金属光泽。

2. 焊接参数

焊接参数见表 1—3—1。

表 1—3—1　垂直固定俯位管板平焊焊接参数

焊接层次	焊条直径（mm）	焊接电流（A）
打底层（1）	2.5	75 ~ 80
填充层（2）	3.2	120 ~ 130
盖面层（3、4）	3.2	110 ~ 120

3. 试件装配

（1）修磨钝边 1 mm，无毛刺。

（2）装配间隙：装配间隙为 2. 5 mm，管子插入孔板应垂直，四周间隙均匀。

（3）定位焊：在任意方位定位焊，焊缝长度为 10 ~ 15 mm，厚度为 2 ~ 3 mm，应焊透且无缺陷，焊缝两端打磨呈斜坡。并将焊件固定在焊架上。

4. 垂直固定俯位管板平焊操作要点

（1）打底层焊接

1）引弧与运条。打底焊主要是保证根部焊透，底板与立管要熔合良好，这样焊缝背面成形才无缺陷。如图 1—3—10 所示为定位焊部位及焊接方向。在始焊点处引燃电弧后，做上、下摆动运弧进行搭桥连接，当电弧移到定位焊缝的前端时，将电弧下压，2/3 左右电弧在管内燃烧，使管的坡口底部和板的端头各熔化 2 mm 左右，形成熔孔后，控制同样大小的熔孔，保持短弧并做小幅度的锯齿形连弧向前运条。打底焊时的焊条与底板间的角度和焊条与管切线的夹角，如图 1—3—11 所示。

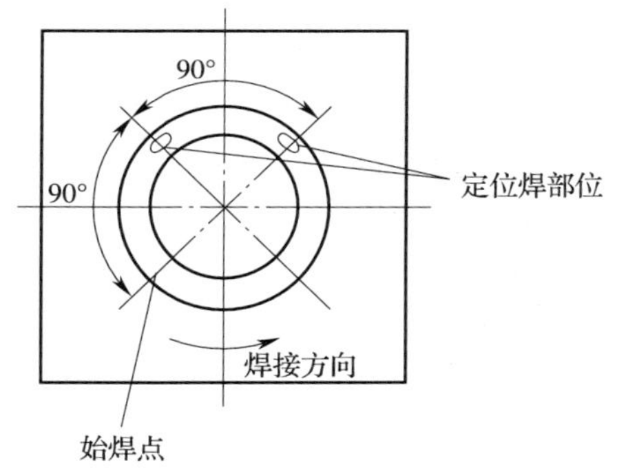

图 1—3—10　定位焊部位及焊接方向（俯视图）

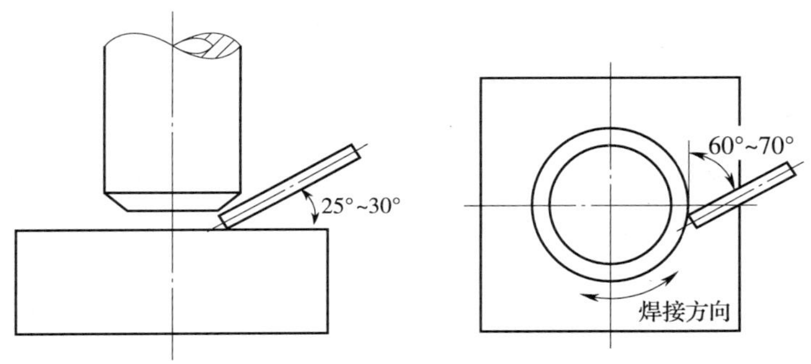

图 1—3—11　打底焊运条角度（主视图和俯视图）

焊接时，电弧在板一侧的停留时间稍长些，而在管另一侧的停留时间稍短些。板端的电弧深度比管端的深，焊条运至板端一侧时，其端部一定要到达板端的底边，以免造成夹渣或未熔合。运条时，始终要控制熔孔直径的大小一致，摆动速度和前进速度要匀速，才能焊出合格的打底焊道。

2）收弧。焊接收弧时将焊条下压，待熔孔稍增大后，向后上方带弧 10 mm 再熄弧，动作稍缓慢，使熔池缓慢冷却，以防止背面冷缩孔产生，并形成一个斜坡，以利于重新熔化接头。收弧过快或操作不当时，会看到熔池有气泡产生，则易产生气孔。使用 E5015、E4315 等碱性焊条焊接时，若产生气孔，一般收弧处外表不很明显，大多在收弧斜坡前部中心处，其中心部有花样状暗纹，气孔则在结晶后的焊缝内部；使用 E4303 等酸性焊条时，若产生气孔，一般会在其产生处裂开。因此对收弧点尤其是定位焊的收弧处应注意，发现有花样状暗纹则应打磨，让气孔露出来，以便在接头时，能将气孔重新熔掉。

3）焊缝接头。在收弧熔池后 10 mm 处引弧后，将电弧带至斜坡处，做斜椭圆形运条。电弧运至斜坡前端上方划圈进行预热后，在 1/2 熔孔处下压电弧，将前端熔化形成熔孔后，再按锯齿形运条向前焊接，同时应将接头处的起弧点磨掉。打底焊缝的封闭接头焊接前，要先将接头部位磨出 10 mm 长的斜坡，焊接电弧运至斜坡前端时，摆动焊条将坡口前端两侧坡口熔化。此时在接头处形成一个小圆孔，当小圆孔的大小与所用焊条直径相当时，焊条往前向斜坡处划圈进行预热，而后立即将焊条端部对准小孔下压焊条，当听到“噗”的一声，电弧已将焊缝根部击穿，这时再慢慢向上，运条的同时进行划圈填充金属，直至填满接头后，压低电弧继续向前运行至斜坡结束，再慢慢向一侧带弧后收弧，焊接完封闭接头，打底焊缝结束，如图 1—3—12 所示。进行清渣修磨，处理好有焊接缺陷的地方后，进行下一道工序的焊接。

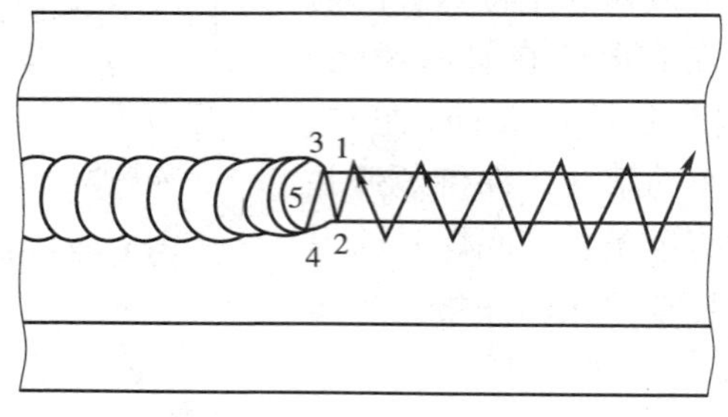

图 1—3—12　封闭接头焊法

1、2、3、4—熔化坡口两边点　5—下压击穿点

（2）填充层焊接

焊接时，要保证底板与管的坡口处熔合良好。填充层的焊缝不能太宽、太高，焊缝表面要保持平整。填充层焊接的焊条角度如图 1—3—13 所示。

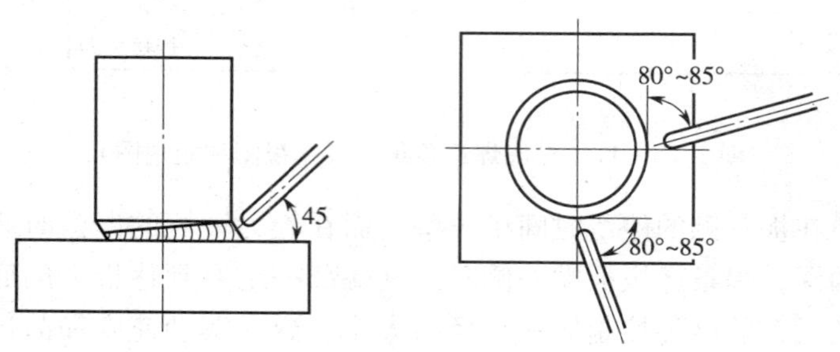

图 1—3—13　填充层焊接的焊条角度（主视图和俯视图）

（3）盖面层焊接

盖面焊采用两道焊缝，焊接前同样要将填充层焊道的熔渣清理干净，处理好局部缺陷。焊接时，必须保证管不咬边及焊脚对称。焊条与底板间的角度和焊条与管切线的夹角如图 1—3—14 所示。焊接方向从左至右，采用斜椭圆形运条。焊接下面的盖面焊道时，电弧要对准填充层焊道的下沿，保证底板熔合良好；焊接上面的盖面焊道时，电弧

要对准填充层焊道的上沿，该焊道应覆盖下面焊道的一半以上，保证与立管熔合良好。接头时，一定要在收弧熔池前 10 mm 处引弧，然后，将电弧带到收弧熔池处，在焊接过程中将引弧点重新熔掉。盖面层焊道焊接时，运条应使熔池始终保持在水平位置，才能焊出合格的焊缝。

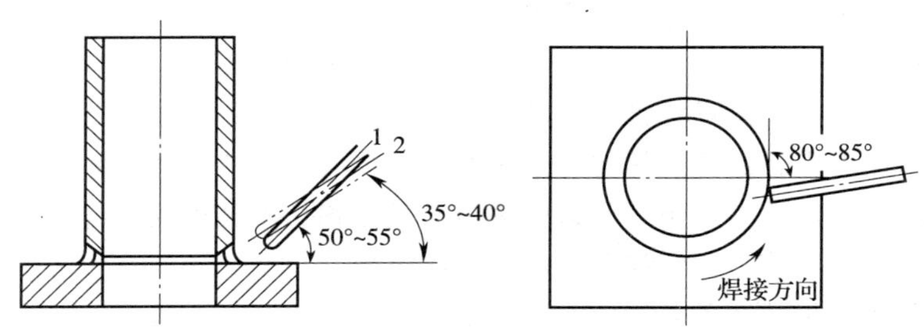

图 1—3—14　盖面焊的焊条角度（主视图和俯视图）

1—盖面焊下面的焊道　2—盖面焊上面的焊道

5. 评分标准（见表 1—3—2）

表 1—3—2　评分标准

序号	项目与技术要求	配分	检测标准	实测记录	得分
1	咬边	10	深≤0.5 mm，每长 10 mm 扣 2 分；深 > 0.5 mm，每长 10 mm 扣 5 分		
2	劳保用品	10	穿戴好劳保用品，否则扣 5 分		
3	焊脚尺寸	10	允许 $K=8\sim10$ mm，每超差 1 mm 扣 3 分		
4	焊缝凸度	8	允许余高 0～3 mm，每超差 1 mm 扣 3 分		
5	焊缝高度差	8	允许 1 mm，每超差 1 mm 扣 2 分		
6	焊缝成形	6	焊瘤、焊缝下坠每项扣 2 分		
7	焊缝直线度	8	每超差 2 mm 扣 1 分		
8	夹渣	10	点渣 <2 mm，每处扣 2 分；条渣 >2 mm，每处扣 5 分		
9	未熔合	10	无焊缝缺陷，过渡圆滑，熔合好		
10	气孔	5	无，出现不得分		
11	飞溅	5	无，否则扣 4 分		
12	安全文明操作	10	违者每次扣 2 分		

课后练习

一、填空题

1. 焊接残余应力按引起原因分为＿＿＿＿＿＿、＿＿＿＿＿＿和＿＿＿＿＿＿。
2. 焊接残余应力按其空间的方向可分为＿＿＿＿＿＿、＿＿＿＿＿＿和＿＿＿＿＿＿。
3. 矫正焊接残余变形的方法有＿＿＿＿＿＿和＿＿＿＿＿＿两大类。

4. 火焰矫正法中的加热方式有____________、____________、____________三种。

5. 焊接热输入越大则焊接残余变形就越____________。

6. 对于低碳钢和低合金钢，用火焰矫正焊接变形的加热温度是____________℃。

7. 利用锤击焊缝来减小____________是行之有效的方法。

8. 由于不锈钢的____________比低碳钢大，故焊后的残余变形也比低碳钢大。

二、判断题

（　　）1. 采用合理的焊接方向和顺序是减小焊接变形的有效方法。

（　　）2. 生产中常用矫正焊接变形的方法主要有机械矫正和火焰矫正两种。

（　　）3. 机械矫正法矫正变形通常适用于低碳钢、不锈钢等塑性好的金属材料。

（　　）4. 采用小热输入焊接既能减小焊接变形，也能减小焊接应力。

（　　）5. 锤击焊缝金属可以减小焊接变形，还可以减小焊接残余应力。

（　　）6. 采用预热法来减小焊接应力通常用于低合金高强度钢的焊接，不适用于奥氏体不锈钢的焊接。

（　　）7. 消除应力退火是生产中应用最广泛的、行之有效的消除焊接残余应力的方法。

三、选择题

1. 为了减小焊件的焊接残余变形，选择合理的焊接顺序原则之一是（　　）。

A. 对称焊　　B. 先焊收缩量最大的焊缝

C. 尽可能使焊缝自由收缩

2. 多层焊时，第一层引起的收缩量比其他焊层引起的收缩量（　　）。

A. 大　　B. 小　　C. 相同

3. 在焊接过程中锤击焊缝是为了减小焊缝的（　　）。

A. 纵向变形　　B. 角变形　　C. 焊接残余变形

4. 焊接梁、柱、管道等长焊缝时，常会产生（　　）变形。

A. 角　　B. 弯曲　　C. 纵向收缩

5. 焊缝截面上下宽度不一致，造成横向收缩不均匀会产生（　　）变形。

A. 弯曲　　B. 角　　C. 扭曲

6. 为了减小焊接应力，合理的工艺措施是（　　）。

A. 反变形法　　B. 刚性夹紧　　C. 尽可能使自由收缩

7. 断续焊缝产生的焊接变形（　　）连续焊缝产生的焊接变形。

A. 大于　　B. 小于　　C. 等于

8. 焊缝纵向收缩随（　　）的增大而增大。

A. 焊缝宽度　　B. 焊缝长度　　C. 母材的线膨胀系数

四、简答题

1. 控制焊接残余应力的措施有哪些？

2. 什么是消除应力退火？

3. 振动时效的工艺原理是什么？

子课题二　管板 V 形坡口水平固定焊

学习目标

1. 了解管板 V 形坡口水平固定焊的特点。
2. 熟悉管板 V 形坡口水平固定焊的操作要点。
3. 掌握管板 V 形坡口水平固定焊的操作。

一、管板 V 形坡口水平固定焊的特点

1. 管件的空间焊接位置沿环形接缝连续不断地发生变化。焊接过程中，焊条角度、给送液态金属的速度、间断灭弧的节奏、熔池倾斜的状态，都将随焊接位置的改变而改变。因此，控制好熔池温度和熔池倾斜程度以及不断改变焊条角度是管板水平固定焊的关键。

2. 由于焊工不易控制熔池形状，在焊接过程中，常出现打底层根部焊透程度不均匀、焊道表面凹凸不平的情况。

3. 因为焊接操作难度较大（管径越小，操作难度越大），焊成的焊缝中经常出现各种缺陷。如在仰焊位置易出现夹渣，斜仰焊位置易出现焊瘤，斜平焊位置焊透程度易过大，出现焊瘤或熔透不均匀；立焊位置的液态金属与熔渣易分离，所以焊透程度良好。

二、管板 V 形坡口水平固定焊的操作要点

管板 V 形坡口水平固定焊是全位置焊接，这是最难焊的位置，焊接过程中，焊件在水平固定不变的情况下，要求焊缝根部必须焊透，因此，焊工必须在掌握平焊、立焊和仰焊的操作技术后才能进行该焊件的焊接。管板插入式水平固定焊条电弧焊与 T 形接头的平角焊相比，由于管壁薄、板厚，在焊接过程中，焊接电弧与低碳钢管间的角度要小些，注意电弧热量要均匀分配在管壁和板上，防止钢管烧穿或未焊透，同时，焊接过程中要不断地转动手臂和手腕的位置，防止出现咬边缺陷。为了达到单面焊双面成形的质量要求，还必须在管板上开出一定尺寸的坡口，使焊接电弧能够深入到坡口的根部进行焊接。

三、管板 V 形坡口水平固定焊的操作

1. 焊前准备

（1）试件材料与尺寸：管材 Q235A，ϕ60 mm×5 mm，长度（L）=65 mm，管子的端部开 50°单边坡口；板材 Q235A，100 mm×100 mm×10 mm，加工 ϕ62 mm 通孔，如图 1—3—15 所示。

（2）焊接材料：E4303，直径为 3.2 mm。

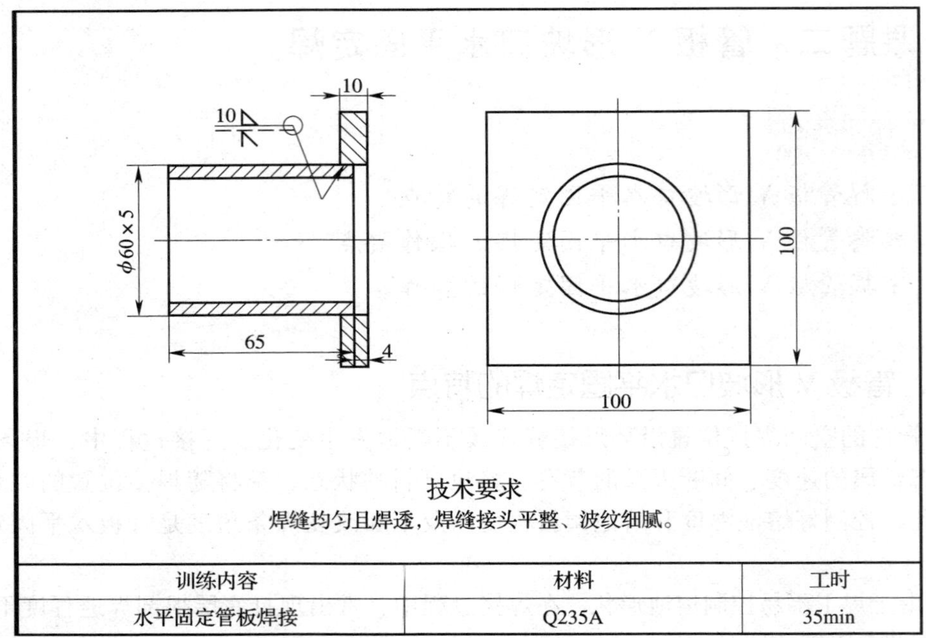

图 1—3—15　水平管板焊件

（3）焊接要求：单面焊双面成形。

（4）电焊设备：BX1 - 250 型或 ZX7 - 400ST。

（5）焊前清理：用钢丝刷等工具将试件板材坡口正、反两面侧 20 mm 和管子端部 20 mm 范围内的油污、铁锈、鳞皮和脏物等仔细清理干净，打磨至出现金属光泽，并固定在高度 800 mm ~ 900 mm 的工位架上。

2. 焊接参数

焊接参数见表 1—3—3。

表 1—3—3　　管板 V 形坡口水平固定焊焊接参数

焊接层次	焊条直径（mm）	焊接电流（A）
打底层（1）	2.5	70 ~ 80
填充层（2）	3.2	100 ~ 110
盖面层（3）	3.2	100 ~ 110

3. 试件装配

（1）修磨钝边 0.5 ~ 1 mm，无毛刺。

（2）装配间隙：上部装配间隙为 3.2 mm，下部装配间隙为 2.5 mm，管子插入孔板应垂直。

（3）定位焊：定位焊在时钟 2 点或 10 点位置，焊缝长度为 5 ~ 10 mm，厚度为 2 ~ 3 mm，应焊透且无缺陷，焊缝两端打磨呈斜坡。

4. 管板V形坡口水平固定焊操作要点

(1) 打底层焊接

管板水平固定焊缝施焊时分前半圈（左）和后半圈（右）两个半圈，每半圈都存在仰、立、平三种不同位置的焊接。将焊接位置处于焊件接口的某部位用12点钟的方式表示，焊条角度随焊接位置的改变而变化，如图1—3—16所示。

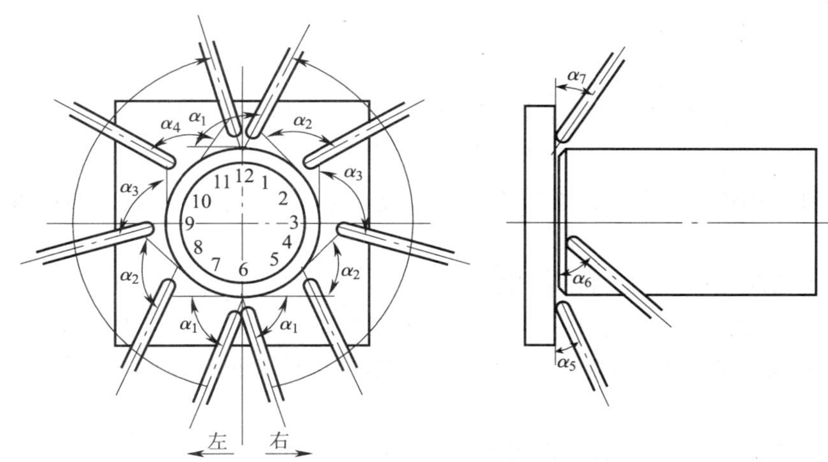

图1—3—16　水平固定管板的焊接位置及焊条角度

$\alpha_1=80°\sim85°$　$\alpha_2=100°\sim105°$　$\alpha_3=100°\sim110°$

$\alpha_4=120°$　$\alpha_5=30°$　$\alpha_6=45°$　$\alpha_7=35°$

打底层的焊接可以采用连弧焊手法，也可采用灭弧焊手法进行。

1）前半圈焊接（左侧）时，在仰焊6点钟位置前5～10 mm处的坡口内引弧，焊条在坡口根部管与板之间作微小横向摆动，当母材熔液与焊条熔滴连在一起后，第一个熔池形成，然后沿顺时针方向进行正常手法的焊接，直至焊道超过12点钟5～10 mm处熄弧。

2）连弧焊采用月牙形或锯齿形运条法。当采用灭弧焊时，灭弧动作要快，不要拉长电弧，同时灭弧与接弧时间间隔要短，灭弧频率为50～60次/min。每次重新引燃电弧时，焊条中心要对准熔池前沿焊接方向的2/3处，每接触一次，焊缝增长2 mm左右。

3）因管与板厚度差较大，焊接电弧应偏向孔板，并保证板孔边缘熔合良好。一般焊条与孔板的夹角为30°～35°，与焊接方向的夹角随着焊接位置的不同而改变。另外在管板试件的6点钟至4点钟及2点钟至12点钟处，要保持熔池液面趋于水平，不使熔池金属下淌，其运条轨迹如图1—3—17所示。

4）焊接过程中，要使熔池的形状和大小保持一致，使熔池中的熔液清晰明亮，熔孔始终深入每侧母材0.5～1 mm，同时应始终伴有电弧击穿根部所发出的“噗噗”声，以保根部焊透。

5）当运条到定位焊缝根部时，焊条要向管内压一下，听到“噗噗”声后，快速运条到定位焊缝另一端，再次将焊条向下压一下，听到“噗噗”声后，稍作停留，恢复原来的操作手法。

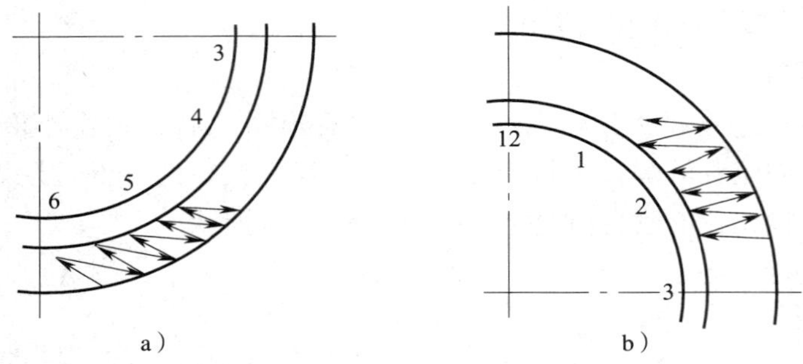

图 1—3—17　管板焊件斜仰位及斜平位处的运条轨迹

a）斜仰位　b）斜平位

6）收弧时，将焊条逐渐引向坡口斜前方，或将电弧往回拉一小段，再慢慢提高电弧，使熔池逐渐变小，填满弧坑后熄弧。

7）更换焊条时有以下两种接头方法

①热接。当弧坑尚保持红热状态时，迅速更换焊条，在熔孔下面 10 mm 处引弧，然后将电弧拉到熔孔处，焊条向里推一下，听到“噗噗”声后，稍作停留，恢复原来的操作手法。

②冷接。当熔池冷却后，必须将收弧处打磨出斜坡方向接头。更换焊条后，在打磨处附近引弧；运条到打磨斜坡根部时，焊条向里推一下，听到“噗噗”声后，稍作停留，恢复原来的操作手法。

8）后半圈的焊接方法与前半圈基本相同，但需在仰焊接头和平焊接头处多加注意。一般在上、下两接头处，均打磨出斜坡，引弧后在斜坡后端起焊，运条到斜坡根部时，焊条向上顶，听到“噗噗”声后，稍作停顿，再进行正常焊接。当焊缝即将封闭收口时，焊条向下压一下，听到“噗噗”声后，稍作停留，然后继续向前焊接 10 mm 左右，填满弧坑后收弧。

9）打底焊道应尽量平整，并保证坡口边缘清晰，以便填充层焊接。

（2）填充层焊接

1）清除打底焊道熔渣，特别注意死角处的清理。

2）填充层焊接可采用连弧焊手法或灭弧焊手法施焊。其焊接顺序、焊条角度、运条方法采用小锯齿形，但焊条摆动幅度比打底层稍宽。由于焊缝两侧是不同直径的同心圆，孔板侧比管子侧圆周长，所以运条时，在保持熔池液面趋于水平时应加大焊条在孔板侧的向前移动间距并相应地增加焊接停留时间。填充层的焊道要薄一些，管子一侧坡口要填满，孔板一侧要超出管壁约 2 mm，使焊道形成一个斜面，保证盖面层焊缝焊后焊脚对称。

（3）盖面层焊接

盖面层与填充层焊接相似，运条过程中既要考虑焊脚尺寸与对称性，又要使焊缝波纹均匀，无表面缺陷。为防止出现盖面焊缝的仰位超高、平位偏低，以及孔板侧产生咬边等缺陷，盖面层的焊接要采取一定的措施。

1）前半部分的焊接。前半部分的起焊处 7 点至 6 点的焊接，以直线形运条法施焊，焊道要尽可能地细且薄，为后半部分获得平整的接头做准备。

2）后半部分的仰位接头。后半部分始焊端仰位接头时，在8点处引弧，将电弧拉到接头处（6点附近），长弧预热，当出现熔化状态时，将焊条缓缓地送到较细焊道的接头点，借助电弧的喷射，熔滴均匀地落在始焊端，然后，采用直线运条与前半部分留出的接头平整熔合，再转入斜锯齿形运条的正常盖面焊。

3）斜平位至平位处焊接。盖面层斜平位至平位处（2点至12点）的焊接，熔敷金属易于向管壁侧堆聚而使孔板侧形成咬边缺陷。为此，在焊接过程中由立位采用锯齿形运条过渡到斜平位2点处采用斜锯齿形运条，要控制熔池温度，保持熔池呈水平状。在孔板侧停留时间稍长些，以短弧填满熔池，必要时可以间断灭弧，使孔板侧焊缝饱满，管子侧不堆积。当焊至12点处时，将焊条端部靠在填充焊的管壁夹角处，以直线运条至12点与11点之间处收弧，为后半部分末端接头打基础。

4）后半部分末端平位收弧。当后半部分末端平位接头时，从10点至12点采用斜锯齿形运条法，施焊到12点处采用小锯齿形运条法，与前半部分留出的斜坡接头熔合，做几次挑弧动作，将熔池填满即可收弧。

5. 评分标准（见表1—3—4）

表1—3—4　　评分标准

序号	项目与技术要求	配分	检测标准	实测记录	得分
1	咬边	10	深≤0.5 mm，每长10 mm扣2分；深>0.5 mm，每长10 mm扣5分		
2	劳保用品	10	穿戴好劳保用品，否则扣5分		
3	焊脚尺寸	10	允许余高8～10 mm，每超差1 mm扣3分		
4	焊缝凸度	8	允许余高0～3 mm，每超差1 mm扣3分		
5	焊缝高度差	8	允许2 mm，每超差1 mm扣2分		
6	焊缝成形	6	有焊瘤、焊缝下坠每项扣2分		
7	焊缝直线度	8	每超差2 mm扣1分		
8	夹渣	10	点渣<2 mm，每处扣2分；条渣>2 mm，每处扣5分		
9	未熔合	10	无焊缝缺陷，过渡圆滑，熔合好		
10	气孔	5	无，出现不得分		
11	飞溅	5	无，否则扣4分		
12	安全文明操作	10	违者每次扣2分		

课后练习

一、填空题

1. 水平固定管板全位置焊包括________焊、________焊、________焊三种焊接位置。

2. 水平固定管板焊分前、后半部施焊，按照______焊、______焊、______焊的顺序进行焊接。

3. 焊接水平固定管板时，熔池尽可能趋于______状，电弧偏于______板，并且在管侧电弧停留时间要稍______些，以避免在管侧出现堆积，孔板侧出现咬边等缺陷。

4. 水平固定管板焊，在仰焊位置焊条向______顶送深些，横向摆动幅度______些，在形成熔池之后，运条节奏______些，否则易使背面焊缝产生咬边和下坠。

5. 进行小直径______水平固定管板焊接时，尽可能使熔池处于______状态进行焊接。

6. 为保证盖面层焊缝焊脚对称，尽可能在______多焊些填充焊道形成一个斜度。

7. 运条时，摆动幅度要______些，节奏要______些，控制填充层的每层焊道要______些，可以克服液态金属下坠。

8. 仰焊、斜仰焊区段液态金属易下坠，尽可能使焊缝焊______些；而斜平焊、平焊区段熔池温度偏高，熔敷金属不易凸起，力求焊缝焊______些，这样，可使盖面焊缝整体均匀，获得良好成形。

9. 水平固定管板焊的焊缝两侧是两个直径不同的同心圆，靠近管子侧较孔板侧周长______，因此，焊接时要在______侧加大向上摆动间距，才能形成均匀的焊缝。

二、判断题

（　）1. 如何控制好熔池温度和熔池形状、不断改变焊条角度是水平固定管板焊接的关键。

（　）2. 水平固定管板填充焊和盖面焊，运条时，在熔池液面趋于水平的前提下，应该加大孔板侧的前移间距，并相应增加焊接停留时间。

（　）3. 水平固定管板装配时，考虑到焊接收缩量，仰焊间隙要大于平焊间隙。

（　）4. 水平固定管板焊的焊件管子和孔板厚度不同，所需热量不一样。运条时，在管子一侧多停一会，以控制熔池温度并调节熔池形状。

三、选择题

1. 水平固定管板盖面焊应该采用（　）运条方法。

A. 斜锯齿形　　B. 月牙形　　C. 直线形

2. 水平固定管板焊接的最佳位置是将焊件固定在距地面（　）mm左右的高度。

A. 350　　B. 550　　C. 850

3. 水平固定管板焊接时，在（　）位置难度较大，易出现夹渣和焊瘤缺陷。

A. 仰焊和斜仰焊　　B. 立焊　　C. 平焊

四、简答题

1. V形坡口管板水平固定焊的特点是什么？

2. V形坡口管板水平固定焊的操作要点是什么？

课题四　管管对接单面焊双面成形焊接

子课题一　V 形坡口 ϕ76 mm Q235 钢管对接水平固定焊

学习目标

1. 了解管管对接水平固定焊的概念。
2. 熟悉焊条电弧焊水平固定管全位置焊接的特点。
3. 掌握管管 V 形坡口水平固定焊的操作。

一、管对接焊接头形式

管对接在生产实际中应用最为广泛，按管的直径不同可分为大直径管（≥ϕ108 mm）的焊接和小直径管（<ϕ108 mm）的焊接；按管的厚度不同可分为厚壁（≥10 mm）管焊接和薄壁（<10 mm）管焊接，其中薄壁管使用酸性焊条较多。

管对接焊可分为水平转动管焊、垂直固定管焊、水平固定管焊和斜 45°固定管焊等几种形式，如图 1—4—1 所示。

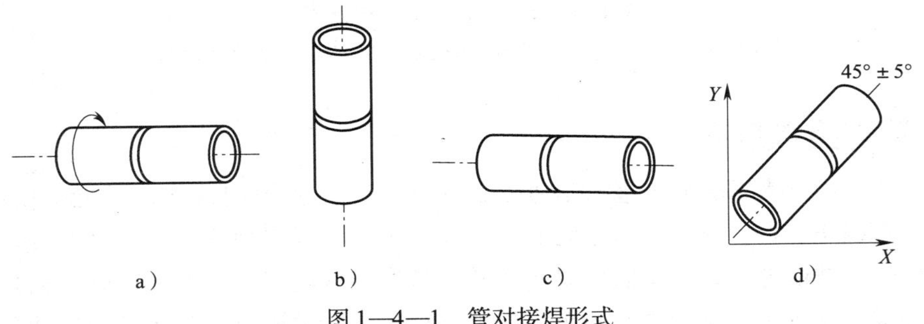

图 1—4—1　管对接焊形式

a）水平转动管焊　b）垂直固定管焊　c）水平固定管焊　d）斜 45°固定管焊

二、管对接焊的装配与定位焊

管子焊接一般采用 V 形坡口单面焊，这种坡口形式便于机械加工或氧—乙炔焰切割，焊接时便于运条，容易焊透，生产中应用最多。装配时除了要清理坡口表面、修锉钝边外，还应该注意以下几方面：

1. 装配要同心

装配时可以将需要组对的管放在 V 形架或角钢的槽内，以保证管子同心、内外壁齐平。

2. 装配定位焊

管径不同时，定位焊缝所在的位置和数量也不同（见图 1—4—2）。一般小直径管定位焊一处（见图 1—4—2a），大直径管定位焊两处（见图 1—4—2b）或定位焊三处（见图 1—4—2c）。

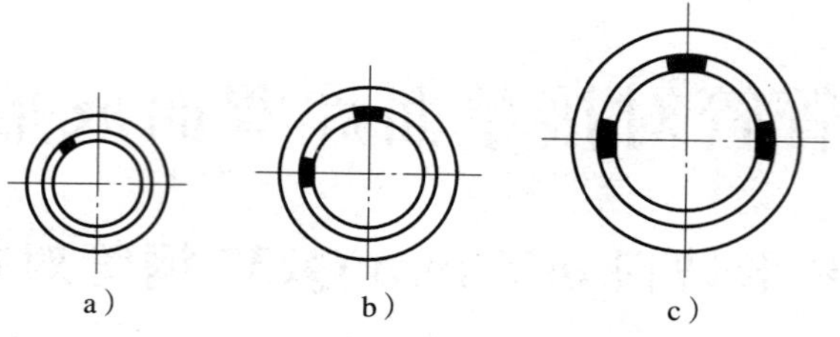

图 1—4—2　固定管装配定位焊示意图

定位焊除在管子坡口根部直接进行外（见图 1—4—3a），也可以利用非正式定位焊缝进行（见图 1—4—3b），保持坡口根部的钝边不被破坏，待正式焊缝焊至非正式定位焊缝处时，将其打磨掉，再继续向前施焊；还可以用连接板在管外壁临时定位（见图 1—4—3c），打底焊之后，再将连接板取掉。

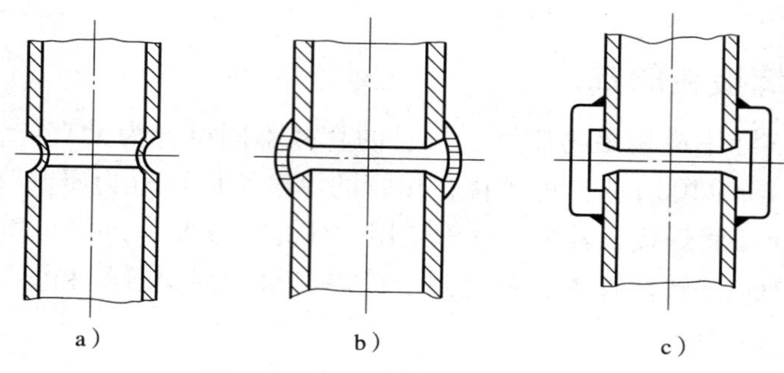

图 1—4—3　定位焊的几种方式
a）正式定位焊缝定位焊 b）非正式定位焊缝临时定位焊 c）连接板临时定位焊

三、管对接焊方法

在施工中，由于大部分管子管径较小，工人无法进入管道内操作，只能采用单面焊，并要求保证焊缝正、背面成形均匀、无缺陷，故多用单面焊双面成形技术，尤其在压力容器和管道的焊工技能考试时，单面焊双面成形技术为必考内容。垂直固定管单面焊双面成形技术的关键，在于打底层焊缝的操作。焊接过程中，必须用电弧击穿坡口钝边，在熔池前形成一个熔孔，并使熔孔大小均匀，其尺寸应控制在焊条直径的 0.5 ~ 1.5 倍之间。熔孔过大，背面焊缝余高大，还会形成焊瘤或烧穿；熔孔过小，坡口两侧焊根容易产生未焊透等缺陷。按其操作方法可分为断弧焊法和连弧焊法两种。

1. 断弧焊法

在坡口内引燃电弧后，拉长电弧带至根部间隙处向内压，待发出击穿声并形成熔池后马上熄弧（向后下方做划挑动作），使熔池降温。待熔池由亮稍变暗时，在熔池的前沿重新引燃，并压低电弧由上坡口带至下坡口，待坡口两侧熔合后，并形成熔孔，以同一动作熄弧。如此反复地熄弧—燃弧—击穿进行焊接。为保证坡口根部焊透，应始终保持熔池形状为大小均匀的斜椭圆形。

绕管一周即将封闭接头时，在接头缓坡前沿 3 ~ 5 mm 处，不再断弧焊而是连弧焊至接头处，电弧向内压，稍作停顿，然后焊过缓坡填满弧坑后熄弧。

2. 连弧焊法

连弧焊法是指电弧引燃后，中间不是人为的熄弧，一直焊至必须更换焊条时才熄弧，熔池始终处于电弧下连续燃烧，保护效果良好，气体易于从熔池逸出，熔渣易与熔敷金属分离，焊缝力学性能较好，用碱性焊条焊接时，多采用连弧焊法操作。

操作时，在定位焊缝上划擦引弧，以长弧做 2 ~ 3 个往复运动进行预热，当定位焊缝与坡口根部金属呈现“出汗”现象时，说明预热温度已适中，此时立即将电弧压至 2 mm，经过短暂的 1s 之后，听到“噗噗”声（表明电弧已穿透坡口），可以看到坡口根部形成熔池，之后采用直线往复运条法进行连弧焊接。在焊接过程中，每一个新焊点应与前一个焊点搭接 2/3，保持电弧 1/3 部分在焊件背面燃烧，以此来加热和击穿坡口根部钝边，形成新的焊点。其余要领与断弧焊法相同。

四、水平固定管对接焊的概念

水平固定管对接焊是集平焊、立焊、仰焊三种空间位置为一体的形式，它是焊条电弧焊中进行全位置焊接的基本形式，也是难度最大的操作技术之一。只能单面焊，所以要求双面成形。

水平固定管的焊接是最常用的钢管焊接技术之一，应用极广。由于水平管焊接时是将管子悬吊在水平位置或接近水平位置进行，所以也称吊焊。

五、焊条电弧焊水平固定管全位置焊接的特点

（1）管件的空间焊接位置沿环形连续不断地变化，焊工不易随管件空间位置的变化而相应地改变运条角度、控制熔池形状。水平固定管件焊接时，随着焊接位置的变化，要不断地改变焊条与管切线的夹角，同时焊条送进深度也要相应变化。

（2）由于控制熔池形状较难，所以，焊接过程中，常出现打底层根部第一层焊透程度不均匀、焊道表面凹凸不平的情况；水平固定管件焊接采用锯齿形横向摆动运条；垂直固定管件根部焊道采用斜椭圆形运条，填充和盖面焊道采用直线运条不做摆动。

（3）水平固定管焊接的锯齿形和三角形运条，两侧停留时间要相同，中间快速过渡。摆动运条时，坡口两侧停顿要适当。垂直固定管焊接的斜椭圆形运条，上坡口停留时间要稍长，下坡口停留时间稍短。

（4）采用斜椭圆形运条时，始焊端和末焊端焊缝要使其呈尖角形斜坡状，以便有利于接头和保证焊缝表面的平整。收弧方法和接头方法与板类试件焊接基本相同。

（5）水平固定管焊常从管子仰位开始分两半周焊接。为便于叙述，将试件按钟面分成两个相同的半周进行焊接。先按顺时针方向焊接前半周，称前半圈；后按逆时针方向焊接后半周，称后半圈。

六、管管 V 形坡口水平固定焊的特点

水平固定焊的焊接包括仰、立、平三种位置，也称全位置焊接，因为管的焊缝是环形的，所以焊接过程中要随着焊缝空间位置的变化而相应调整焊条角度。

七、管管V形坡口水平固定焊的操作

1. 焊前准备

（1）试件材料与尺寸：Q235，ϕ76 mm × 100 mm × 6 mm。

（2）焊接材料：E4303，直径为3.2 mm。

（3）焊接要求：V形坡口ϕ76 mm管对管水平固定焊。

（4）焊接设备：BX1－250型或ZX7－400ST，直流反接。

（5）焊前清理：用钢丝刷等工具将管件坡口正、反两面侧20 mm范围内的油污、铁锈、鳞皮和脏物等仔细清理干净，打磨至露出金属光泽。

2. 焊接参数

焊接参数见表1—4—1。

表1—4—1　V形坡口ϕ76 mm管管对接水平固定焊焊接参数

焊接层次	焊条直径（mm）	焊接电流（A）	电弧电压（V）
打底焊	3.2	90～110	22～24
盖面焊	3.2	85～100	19～24

3. 试件装配

（1）修磨钝边0.5～1 mm，无毛刺，错边量≤0.5 mm。

（2）清理坡口及其两侧内、外表面各20 mm范围内的油污、锈蚀、水分及其他污物直至露出金属光泽。

（3）装配间隙为3.2 mm，上部（平焊位）为3.5 mm，下部（仰焊位）为3.2 mm，放大上部间隙作为焊接时焊缝的收缩量，如图1—4—4所示。

（4）定位焊，在试件中心线以上9点半、2点半位置定位焊，如图1—4—5所示。采用与试件相同牌号的焊条，焊缝长度约10 mm，要求焊透，定位焊缝两端修磨成斜坡，便于接头，特殊情况时用钢板制作“卡马”点固在管子两端，最后将“卡马”割掉。

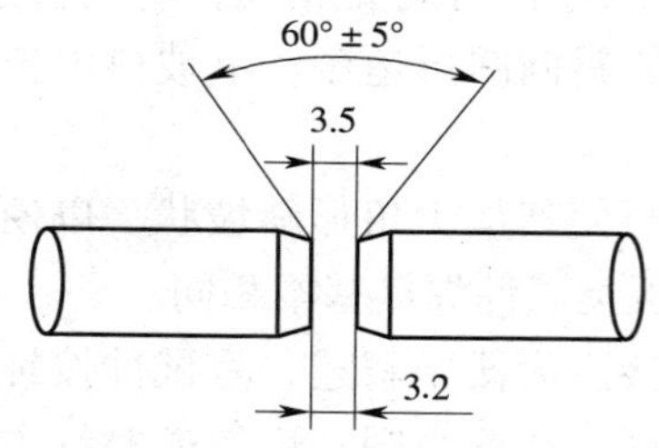

图1—4—4　装配间隙

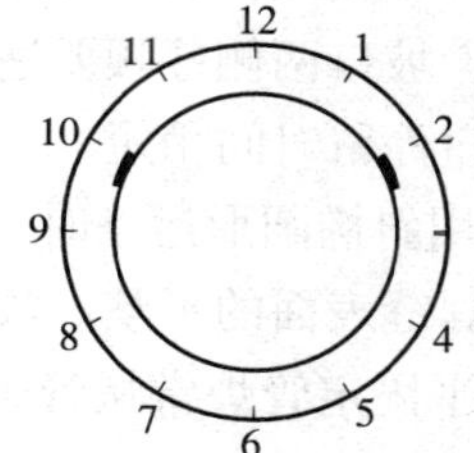

图1—4—5　管件定位焊点位置

4. 焊条电弧焊V形坡口ϕ76 mm管管对接水平固定焊操作要点

本课题按二层二焊道完成。

（1）打底层

焊条角度如图1—4—6所示。

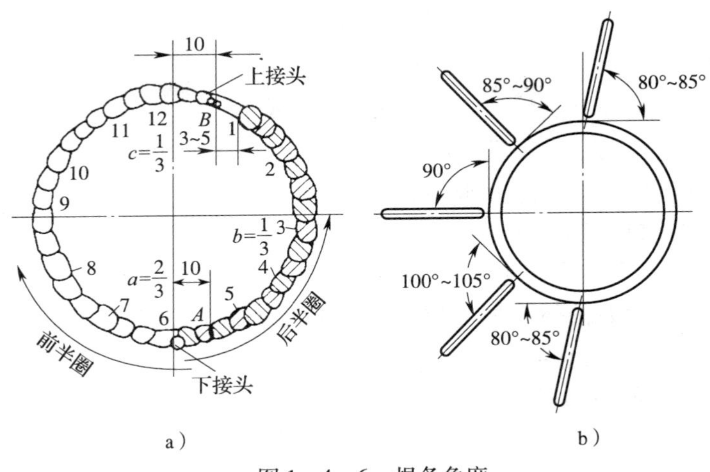

图 1—4—6　焊条角度

水平固定管管焊接常从管子仰位开始分两半周焊接，先按顺时针方向焊前半周，后按逆时针方向焊后半周。

打底焊采用连弧焊手法，也可以采用灭弧焊手法，运条方法采用月牙形或横向锯齿形摆动。

1）如图 1—4—6a 所示，在 *A* 点坡口面上引弧至间隙内，使焊条在两钝边根部作微小横向摆动，当钝边熔化金属与焊条熔滴连在一起时，焊条上送，此时焊条端部到达坡口底边，整个电弧的 2/3 将在管内燃烧，形成第一个熔孔及熔池，焊条与管子切线倾角为 80°~85°，接弧位置要准确，每次接弧时焊条要对准熔池前部的 1/3 左右处，使每个熔池覆盖前一个熔池的 2/3 左右。

2）灭弧动作要干净利落，灭弧与接弧的时间间隔要短，灭弧频率为：仰、平焊 35~40 次/min，立焊 40~50 次/min。

3）焊接过程中要使熔池的形状和大小基本保持一致，熔池金属液清晰明亮，熔孔始终深入每侧母材 0.5~1 mm。

4）在接头处起焊区 5~10 mm 范围，修成一个斜坡，利于接头到位。

5）与定位焊缝接头时，焊缝运条至定位焊点，将焊条向下压一下，听到“噗噗”声后，快速向前施焊，到定位焊逢另一端时焊条在接头处稍停，将焊条向上压一下，听到“噗噗”声后表明根部已熔透，恢复原来的操作手法。

6）更换焊条时接头有热接和冷接两种方法：热接是在收弧处尚保持红热状态时，立即从熔池前面引弧迅速把电弧拉到收弧处；冷接，即熔池已经凝固冷却，必须将收弧处修磨成斜坡，并在其附近引弧，再拉到修磨处稍作停顿，待焊缝充分熔化，方向前正常焊接。

7）后半圈焊接与前半圈基本相同，但必须注意首尾端的接头。仰焊位（下方）的接头，应修磨成斜坡，方法是在距离接头中心约 10 mm 的焊缝上引弧、预热，使焊缝金属熔化，使焊条头部对准熔化金属，调整焊条角度正常焊接，恢复原来的运条方法。平焊位（上方）的接头，修成斜坡，当运条到了 3~5 mm 处应压低电弧，将焊条向里压一下，听到电弧穿透坡口根部发出“噗噗”声后，保证打开熔孔，充分熔合填满弧坑后引弧到坡口一侧灭弧。

（2）盖面层焊

1）清除打底焊熔渣及飞溅物，修整局部凸起接头。

2）在打底焊道上引弧，采用月牙形或横向锯齿形运条法焊接。

3）焊条角度比同位置打底焊大5°左右。

4）焊条摆动到坡口两侧时要稍作停留，并熔化两侧坡口边缘各1～1.5 mm，以防咬边。

5）前半圈收弧、填好液体金属，使弧坑呈斜坡状态，利于后半圈接头。在后半圈焊前，将前半圈两端接头部位渣壳去除约10 mm，修磨成斜坡。

5. 评分标准（见表1—4—2）

表1—4—2　　评分标准

序号	项目与技术要求	配分	检测标准	实测记录	得分
1	表面咬边	10	深≤0.5 mm，每长10 mm扣2分；深>0.5 mm，每长10 mm扣5分		
2	劳保用品	10	穿戴好劳保用品，否则扣5分		
3	焊缝宽度	10	允许8～10 mm，每超差1 mm扣3分		
4	焊缝余高	8	允许余高0～3 mm，每超差1 mm扣3分		
5	管子错边量	8	≤10%壁厚，超差不得分		
6	背面凹度	6	≤1 mm，超差不得分		
7	通球试验	8	球径为管径85%，不通球不得分		
8	夹渣	10	点渣<2 mm，每处扣2分；条渣>2 mm，每处扣5分		
9	未熔合	10	无焊缝缺陷，过渡圆滑，熔合好		
10	气孔	5	无，出现不得分		
11	焊瘤	5	无，若出现每个扣2分		
12	安全文明操作	10	违者每次扣2分		

课后练习

一、填空题

1. 固定管全位置焊包括____________、____________、____________三种焊接位置。

2. 固定管全位置焊的焊缝是环形的，焊接过程中要随焊缝空间位置的变化而相应调节____________，才能保证正常操作，因此操作有一定难度。

3. 全位置固定管的焊接常从管子____________位开始分两部分焊接，两半部都按____________的顺序进行，有利于对____________与____________的控制，便于焊缝成形。

4. 全位置固定管单面焊双面成形的打底焊，可采用__________焊法。表面焊时为使焊缝中间凸起一些并与母材圆滑过渡，可采用__________运条法。运条至焊缝两侧要稍作__________，尽量保持焊缝宽窄__________，波纹__________。

二、判断题

（　　）1. 全位置固定管焊接前装配定位时，应使管子平位的根部间隙大于仰位 0.5 ~ 2.0 mm，以作为焊接时焊缝的收缩量。

（　　）2. 全位置固定管焊打底焊时，仰位焊接电流不宜过小，宜用点射法建立第一个熔池，避免连续焊，可防止夹渣和未焊透。

（　　）3. 小直径管焊接一般均采用单面焊。

（　　）4. 管子 V 形坡口，常采用机械加工或氧—乙炔焰切割。

（　　）5. 生产中管子焊接时，为了保证焊透，操作方便，运条便利，X 形坡口应用最多。

（　　）6. 管子装配定位焊时，不必考虑管径大小，均定位焊三处。

（　　）7. 管子装配时，将管子放在 V 形架或角钢的槽内，可保证管子同心、内外壁齐平。

三、选择题

1. 在施工中，由于大部分管子管径较小，工人无法进入管内操作，只能采用（　　）焊。

A. 单面　　　　B. 双面　　　　C. 三面

2. 管径为 60 mm 的水平固定管的定位焊缝的数量和位置应为（　　）。

A. 定位焊一处，在焊口斜平位置

B. 定位焊两处，在平位和后半部的立位

C. 定位焊三处，前、后半部立位和平位

四、简答题

1. 简述焊条电弧焊水平固定管全位置焊接的特点。

2. 什么是吊焊？

子课题二　V 形坡口 ϕ76 mm Q235 钢管对接垂直固定焊

学习目标

1. 了解管管 V 形坡口垂直固定焊的特点。
2. 掌握管管 V 形坡口垂直固定焊的操作。

一、垂直固定管对接焊的概念

管对接垂直固定焊的焊接位置为横焊，其不同于板对接横焊的是由于管子有一定的弧度，在焊接过程中，要随管子的弧度不断地调整焊条角度沿管子圆周转动，并且身体要做相应的移动，这样给操作带来一定的难度。因此，焊接时要控制焊接速度和焊接电流，避免熔合不良或夹渣缺陷，应始终保持较短的焊接电弧、较少的液态金属送给量和较快的间断熄弧频率，以有效地控制熔池温度，防止液态金属下坠，并且焊条角度随着环形焊缝的周向变化而变化。

二、V 形坡口 ϕ76 mm Q235 钢管对接垂直固定焊操作

1. 焊前准备

（1）试件材料与尺寸：Q235，ϕ76 mm × 100 mm × 8 mm。

（2）焊接材料：E4303，直径为 3.2 mm。

（3）焊接要求：V 形坡口 ϕ76 mm 管管对接垂直固定焊。

（4）焊接设备：BX1 – 250 型或 ZX7 – 400ST，直流反接。

（5）焊前清理：用钢丝刷等工具将管件坡口正、反两面侧 20 mm 范围内的油污、铁锈、鳞皮和脏物等仔细清理干净，打磨至露出金属光泽。

2. 焊接参数

焊接参数见表 1—4—3。

表 1—4—3　V 形坡口 ϕ76 mm 管管对接垂直固定焊焊接参数

焊接层数	焊丝直径（mm）	焊接电流（A）	电弧电压（V）
打底层	3.2	105 ~ 115	22 ~ 24
填充层	3.2	110 ~ 120	22 ~ 24
盖面层	3.2	110 ~ 120	22 ~ 24

3. 试件装配

（1）修磨钝边 0.8 ~ 1 mm，无毛刺，如图 1—4—7 所示。

（2）装配间隙：2.5 ~ 3 mm，错边量≤0.5 mm。

（3）定位焊：定位焊缝 2 处，如图 1—4—8 所示，焊缝长为 10 ~ 15 mm，要求焊透，不得有气孔、夹渣、未焊透等缺陷，定位焊缝两端修成斜坡利于接头。

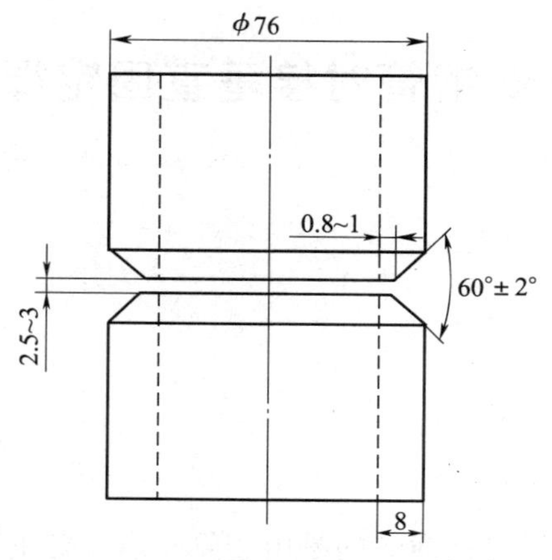

图 1—4—7　坡口尺寸和装配间隙

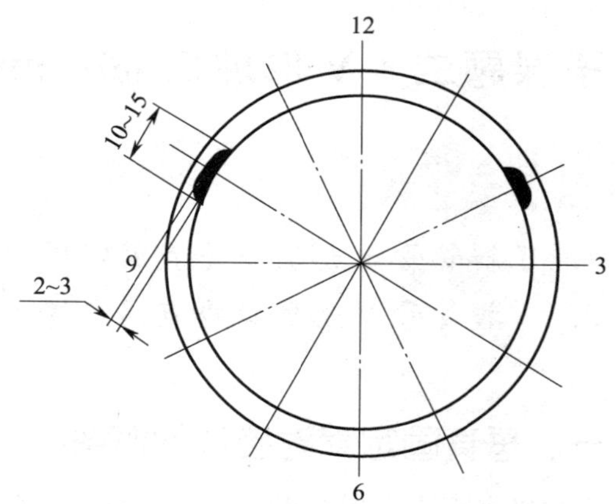

图 1—4—8　管件定位焊点

三、操作要点

本课题按三层六焊道完成，如图 1—4—9 所示。

1. 打底层

（1）焊条角度如图 1—4—10 所示。

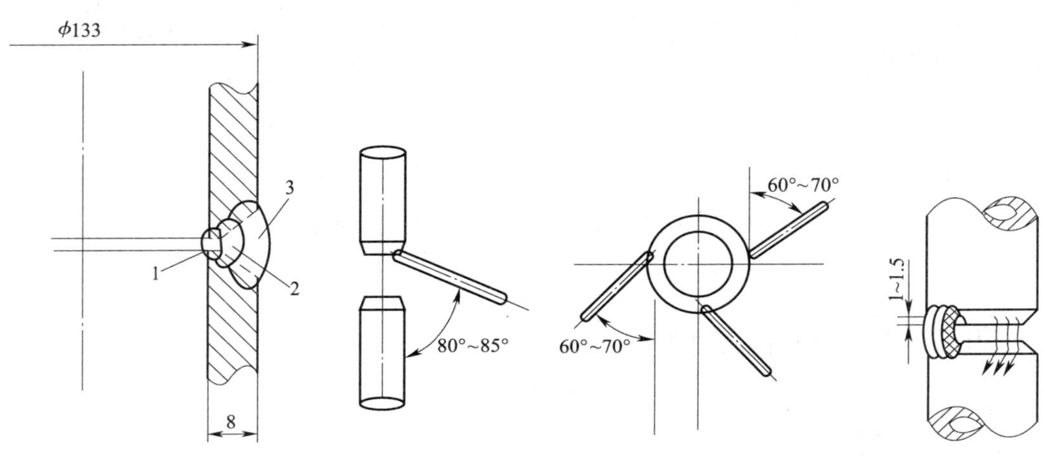

图 1—4—9　管件焊接层数　　　　图 1—4—10　打底焊层焊条角度

（2）在两定位焊缝中部坡口面上引弧，预热坡口处，待其两侧接近熔化温度时压低电弧，待发出击穿声形成熔池后，马上灭弧，使熔池降温，待熔池由亮变暗时（300～400℃），在熔池的前沿重新引燃电弧，压低电弧，由上坡口焊至下坡口，使上坡口钝边熔化 1～1.5 mm，下坡口钝边熔化略小，并形成熔孔，如此反复地进行灭弧焊接。

（3）施焊时把握三个要领：一看熔池、二听声音、三落弧准，即观看熔池形状、控制熔池温度、熔渣与熔池分明、熔池形状一致、熔孔大小均匀、听清电弧击穿坡口根部的“噗噗”声、落弧的位置要在熔池的前沿、保持准确，每次接弧时焊条中心对准熔池前部的 1/3 处，使新熔池覆盖前一个熔池 2/3 左右，弧柱击穿后透过背面 1/3。打底层的接头和横焊打底接头相同。

2. 填充层

采用直线形运条方法，焊接电流比打底焊略大些，使焊道间充分熔合，下一焊道覆盖上一焊道 1/2～2/3 为宜，防止焊层过高或形成沟槽。焊接速度要均匀，焊条角度随焊道弧度变化而变化。下部倾角要大，上部倾角要小，把熔池送到上坡口和母材熔合。焊条角度如图 1—4—11 所示。

3. 盖面层

采用多道焊、短弧。焊下边第一道时要直、熔合要好，使熔池下沿熔合坡口下棱边（≤1.5 mm），稍快，中间焊道焊速要慢，使盖面层显凸形，最后一道结束清渣。最后一道减小焊接电流，焊条倾斜度要小，防止咬边，确保焊缝成形。焊条角度如图 1—4—12 所示。

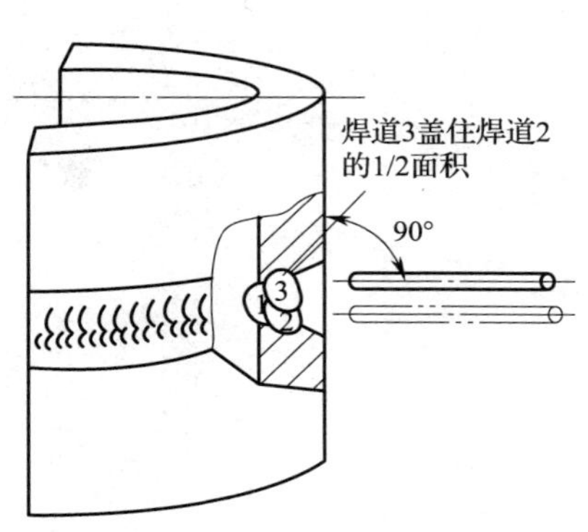

图1—4—11　垂直固定管焊接填充层焊条角度

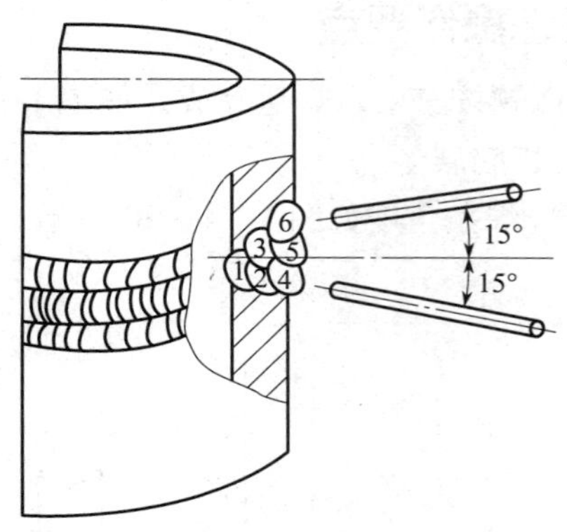

图1—4—12　垂直固定管焊接盖面层焊条角度

四、评分标准（见表1—4—4）

表1—4—4　　评分标准

序号	项目与技术要求	配分	检测标准	实测记录	得分
1	表面咬边	10	深≤0.5 mm，每长10 mm扣2分；深>0.5 mm，每长10 mm扣5分		
2	劳保用品	10	穿戴好劳保用品，否则扣10分		
3	焊缝宽度	10	允许宽度8～10 mm，每超差1 mm扣3分		
4	焊缝余高	10	允许余高0～3 mm，每超差1 mm扣3分		
5	管子错边量	10	≤10%壁厚，超差不得分		
6	背面凹度	10	≤1 mm，超差不得分		
7	夹渣	10	点渣<2 mm，每处扣2分；条渣>2 mm，每处扣5分		
8	未熔合	10	无焊缝缺陷，过渡圆滑，熔合好		
9	气孔	5	无，出现气孔不得分		
10	焊瘤	5	无，每出现一处扣2分		
11	安全文明操作	10	违者每次扣2分		

课后练习

一、填空题

1. 垂直固定焊的焊接位置为横焊，不同于板对接横焊的是焊工在焊接过程中要不断地按管子的弧度____________调整____________，给操作带来难度。

2. 垂直固定管的打底焊，为控制__________温度和__________外形，要采用短弧__________焊接。

3. 垂直固定管的打底焊，要把握住三个要领：__________、__________、__________。

4. 管对接焊可分为__________、__________、__________和__________等形式。

5. 定位焊除在管子坡口根部直接进行外，也可以利用__________定位焊，还可以用__________在管外壁临时定位。

6. 垂直固定焊的盖面层运用__________运条法。

7. 垂直固定焊采用断弧焊法打底焊时，断弧动作是向后__________方做熄弧动作。

8. 管子装配时，除了要清理坡口表面、修锉钝边外，还应该考虑__________。

9. 垂直固定管打底焊要控制合适熔孔，一般坡口钝边的熔化量为__________。

10. 垂直固定管打底焊在接头前，要清理接头部位的一段熔渣，然后在__________处引弧，引弧后，采用长弧焊至接头的熔孔位置，压低电弧，当听到__________声后，立即熄弧，再转入正常焊接。

11. 盖面层施焊时，上、下焊道熔化坡口棱边应控制在__________ mm，并且要细而均匀。

二、判断题

(　　) 1. 垂直固定管焊与板对接横焊均为横焊位置，两者的操作要领没有明显的区别。

(　　) 2. 垂直固定管的表面层焊道间渣壳，要等待整体焊完后一并清除。

(　　) 3. 在压力容器和管道的焊工技能考试时，单面焊双面成形技术为必考内容。

(　　) 4. 垂直固定管单面焊双面成形技术的关键在于填充焊缝的操作。

(　　) 5. 垂直固定管的焊接不同于板对接横焊的是要随管子的弧度不断地调整焊条角度，并且身体要做相应的移动。

(　　) 6. 垂直固定焊应将管子垂直固定在工作台上，使接口处于焊工胸前的位置。

三、选择题

1. 垂直固定管盖面焊时，焊道间渣壳要（　　）清除。

A. 在焊完每条焊道后　　B. 待焊接结束后　　C. 在焊完每根焊条时

2. 垂直固定管打底焊时，熔池形状为大小均匀的（　　）。

A. 圆形　　B. 扁圆形　　C. 斜椭圆形

四、简答题

1. 简述垂直固定管焊接的特点。

2. 什么是垂直固定管焊？

子课题三　V 形坡口 ϕ51 mm 管管对接 45°固定焊

学习目标

1. 了解焊接接头质量检验的内容和方法。
2. 了解焊接接头的非破坏性试验方法和破坏性试验方法。
3. 了解 V 形坡口 ϕ51 mm 管管对接 45°固定焊特点。
4. 掌握 V 形坡口 ϕ51 mm 管管对接 45°固定焊操作。

检验是保证焊接产品质量优良、防止废品出厂的重要措施。通过检验可以发现制造过程中产生的质量问题，找出原因，消除缺陷，使新产品或新工艺得到应用，质量得到保证；在正常生产中，通过完善的质量检验制度，可以及时消除生产过程中的缺陷，防止类似的缺陷重复出现，减少返修次数，节约工时、材料，从而降低成本。所以说，焊接质量检验是焊接生产必不可少的重要工序。

一、焊接接头质量检验的内容和方法

焊接质量检验贯穿整个焊接过程，包括焊前、焊接过程中和焊后成品检验三个阶段。

1. 焊接质量检验的内容和要求

（1）焊前检验

焊前检验是指焊件投产前应进行的检验工作，是焊接检验的第一阶段，其目的是预先防止和减少焊接时产生缺陷的可能性。包括以下项目：

1）检验焊接基体金属、焊丝、焊条的型号和材质是否符合设计或规定的要求。

2）检验其他焊接材料，如埋弧焊焊剂的牌号、气体保护焊保护气体的纯度和配比等是否符合工艺规程的要求。

3）对焊接工艺措施进行检验，以保证焊接能顺利进行。

4）检验焊接坡口的加工质量和焊接接头的装配质量是否符合图样要求。

5）检验焊接设备及其辅助工具是否完好，接线和管道连接是否合乎要求。

6）检验焊接材料是否按照工艺要求进行去锈、烘干、预热等。

7）对焊工操作技术水平进行鉴定。

8）检验焊接产品图样和焊接工艺规程等技术文件是否齐备。

（2）焊接生产过程中的检验

焊接过程中的检验是焊接检验的第二阶段，由焊工在操作过程中进行，其目的是防止由于操作原因或其他特殊因素的影响而产生的焊接缺陷，便于及时发现问题并加以解决。包括以下内容：

1）在焊接过程中焊接设备的运行情况是否正常。

2）对焊接工艺规程和规范规定的执行情况。

3）焊接夹具在焊接过程中的夹紧情况。

4）操作过程中可能出现的未焊透、夹渣、气孔、烧穿等焊接缺陷。

5）焊接接头质量的中间检验，如厚壁焊件的中间检验等。

焊前检验和焊接过程中检验，是防止产生缺陷、避免返修的重要环节。尽管多数焊接缺陷可以通过返修来消除，但返修要消耗材料、能源、工时，增加产品成本。通常返修要求采取更严格的工艺措施，而返修处可能产生更为复杂的应力状态，成为新的影响结构安全运行的隐患。

（3）成品检验

成品检验是焊接检验的最后阶段，需按产品的设计要求逐项检验。包括的项目主要有：检验焊缝尺寸、外观及探伤情况是否合格；产品的外观尺寸是否符合设计要求；变形是否控制在允许范围内；产品是否在规定的时间内进行了热处理等。成品检验方法有破坏性和非破坏性两大类，有多种方法和手段，具体采用哪种方法，主要根据产品标准、有关技术条件和用户的要求来确定。

2．焊接质量检验的方法

焊接质量的检验方法分为非破坏性检验和破坏性检验两类，如图 1—4—13 所示。

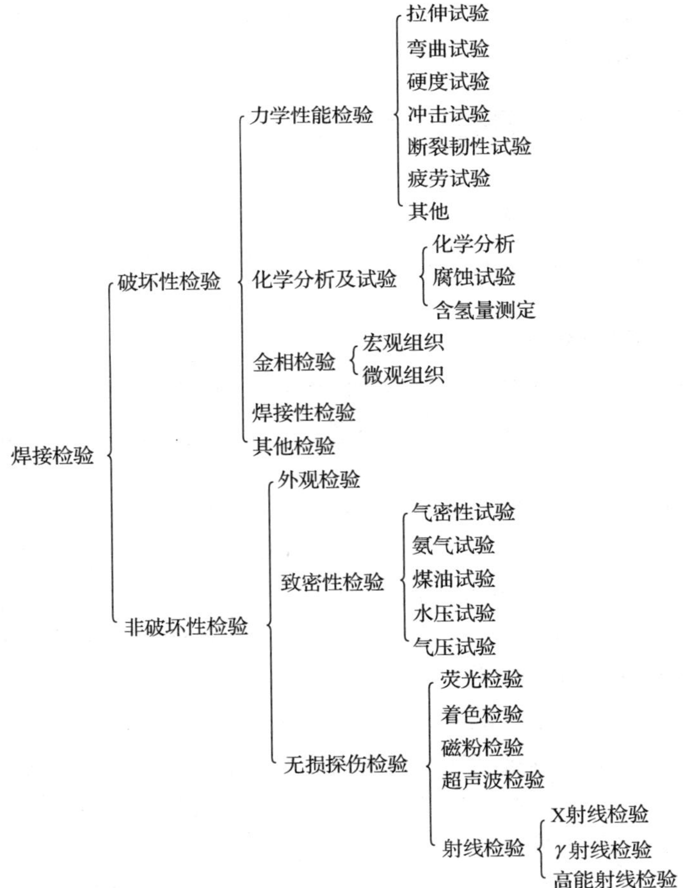

图 1—4—13　焊接质量检验方法

（1）非破坏性检验

主要是对产品进行检验。

1）外观检查。

2）无损检验

①表面检查：磁粉探伤（MT）；渗透探伤（PT），包括着色检验和荧光检验。

②内部检查：超声探伤（UT）；射线探伤（RT），包括 X 射线探伤、γ 射线探伤和高能射线探伤。

3）接头的强度试验。水压试验，气压试验。

4）致密性检验。气密性试验，氨渗漏试验等。

5）硬度检验。

（2）破坏性检验

主要是对试样进行检验。

1）力学性能试验。拉伸（室温、高温）试验，弯曲试验；硬度试验，冲击试验，断裂韧性试验，疲劳试验，其他试验。

2）化学分析试验。化学成分分析试验，腐蚀试验，含氢量测定。

3）金相检验。宏观组织检验，微观组织检验，断口分析（成分和形貌）检验。

4）其他。如焊接性试验、事故分析等。

二、焊接接头的非破坏性试验方法

1. 外观检查（VE）

外观检查是用肉眼借助样板或用低倍（约 10 倍）放大镜及量具观察焊件，检查焊缝的外形尺寸合不合格，以及有无焊缝外气孔、咬边、焊瘤以及焊接裂纹等表面缺陷的方法，也称为目视检查。

2. 表面及近表面缺陷的检查

有渗透探伤和磁粉探伤两种方法。磁粉探伤只适用于检查碳钢和低合金钢等磁性材料焊接接头，渗透探伤则更适合于检查奥氏体钢、镍基合金等非磁性材料焊接接头。

（1）渗透探伤（PT）

渗透法是利用毛细现象来检查工件表面缺陷（主要是裂纹），包括着色法、荧光法、煤油渗透法等。一般可发现宽度 0. 01 mm 以上、深度 0. 03 mm 以上的表面缺陷。

1）着色法。它的基本操作过程如图 1—4—14 所示。被探表面先用清洗剂洗净，烘干或晾干后喷上渗透剂（一般为红色），15 ~ 30 min 后渗透剂就在毛细现象作用下渗入缺陷。清洗干净表面多余的渗透剂，待干燥后再喷上显像剂（一般为白色），使残留在缺陷中的渗透液吸出，有缺陷处就显示出缺陷图像（红色）。微小缺陷的显影过程比较慢，一般按规定要等 15 ~ 30 min。若喷渗透剂后没有缺陷的地方清洗不彻底，可能出现伪缺陷。如手弧焊缝边缘焊渣没除清，渗透剂是难以洗去的，也会出现伪缺陷。所以对重要产品，焊工应把焊渣除尽，以免着色出现伪缺陷。

着色法探伤不需要大型设备，目前大多用喷罐着色探伤，使用方便，所以应用十分广泛。

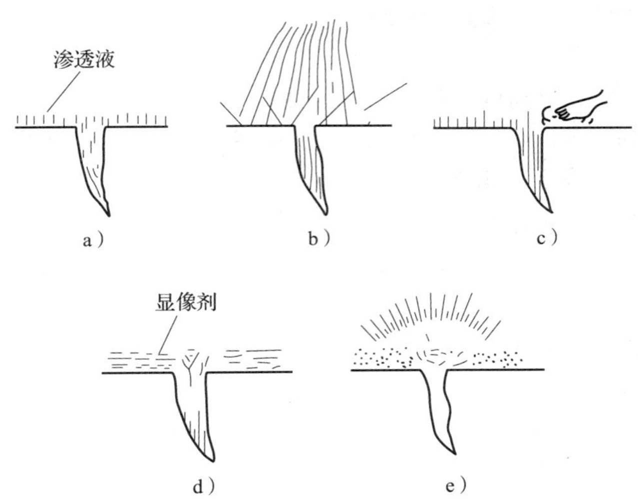

图 1—4—14　着色检验基本操作过程

a）渗透　b）水清洗　c）溶剂清洗　d）显像　e）观察

2）荧光法。将清洁后的工件被检部位用煤油和矿物油混合成的荧光液浸涂 5～10 min，使之在毛细现象作用下渗入缺陷部位，然后撒上氧化镁粉末，振动几下，使氧化镁粉被缺陷中的荧光液浸透，吹除多余的氧化镁粉末。在暗室中用紫外线照射，即可发现缺陷处残留的氧化镁粉末显示出清晰的黄绿色图像，如图 1—4—15 所示。若无暗室、无荧光照射设备，也可把焊缝用煤油浸涂后擦干表面，撒上氧化钙（石灰）粉，这样也可显示缺陷，这就是煤油渗透法。

（2）磁粉探伤（MT）

和渗透探伤一样，磁粉探伤是对材料近表面缺陷进行检测。不过，磁粉探伤只适于磁性材料，而且它对裂纹、未焊透较灵敏，对气孔、夹渣不太灵敏。

磁粉探伤是利用缺陷部位发生的漏磁吸引磁粉来进行探伤的，它的原理如图 1—4—16 所示。磁粉探伤仪的触头接触工件后，通电建立磁场（也可用其他方法建立磁场），如果材料没有缺陷，磁场是均匀的，磁力线均匀分布，当有缺陷（如裂纹、未焊透、夹渣）时，磁阻变化，磁力线也改变，绕过缺陷而聚集在材料表面，形成较强的漏磁场，事先撒在工件表面的磁粉就会在漏磁处堆积，从而显示缺陷的位置轮廓。

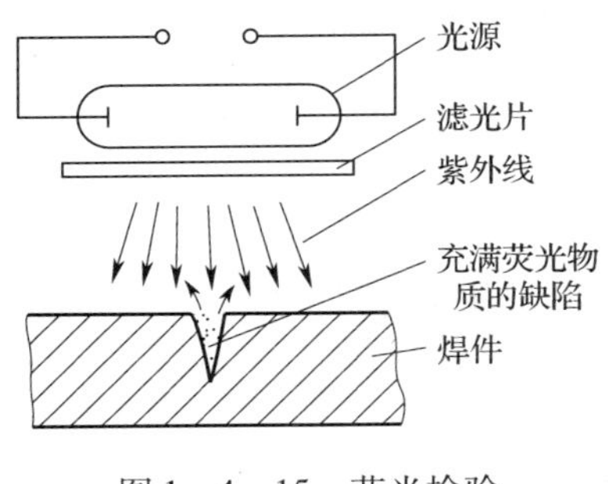

图 1—4—15　荧光检验

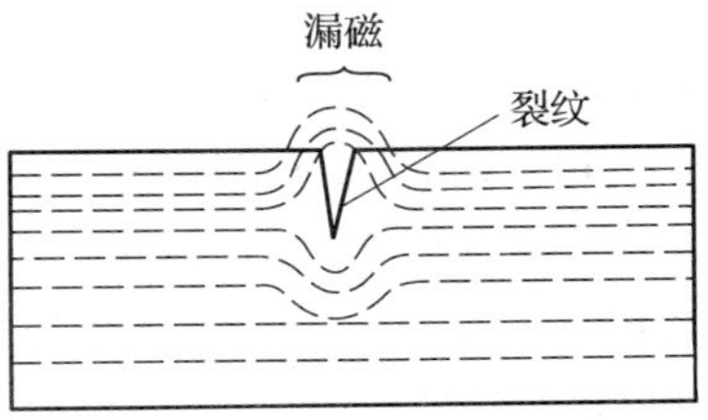

图 1—4—16　磁粉探伤原理

3. 内部缺陷的检查

常用的有射线探伤和超声波探伤。

（1）射线探伤（RT）

射线可分为 X 射线、γ 射线和高能射线三种。

X 射线来自 X 射线管（为高真空二极管），是高速电子撞击到阳极金属靶时产生的；γ 射线是放射性元素（工业探伤中常用的是人工放射性同位素钴、铱、铯）的原子核裂变时产生的；高能射线是指能量在 10^6eV 以上的 X 射线，是由电子感应加速器、高能直线加速器或电子回旋加速器产生的。射线探伤的物理基础是射线具有可以穿透物质、并因被物质吸收而衰减的特性。

1）RT 原理和意义。射线探伤利用射线能穿透金属、使底片感光的原理来检验焊缝中的缺陷（见图 1—4—17）。将射线源对准受检部位，使射线透过焊件照射到胶片上。焊件的厚度或组织不同，射线透过时的衰减程度也不同，胶片感光程度也不同。如焊缝内存在缺陷（如气孔），则由于缺陷处密度比金属小，所以射线在有缺陷的地方透过的强度比没有缺陷的地方大。由于底片感光程度不同，有缺陷处显得比较黑，没有缺陷的地方就比较亮，由此可发现缺陷的位置、大小和种类。

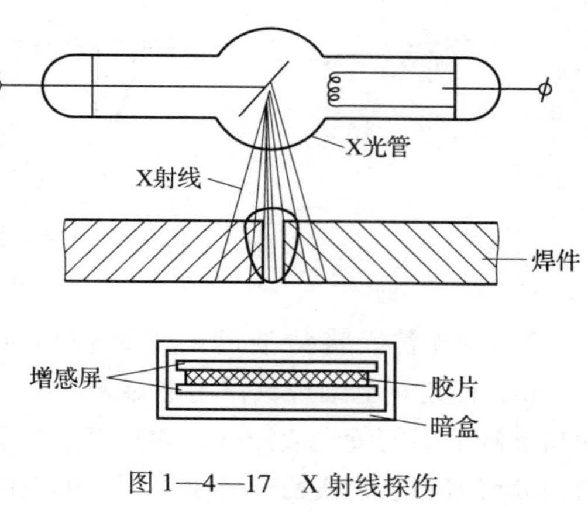

图 1—4—17　X 射线探伤

当前国内外对锅炉、压力容器等重要结构的无损检验多采用 RT，除了可以直观判断缺陷外，主要因为有底片记录可存档备查。

2）焊缝质量分级。射线探伤质量检验标准，根据缺陷性质和数量将焊缝质量分为四级。

Ⅰ级：应无裂纹、未熔合、未焊透和条状夹渣。

Ⅱ级：应无裂纹、未熔合和未焊透。

Ⅲ级：应无裂纹、未熔合及双面焊或加垫板的单面焊缝中的未焊透，不加垫板的单面焊中的未焊透允许长度按条状夹渣长度Ⅲ级评定。

Ⅳ级：焊缝缺陷超过Ⅲ级者。

3）射线探伤的优缺点。射线探伤的优点是能从底片上直接形象地判断缺陷的种类和分布；缺点是射线对操作者有危害，需要采取一定的防护措施，而且对垂直于射线方向的平面形缺陷没有超声波灵敏。

（2）超声波探伤（UT）

超声波是频率超过 20 kHz 的机械振动波，具有能透入金属材料深处的特性，而且由一种介质进入另一种介质时，在界面发生反射和折射，同时在传播中被介质部分吸收，使能量发生衰减。超声波探伤就利用了超声波的上述特性。

1）超声波的产生。磁致伸缩或电致伸缩都可产生超声波，工业探伤一般采用电致伸缩探头来产生和接收超声波。探头内的压电晶片由钛酸钡或石英片制成。晶片两面镀银形成两个电极。压电晶片可将高频电压转变为超声波，即发射超声波；也可将超声波转变为高频电压，即接收超声波。

2）超声波探伤原理。超声波探伤通常采用的是脉冲反射式超声波探伤仪，它是由脉冲超声波发生器（高频脉冲发生器）、声电换能器（探头）、接收放大器和显示器四大部分组成。其探伤原理是：开始扫描时，高频脉冲发生器发出的电压作用于探头上的晶片，使晶片振动，产生超声波脉冲，向工件中传播时遇到底面和不同声阻抗的缺陷时，就会产生反射波。反射波被晶片接收后转变为电脉冲讯号，经放大器送至示波管，在扫描线上相应缺陷和底面的位置显示出缺陷脉冲和底脉冲的波形，其波幅大小表示反射的强弱。因此，由示波管荧光屏上的图形，可判断工件内有无缺陷以及缺陷的位置和大小。

3）超声波探伤的应用与特点。超声波探伤是无损探伤技术中的一种主要检测手段。不但可用于锻件、铸件和焊件等加工产品的检测，也可用于板材、管材等原材料的检测。

超声波探伤与X射线探伤相比，其优点是：对于平面形缺陷，当声束垂直于缺陷平面时，UT比RT有较高的灵敏度。而且UT探伤周期短，对探伤人员无危害，费用较低。其缺点是：不能直接记录缺陷的形状，对缺陷定性需有丰富的经验，不适于检测奥氏体铸钢件，因为粗大的树枝状奥氏体晶粒和晶间沉淀物引起的散射会影响检测的进行。国外多偏重于应用RT，我国则看中UT的优点多应用UT。

4．压力容器焊接接头强度试验

这是通过对产品进行超载试验来判断接头强度以及受压元件（一个结构，如整个容器）是否合格。

（1）水压试验

目的是检查焊缝和密封元件的紧密性和接头以及受压元件的强度，所以试验应在除最终热处理工序外所有生产工序完成后进行。

（2）气压试验

用于对气密性要求特别高的容器或排水困难的容器。

5．致密性检查（泄漏试验）

主要是对焊缝致密性和结构密封性进行检查，应在外观检查后进行，用于检查容器焊缝内是否有贯穿性裂纹、气孔、夹渣、未焊透等缺陷。按结构设计要求及制造条件有气密性试验、氨渗漏试验、煤油渗漏试验和真空试漏法。

6．硬度检验

作为无损检测的硬度试验，是直接在产品的接头区测硬度，目的是检测焊工是否遵守工艺规程或制造过程（主要是热处理）是否符合技术要求。这种检测过去国内很少用，而国外则应用较多。瑞士产的EQUOTIP便携式数显硬度计，像一支钢笔可在工件上的任意位置测硬度。接头区的硬度一般测三个区：焊缝（WM）、热影响区（HAZ）、母材（BM）以相互比较。特别是局部返修后，测定硬度有助于判断是否需要热处理或判断热处理效果是否良好。

三、焊接接头的破坏性试验方法

破坏性检验是指直接从产品的焊接接头取样进行各种理化性能检验。

1. 力学性能试验

在国内，对压力容器等结构，力学性能以拉伸、弯曲、冲击试验为主。

（1）拉伸试验

1）目的。拉伸试验是为了测定接头或焊缝金属的抗拉强度、屈服强度、断面收缩率和断后伸长率等力学性能指标。

2）取样。一般接头拉伸试样为垂直于焊缝的横向板状试样；焊缝金属则为纵向圆试样。它们的形状尺寸国标都有规定。焊接接头与焊缝金属的高温短时强度试验应采用圆试样。试验温度为压力容器的最高工作温度。

在试板上截取试样尽可能用机械加工方法。若用热切割取样，则划线时必须留出气割余量，并将气割面的热影响区全部加工掉，以便真实地反映接头的性能。

3）评定标准。接头的常温抗拉强度与高温强度均应不低于母材标准规定值的下限。但应指出，接头延伸率不能以均匀母材延伸率的合格标准作验收指标。

（2）弯曲试验

1）目的。测定焊接接头或焊缝金属的塑性变形能力。

2）取样。弯曲试样也有纵、横之分，一般用横向试样，其形状尺寸国标也有规定。由于焊缝与母材强度不等，弯曲时塑性变形必然集中于低强区，因此对强度差别较大的异种钢接头应采用纵向试样。焊缝金属的弯曲试样通常采用纵向试样。

按弯曲试样的受拉面在焊缝中的位置不同，可分为面弯、背弯和侧弯。面弯与背弯时受拉面分别在焊缝的表面层和底层。侧弯则是焊缝的横截面受弯，故可测定整个接头的塑性变形能力。

3）合格标准。弯曲试验结果的合格标准国内是按钢种来确定弯曲角度的。如碳钢、奥氏体钢是180°，低合金高强钢和奥氏体不锈钢为100°，铬钼和铬钼钒耐热钢为50°。试样弯至规定角度后，其受拉面上任意方向如有长度大于1.5 mm的横向裂纹或缺陷，或者有大于3 mm的纵向裂纹或缺陷，就认为不合格。

（3）冲击试验

1）目的。测定焊接接头各区的缺口韧性，从而检验接头的抗脆性断裂能力。冲击韧性试验对压力容器是必不可少的。

2）试样。如果没有明确规定，也是取横向试样，试样的形状尺寸国标有规定。

由于焊接接头的组织和性能不均匀，就有试样截取部位和缺口位置问题。对于薄壁试样可以在整个厚度上取样，对于厚壁焊缝，则可从接头的表层、中心部位或底层取样。试样的缺口位置可开在焊缝、熔合区和热影响区。缺口形式有U形和V形两种。U形缺口底部回角较大，无法真实模拟焊接缺陷中可能出现的尖端，故不能反映接头的实际脆性转变温度。目前倾向采用夏比V形缺口冲击试验。

3）合格标准。焊接接头各区的缺口冲击韧度应不低于母材标准规定的最低值。

（4）硬度试验

一般产品不要求作硬度试验，只有抗氢钢制造的容器因为钢淬硬倾向大，技术条件中规定其焊接试板应作硬度试验。

在焊接工艺评定试验中一般都规定要做硬度检验，但国内还没有各钢种焊接接头的硬度合格标准。一般规定各区硬度值不能超过280HBW。

2. 金相检验

金相检验和硬度试验一样，都是检验产品焊接接头质量的一种方法，对有淬硬倾向的钢材，可以检查热影响区是否有不允许存在的脆硬马氏体组织、微裂纹以及接头内部缺陷。

国内现行压力容器制造规程并没有明确规定要做金相检验。

（1）宏观分析

由产品焊接试板或工艺评定试板截取的接头宏观金相试样，应包括完整的焊缝和热影响区。经刨削、打磨使试样表面粗糙度达 $Ra0.8$ μm 后，用适当的腐蚀剂浸蚀后洗净吹干，用肉眼或低倍放大镜观察。小直径管件的对接接头可用断口检查代替宏观磨片检查。

（2）微观分析

制备金相试样，在显微镜下放大100～2 000倍进行观察，一般只对合金钢容器才做金相检查。它可以发现接头各区可能存在的显微缺陷及组织缺陷。

试样一般只有20 mm×20 mm左右，所以选择试样的部位很重要。一般选取有缺陷处或接头中最易产生缺陷的区域，而且试样要包括整个接头区。

试样上不应有脆硬马氏体组织或其他不允许有的组织或微裂纹。出现马氏体组织可以通过热处理来消除，裂纹则必须从冶金和工艺上分析原因，采取措施。对相应产品也要决定是返修还是报废。

3. 化学分析

化学分析的目的是检查焊缝金属的化学成分。通常只有在接头力学性能及无损探伤不合格或制定焊接新工艺时才需要进行化学分析。

一般采用直径6 mm左右的钻头从焊缝中钻取样品，也可在堆焊金属上钻取。取样区应离开起弧及收弧处15 mm，且与母材之间的距离要大于5 mm。取出的细屑厚度不能超过1.5 mm，并用乙醚洗净。

试样钻取数量视所分析元素的数目而定。分析C、Mn、Si、S、P五大元素可取30 g细屑。若还需分析Ni、Cr、Mo、Ti、V、Cu等元素，则不能少于50 g细屑。

4. 晶间腐蚀试验

不锈钢制压力容器的焊接接头应作晶间腐蚀试验。根据容器介质腐蚀性大小，可选用不同的晶间腐蚀试验方法。

四、V形坡口 ϕ51 mm管管对接45°固定焊特点

电弧焊的单面焊双面成形45°倾斜焊位固定管对接焊是介于水平固定与垂直固定焊位的焊接。焊接过程将管子分为两个半圆进行（以时钟钟面的6点钟、12点钟位置分为左右两个半圆），每个半圆都包括斜仰焊、斜立焊和斜平焊三种焊接位置。通常在时钟的6点钟位置开始焊接，在时钟12点钟位置收弧。

五、V 形坡口 ϕ51 mm 管管对接 45°固定焊操作

1. 焊前准备

(1) 焊条选用 E4303 酸性焊条，焊条直径为 2.5 mm，焊前经 75 ~ 150℃烘干 1 ~ 2 h。烘干后的焊条放在焊条保温筒内随用随取，焊条在炉外停留时间不得超过 6 h，否则，焊条必须放在炉中重新烘干。焊条重复烘干次数不得多于 3 次。

(2) 管焊件采用 20 钢管，直径为 51 mm，厚度为 3.5 mm，用无齿锯床或气割下料，然后再用车床加工成 V 形 30°坡口。气割下料的焊件，其坡口边缘的热影响区应该用车床车掉。

(3) 辅助工具和量具：焊条保温筒、角向磨光机、钢丝刷、敲渣锤、样冲、划针和焊缝万能量规等。

(4) 焊接要求：V 形坡口 ϕ51 mm 管管对接作 45°固定焊。

(5) 焊接设备：BX1 -250 型或 ZX7 -400ST，直流或交流。

(6) 焊前清理：用钢丝刷等工具将管件坡口正、反两面侧 20 mm 范围内的油污、铁锈、鳞皮和脏物等仔细清理干净，打磨至露出金属光泽。

2. 焊接参数（见表 1—4—5）

表 1—4—5　V 形坡口 ϕ51 mm 管管对接作 45°水平固定焊焊接参数

焊接层次	焊条直径（mm）	焊接电流（A）	电弧电压（V）
打底层	2.5	75 ~ 85	22 ~ 24
盖面层	2.5	70 ~ 180	22 ~ 24

3. 焊前装配定位焊

装配定位的目的是把两个管件装配成合乎焊接技术要求的 Y 形坡口（带钝边的 V 形坡口）管焊件。

(1) 准备管焊件

用角向磨光机将管焊件两侧坡口面及坡口边缘各 20 ~ 30 mm 范围以内的油、污、锈、垢清除干净，使之呈现金属光泽。然后，在距坡口边缘 100 mm 处的管焊件表面，用划针划上与坡口边缘平行的平行线，如图 1—4—18 所示。并打上样冲眼，作为焊后测量焊缝坡口每侧增宽的基准线。

(2) 管焊件装配

将打磨好的管件装配成 Y 形坡口的对接接头，装配间隙始焊端为 2.5 mm（可以用 ϕ2.5 mm 焊条头夹在试板坡口的钝边处，将两试板定位焊牢，然后用敲渣锤打掉焊条头即可）。装配好管焊件后，在时钟钟面的 2 点或 10 点位置处，用 ϕ2.5 mm 的 E4303 焊条定位焊接，定位焊缝长为 10 ~ 15 mm（定位焊缝焊在正面焊缝处），对定位焊缝的焊接质量要求与正式焊缝一样。

4. 打底层的焊接（灭弧焊）操作

把装配好的管焊件装夹在一定高度的架子上（根据个人的条件，可以采用蹲位、站位、躺位等）进行焊接（焊件一旦定位在架子上，必须在全部焊缝焊完后方可取下）。

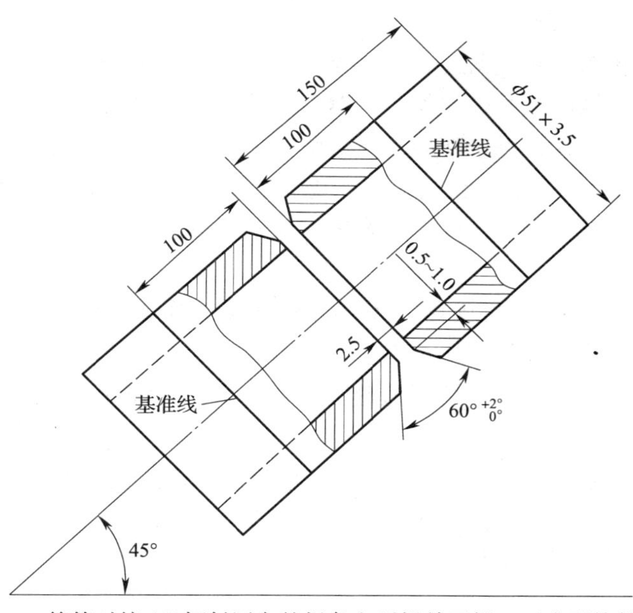

图 1—4—18　φ51 mm 管管对接 45°倾斜固定的焊条电弧焊单面焊双面成形管件坡口及装配间隙图

(1) 引弧

电弧引弧的位置在坡口的上侧，电弧引燃后，对引弧点处坡口上侧的钝边进行预热，待上侧钝边金属熔化后，再把电弧引至钝边的间隙处，使熔化金属充满根部间隙。这时，焊条向坡口根部间隙处下压，同时将焊条与下管壁的夹角适当增大，当听到电弧击穿根部发出“噗噗”的声音后，钝边金属每侧熔化 0.5 ~ 1.5 mm 并形成第一个熔孔时，引弧工作完成。灭弧频率：在斜仰焊位、斜平焊位为 35 ~ 40 次/min，在斜立焊位为 40 ~ 45 次/min。

(2) 焊条角度

焊条与焊管的夹角为 85° ~ 95°，焊条与焊管熔池切线的夹角为 80° ~ 90°，如图 1—4—19 所示。

(3) 打底层的焊接操作

打底层焊接时，如果引弧点在时钟钟面的 5 点→6 点钟位置，则焊接的方向是由右向左进行，即经过 6 点钟→7 点钟→8 点钟→9 点钟→10 点钟→11 点钟→12 点钟→1 点钟止。

如果引弧点在时钟的 7 点→6 点钟位置时，则焊接的方向是由左向右进行，即经过 6 点钟→5 点钟→4 点钟→3 点钟→2 点钟→1 点钟→12 点钟→11 点钟止。用灭弧焊法进行打底层焊接时，利用电弧周期性的燃弧—断弧（灭弧）过程，使母材坡口钝边金属有规律地熔化成一定尺寸的熔孔，电弧作用在正面熔池的同时，使 1/3 ~ 2/3 的电弧穿过熔孔而形成背面焊道。

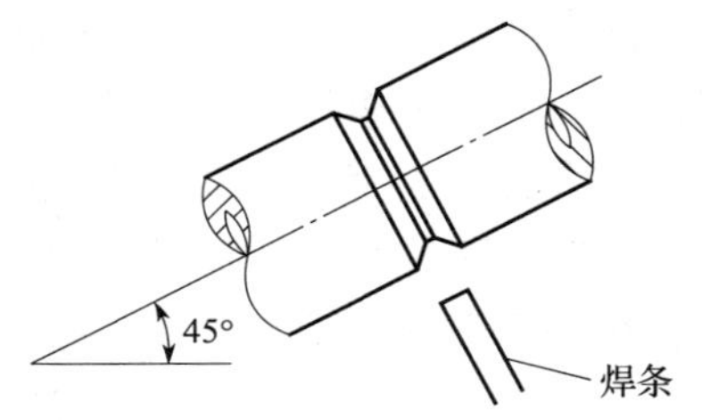

图 1—4—19　焊条角度

5. 盖面焊接

焊接盖面层与接头方法有两种。

(1) 直拉法盖面焊及接头

所谓直拉法就是在盖面焊过程中，以月牙形运条法沿管子轴线方向施焊的一种方法。施焊时，从坡口上部边缘起弧并稍作停留，然后沿管子的轴线方向作月牙形运条，把熔化金属带至坡口下部边缘灭弧，每个新熔池覆盖前一个熔池的2/3左右。

1）斜仰焊部位的起头方法是在起弧后，先在斜仰焊部位坡口的下部依次建立三个熔池，并使其一个比一个大，最后达到焊缝宽度，然后进入正常焊接。施焊时，用直拉法运条。

2）前半圈的收弧方法是在灭弧前，先将几滴熔化金属逐渐斜拉，以使尾部焊缝呈三角形。焊后半圈管子斜仰焊部位的接头方法是在引弧后，先把电弧拉至接头待焊的三角形尖端建立第一个熔池，此后的几个熔池随着三角形宽度的增加逐个加大，直至将三角形填满后用直拉法运条。

3）后半圈焊缝的收弧方法是运条到试件上部斜平焊部位收弧处的待焊三角区尖端时，使熔池逐个缩小，直至填满三角区后再收弧，如图1—4—20所示。

采用直拉法盖面焊时的运条位置，即接弧与灭弧位置必须准确，否则无法保证焊缝边缘平直。

(2) 横拉法盖面焊及接头

所谓横拉法就是在盖面焊的过程中，以月牙形或锯齿形运条法沿水平方向施焊的一种方法。当焊条摆动到坡口边缘时，稍作停顿，其熔池的上下轮廓线基本处于水平位置。

1）横拉法盖面焊斜仰焊部位的起头方法是在起弧后相继建立起三个熔池，然后从第四个熔池开始横拉运条，它的起头部位也留出一个待焊的三角区域，如图1—4—21所示。

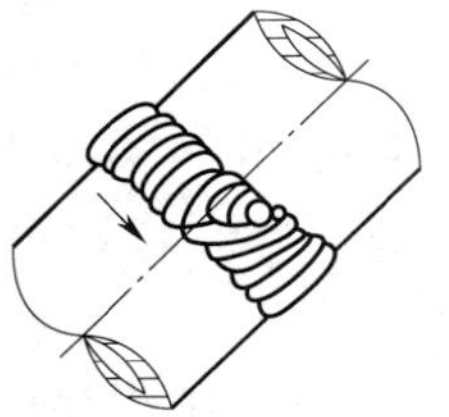

图1—4—20　直拉法盖面焊斜平焊部位的收弧方法

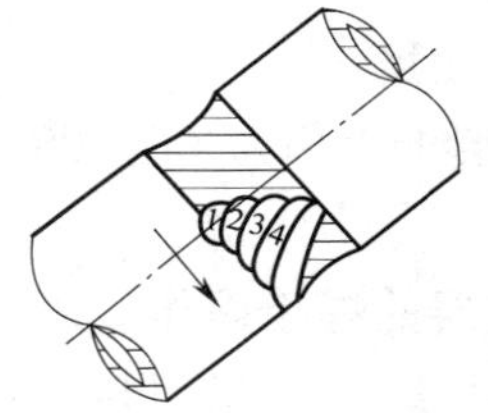

图1—4—21　横拉法盖面焊斜仰焊部位的起头方法

2）前半圈上部斜平焊部位焊缝收尾时也要留出一个待焊的三角区域。

3）后半圈在斜仰焊部位的接头方法是在引弧后，先从前半圈留下的待焊三角区域尖端向左横拉至坡口下部边缘，使这个熔池与前半圈起头部位的焊缝搭接上，保证熔合良好，然后用横拉法运条，如图1—4—22所示，至后半圈盖面焊缝收弧。后半圈斜平焊部位的收弧方法是在运条到收弧部位的待焊三角区域尖端时，使熔池逐个缩小，直至填满三角区域后再收弧。

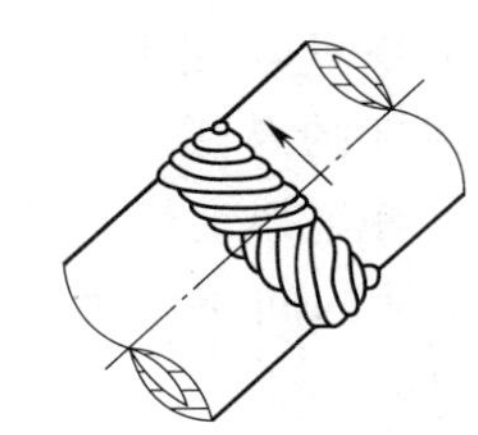

图1—4—22　横拉法盖面焊斜仰焊部位的接头方法

管子倾斜度不论大小，一律要求焊波成水平或接近水平方向，否则成形不好。因此焊条总是保持在垂直位置，并在水平线上左右摆动，以获得较平整的盖面层焊缝。摆动到坡口两侧时，要停留足够时间，使熔化金属覆盖量增加，以防止出现咬边。

6. 评分标准（见表1—4—6）

表1—4—6　　评分标准

序号	项目与技术要求	配分	检测标准	实测记录	得分
1	表面咬边	10	咬边深度≤0.5 mm，焊缝两侧咬边总长度≤15 mm		
2	通球试验	10	通球的直径为37.4 mm，否则扣10分		
3	焊缝宽度	10	允许宽度8～10 mm，每超差1 mm扣3分		
4	焊缝余高	10	允许余高0～4 mm，每超差1 mm扣3分		
5	管子错边量	10	≤10%壁厚，超差不得分		
6	背面凹度	10	≤1 mm，超差不得分		
7	夹渣	10	点渣<2 mm，每处扣2分；条渣>2 mm，每处扣5分		
8	未熔合	10	无焊缝缺陷，过渡圆滑，熔合好		
9	气孔	5	无，出现不得分		
10	焊瘤	5	无，出现不得分		
11	安全文明操作	10	违者每次扣2分		

课后练习

一、填空题

1. 焊接检验按其过程可分__________、__________和__________三个阶段。

2. 焊接检验的方法可分__________和__________两大类。

3. 水压试验是用来检验焊接接头的__________和__________。试验压力一般为产品工作压力的__________倍。

4. 无损检验的方法有__________、__________、__________、__________等。

5. 焊接检验按其过程可分__________、__________和__________三个阶段。

二、判断题

（　　）1. 焊接检验应包括焊前检验、焊接生产中的检验和成品检验。

（　　）2. 常用的焊接检验方法很多，主要可分为破坏性检验和非破坏性检验两大类。

（　　）3. 弯曲试验分为正弯、背弯和侧弯三种。

（　　）4. 冲击试验是用来测定焊接接头和焊缝金属在受冲击载荷时抗折断的能力。

（　　）5. 超声波探伤是检验焊缝内部缺陷的一种准确而可靠的方法，它可以显示出缺陷的种类、形状和大小，并可作永久的记录。

(　　) 6. 超声波探伤可以发现焊接接头表面的焊接缺陷。

(　　) 7. X射线检验后，在照相胶片上深色影像的焊缝中所显示较白的斑点和条纹即是缺陷。

(　　) 8. 外观检查是一种常用的、简单的检验方法，以肉眼观察为主。

(　　) 9. 外观检查之前，要求将焊缝表面的熔渣清理干净。

(　　) 10. 外观质量在很大程度上反映了焊工的操作技能水平。

(　　) 11. 外观质量在很大程度上取决于焊接参数是否合适，与焊工操作水平无关。

(　　) 12. 焊缝返修时不一定需要考试合格的焊工担任。

(　　) 13. 要求焊后热处理的工件应在热处理前返修。

(　　) 14. 已经进行过热处理的焊件返修后不再要求进行热处理。

三、选择题

1. 在焊接检验方法中，(　　) 不属于破坏性检验。

A. 拉伸试验　　B. 致密性试验　　C. 弯曲试验　　D. 金相检验

2. 弯曲试验的目的是测定焊接接头的 (　　)。

A. 强度　　B. 塑性　　C. 韧性　　D. 硬度

3. 背弯试验容易发现焊缝 (　　) 的缺陷。

A. 表面　　B. 根部　　C. 内部　　D. 中心

4. (　　) 不是硬度试验的目的。

A. 测定焊接接头的硬度分布　　B. 测定焊接接头的强度

C. 了解区域偏析　　D. 了解近缝区的淬硬倾向

5. 磁粉探伤方法不能检测 (　　) 的缺陷。

A. 材料表面　　B. 材料近表面　　C. 奥氏体不锈钢　　D. 碳钢

6. 在胶片上显示出略带曲折的、波浪状黑色细条纹，有时也呈直线状，轮廓较分明，两端较尖细中部稍宽的缺陷属于 (　　) 焊接缺陷。

A. 气孔　　B. 裂纹　　C. 夹渣　　D. 未焊透

7. 在胶片上显示出呈圆形或椭圆形黑点的缺陷属于 (　　) 焊接缺陷。

A. 气孔　　B. 裂纹　　C. 未熔合　　D. 未焊透

8. 在胶片上显示出呈不同形状的点和条状，黑度较均匀的缺陷属于 (　　) 焊接缺陷。

A. 未熔合　　B. 裂纹　　C. 夹渣　　D. 未焊透

9. 胶片上显示出呈一条断续的或连续的黑直线，其宽窄取决于对接焊缝间隙的大小或呈一条很细黑线的缺陷属于 (　　) 焊接缺陷。

A. 气孔　　B. 裂纹　　C. 夹渣　　D. 未焊透

10. 焊缝质量分为 (　　) 个等级。

A. 2　　B. 3　　C. 4　　D. 5

11. 一般焊接结构咬边深度不得超过 (　　)。

A. 0.3 mm　　B. 0.5 mm　　C. 0.8 mm　　D. 1 mm

12. 重要的焊接结构咬边是（　　）。

A. 允许存在的　　B. 允许深度小于 1 mm

C. 允许深度超过 0.5 mm 的一定数值以下　　D. 不允许存在的

四、简答题

1. 焊接检验的目的是什么？
2. 哪些焊接检验方法属于非破坏性检验？
3. 拉伸试验的内容是什么？
4. 根据 X 射线探伤胶片评定焊缝质量时，Ⅰ、Ⅱ级焊缝有哪些焊接缺陷要求？

模块二
二氧化碳气体保护焊

课题一　I 形坡口立对接双面焊

1. 了解合金元素的氧化与脱氧。
2. 了解二氧化碳电弧焊产生气孔的原因及防止措施。
3. 了解 I 形坡口立对接双面焊的特点。
4. 熟悉 I 形坡口立对接双面焊的操作要点。
5. 掌握 I 形坡口立对接双面焊的操作。

一、合金元素的氧化与脱氧

1. 合金元素的氧化

二氧化碳气体是氧化性气体，在电弧高温作用下会发生分解：$CO_2 \rightarrow CO + O$。

在电弧空间同时存在 CO_2、CO 和 O_2，这三种成分中，CO 气体在焊接条件下不溶解于金属，也不与金属发生作用，它对焊接质量危害不大。但是 CO_2 和 O_2 却能与铁和其他合金元素发生氧化反应。

Si、Mn、C 的浓度虽然较低，但它们与氧的亲和力比 Fe 大，所以氧化反应也很激烈。

2. 氧化反应的结果

氧化反应会使 Fe、Si、Mn 和 C 等合金元素烧损，在 CO_2 电弧焊中，Ni、Cr、Mo 过渡系数最高，烧损最少。Si、Mn 的过渡系数则较低，因为它们中的相当一部分要耗于熔池中的脱氧。Al、Ti、Nb 等元素的过渡系数更低，烧损比 Si、Mn 还要多。

氧化反应中的反应生成物 SiO_2 和 MnO 会结合成硅酸盐。其密度较小，很容易浮出熔池形成熔渣。

合金元素烧损、CO 气孔和飞溅是 CO_2 电弧焊中三个主要的问题。

3. 对脱氧剂的要求

从上述内容中可以看出，在 CO_2 电弧焊中，溶入液态金属中的 FeO 是引起气孔、飞溅的主要因素。同时，FeO 残留在焊缝金属中将使焊缝金属的含氧量增加而降低力学性能。如果能使 FeO 脱氧，并在脱氧的同时对烧损的合金元素给予补充，则 CO_2气体的氧化性所带来的问题基本上可以解决。对脱氧剂的要求如下：

（1）脱氧能力强

脱氧剂与氧的亲和力比铁大，能够使 FeO 中的 Fe 还原，并且对 FeO 的脱氧能力要优于对 C 的脱氧能力，这样才能抑制 FeO 与 C 的有害反应。

（2）起合金化作用

脱氧剂在完成脱氧任务之余，所剩余的量便作为合金元素留在焊缝中，起到提高焊缝力学性能的作用。

（3）其生成物不应引起其他不良的后果

生成物不应是气体以免造成气孔；生成物应不溶于液态金属而成为熔渣，且熔点要低；生成物密度要小，以利于浮出熔池表面，不造成焊缝夹渣等。

4. 二氧化碳电弧焊的脱氧措施

二氧化碳电弧焊用的脱氧剂主要有 Al、Ti、Si、Mn 等合金元素。

Si 和 Mn 之间的比例必须适当，否则不能很好地结合成硅酸盐浮出熔池，而会有一部分 SiO_2或者 MnO 夹杂物残留在焊缝中，使焊缝的塑性和冲击值下降。

二、二氧化碳电弧焊的气孔原因及防止措施

二氧化碳电弧焊时，由于熔池表面没有熔渣覆盖，二氧化碳气流又有冷却作用，因而熔池凝固比较快。如果焊接材料或焊接工艺处理不当，可能会出现 CO 气孔、氮气孔和氢气孔。

二氧化碳气体具有氧化性，可以抑制氢气孔的产生，只要焊前对二氧化碳气体进行干燥处理，去除水分，清除焊丝和工件表面的杂质，产生氢气孔的可能性很小。

三、I 形坡口立对接双面焊的特点

二氧化碳半自动焊的立焊操作有两种方式，一种是向上立焊，另一种是向下立焊。手弧焊时向下立焊需要薄药皮型的专用焊条才能有良好的焊道成形，故通常采用向上立焊较多。

四、I 形坡口立对接双面焊的操作要点

半自动二氧化碳焊时，若采用短弧焊接（细丝短路过渡），焊炬向下倾斜一定角度（见图 2—1—1），利用二氧化碳气体承托熔池金属的作用，自上而下匀速运丝（焊炬不摆动），控制电弧在熔敷金属的前方，不使熔敷金属下坠。这样向下立焊操作十分方便，焊道成形也很美观，熔深较浅，适用于薄板焊接。

如果像焊条电弧焊那样，取向上立焊，则会出现重力作用下的熔敷金属下淌现象，使焊缝的熔深和熔宽不均，极易产生咬边、焊瘤等缺陷，故薄板焊接不采用这种操作方式。但焊件厚度大于 6 mm 时，为保证焊缝有一定熔深，要采用向上立焊，操作时，焊丝角度如图 2—1—2 所示，焊丝对着前进方向，保持 90° ±10°的角度。采用横向摆动运丝法，如

图 2—1—3a、b 所示。焊炬做小幅摆动，在均匀摆动的情况下，快速向上移动；如果要求有较大的熔宽时，采用月牙形摆动，摆动时，焊道两侧稍作停顿，中间快速移动，以防咬边，但是不应使用图 2—1—3c 所示的向下弯曲的月牙形摆动，因为这种摆动容易引起熔敷金属下淌和产生咬边。

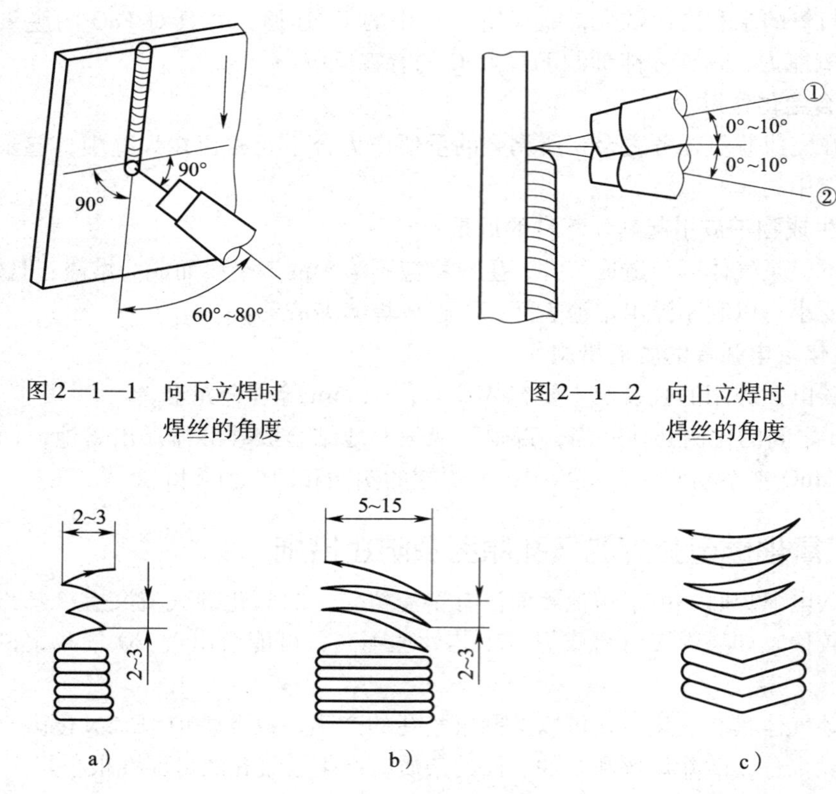

图 2—1—1 向下立焊时焊丝的角度

图 2—1—2 向上立焊时焊丝的角度

图 2—1—3 向上立焊时的横向摆动运丝法

a）小幅摆动 b）月牙形摆动 c）月牙下弯形摆动

五、I 形坡口立对接操作

1. 焊前准备

（1）试件材料与尺寸：Q235，300 mm×150 mm×6 mm。

（2）焊接材料：焊丝 ER49－1（H08Mn2SiA），直径为 1.2 mm，二氧化碳气体的纯度为 99.5%。

（3）焊接要求：I 形坡口，双面焊。

（4）二氧化碳焊焊接设备：NBC－350 型，直流反接。

（5）焊前清理：用钢丝刷等工具将试件坡口正、反两面及两侧各 20 mm 左右范围内的油污、铁锈、鳞皮和脏物等仔细清理干净，打磨至露出金属光泽，并涂防堵剂。

2. 焊接参数

焊接参数见表 2—1—1。

表 2—1—1　　I 形坡口立对接焊接参数

焊接层次	焊丝直径（mm）	伸出长度（mm）	焊接电流（A）	电弧电压（V）	焊接速度（m/h）	气体流量（L/min）
正一层一道上	1.2	13～15	100～110	18～20	20～22	10～15
背一层一道下	1.2	13～15	100～110	18～20	35～50	10～15

3. 试件装配

（1）装配间隙：2 mm 左右，错边量≤0.5 mm。

（2）定位焊：在坡口内定位焊 2 点，焊缝长度为 10～15 mm。

（3）反变形：≤3°。

4. I 形坡口立对接双面焊操作要点

（1）焊炬角度：向上立焊就是由下向上焊接，焊丝、焊炬上（下）倾角度为 80°～90°，焊炬与焊件截面垂直。向下立焊就是由上往下焊，焊炬下倾角度为 60°～80°，焊炬与焊件截面垂直。

（2）焊炬运动：采用向上立焊、向下立焊。

（3）焊炬摆动：采用小锯齿或直线运丝。

（4）焊接：将焊丝的端头与焊件相距 2～3 mm，喷嘴与焊件相距 10～15 mm，按动焊炬开关直至焊丝与焊件相碰短路，引燃电弧。起头时先将电弧稍微拉长一些，对焊缝端部适当预热，然后再压低电弧进行始端焊接。正常焊接时：向上立焊就是由下向上焊接（正面焊层），焊炬做锯齿小幅摆动且均匀，快速向上移动，不宜采用月牙下弯运丝；向下立焊（背面焊层）就是由上往下焊接，利用二氧化碳气体承托熔化金属，自上而下匀速移动，控制电弧在熔敷金属的前方，不使金属下坠。在收弧时，如果焊机没有电流衰减装置，应采用反复断弧引弧方法直至填满弧坑，收弧弧长要短，熔池凝固后方可移开焊炬。

5. 评分标准（见表 2—1—2）

表 2—1—2　　评分标准

序号	项目	配分	评分标准	实测记录	得分
1	咬边	10	深≤0.5 mm，每长 10 mm 扣 2 分；深＞0.5 mm，每长 10 mm 扣 5 分		
2	劳保用品	10	穿戴好劳保用品，否则扣 5 分		
3	焊缝宽度	10	允许宽度 10～12 mm，每超差 2 mm 扣 3 分		
4	焊缝余高	8	允许余高 0.5～3 mm，每超差 1 mm 扣 3 分		
5	焊缝高低差	8	允许 1 mm，每超差 1 mm 扣 2 分		
6	焊缝成形	6	细、匀、整齐、光滑，每项缺陷扣 2 分		
7	焊缝直线度	8	≤1.5 mm，每超差 2 mm 扣 1 分		
8	夹渣	10	点渣＜2 mm，每处扣 2 分；条渣＞2 mm，每处扣 5 分		
9	起头、连接、收尾	10	无焊缝缺陷，过渡圆滑，熔合好		

续表

序号	项目	配分	评分标准	实测记录	得分
10	角变形	5	≤3°，每超1°扣2分		
11	焊后清理	5	无飞溅，否则扣4分		
12	安全文明操作	10	违者每次扣2分		

课后练习

一、填空题

1. 二氧化碳电弧焊中三个主要的问题是________、________、________。

2. 二氧化碳电弧焊产生的气孔有________、________、________三种。

3. 二氧化碳电弧焊用的脱氧剂主要有________、________、________和________等合金元素。

二、判断题

(　　) 1. 薄板对接立焊位置半自动二氧化碳焊时，通常采用向上立焊，又称立向上焊。

(　　) 2. 焊接时，二氧化碳气流保护层遭到破坏易产生氮气孔。

(　　) 3. 二氧化碳气体保护焊焊缝中的含氢量，比采用低氢型焊条焊成的焊缝中的含氢量还要少。

(　　) 4. 二氧化碳焊只要焊丝选择恰当，产生氧气孔的可能性很小。

(　　) 5. 二氧化碳焊时，氮气孔产生主要是因保护气层遭到破坏，大量空气侵入焊接区。

三、选择题

1. 二氧化碳气体保护焊时，如果气体保护层被破坏，则易产生（　　）气孔。

A. 一氧化碳　　B. 氢气　　C. 氮气　　D. 二氧化碳

2. 二氧化碳气体保护焊时，用得最多的脱氧剂是（　　）。

A. Fe、C　　B. N_2、Si　　C. Si、Mn　　D. C、Cr

3. 二氧化碳焊用于焊接低碳钢和低合金高强度钢时，主要采用通过焊丝的（　　）脱氧方法。

A. 碳锰联合　　B. 碳硅联合　　C. 硅锰联合　　D. 铝硅联合

4.（　　）不是二氧化碳焊氮气孔的产生原因。

A. 喷嘴被飞溅物堵塞　　B. 喷嘴与工件距离过大

C. 二氧化碳气体流量过小　　D. 焊丝表面有油污未清除

四、简答题

1. 二氧化碳电弧焊用的脱氧剂主要有哪些元素？

2. I 形坡口立对接双面焊操作要点有哪些?

课题二　V 形坡口立对接单面焊双面成形

学习目标

1. 了解二氧化碳气体保护焊熔滴过渡及飞溅。
2. 了解二氧化碳电弧焊的飞溅及防止措施。
3. 掌握 V 形坡口立对接单面焊双面成形操作。

在焊接生产中，在焊接位置受限制的不利条件下，要使焊件焊透，增加焊接结构的强度，一般采用二氧化碳焊 V 形坡口立对接单面焊双面成形方法。

一、二氧化碳气体保护焊熔滴过渡及飞溅

在二氧化碳电弧焊中，为了获得稳定的焊接过程，熔滴过渡通常有两种形式，即短路过渡和细滴过渡。短路过渡焊接在我国应用最为广泛。

1. 二氧化碳电弧焊短路过渡

(1) 短路过渡焊接的特点

二氧化碳焊采用细焊丝、低电压和小电流焊接时，可获得短路过渡。短路过渡时电弧长度较短，焊丝端部熔化的熔滴尚未成为大滴时便与熔池表面接触而短路。此时电弧熄灭，熔滴在电磁力和熔池表面张力的共同作用下，迅速脱离焊丝端部过渡到熔池。随后电弧又重新引燃，重复上述过程。

(2) 短路过渡焊接的特点

二氧化碳焊短路过渡细小而过渡频率高，电弧非常稳定，飞溅小，焊缝成形美观。主要用于焊接薄板及全位置焊接。焊接薄板时，生产率高、变形小，焊接操作容易掌握，对焊工技术水平要求不高。因而短路过渡的二氧化碳焊易于在生产中得到推广应用。

2. 二氧化碳电弧焊滴状过渡

二氧化碳焊采用粗焊丝、较高电压和较大电流焊接时，会出现滴状过渡。滴状过渡形式有两种：

(1) 大颗粒过渡

这时电流电压比短路过渡稍高，电流一般在 400 A 以下，此时，熔滴较大且不规则，过渡频率低，易形成偏离焊丝轴线方向的非轴向过渡。这种大颗粒非轴向过渡电弧不稳定，飞溅大，焊缝成形不美观，在实际生产中不宜采用。

(2) 细滴过渡

这时焊接电流、电弧电压进一步增大，焊接电流在 400 A 以上。此时，由于电磁收缩力加强，熔滴细化，过渡频率随之增加，虽然仍非轴向过渡，但电弧较稳定，飞溅少，焊

缝成形美观。在实际生产中采用较广。多用于中、厚板焊接。

二、二氧化碳电弧焊的飞溅及防止措施

飞溅是二氧化碳焊的主要缺点，颗粒过渡的飞溅程度要比短路过渡时严重得多。一般金属飞溅损失约占焊丝熔化金属的10%，严重时可达到30% ~40%。在最佳情况下，飞溅损失可控制在2% ~4%的范围内。

1. 二氧化碳焊的飞溅对焊接造成的有害影响

（1）二氧化碳焊的飞溅增大会降低焊丝的熔敷系数，从而增加焊丝及电能的消耗，降低焊接生产率，增加焊接成本。

（2）飞溅金属粘在导电嘴端面和内壁上会使焊丝不畅通而影响电弧稳定性和降低保护效果，容易使焊缝产生气孔，影响焊缝质量；同时增加焊接清理工时。

（3）焊接过程中飞溅出的金属容易烧坏焊工工作服，甚至烫伤皮肤，恶化劳动环境。

2. 二氧化碳焊产生飞溅的原因及防止飞溅的措施

（1）由冶金反应引起的飞溅

这种飞溅主要由CO气体造成。焊接过程中，熔滴和熔池中的碳氧化生成CO，CO在电弧的高温作用下体积急速膨胀，压力迅速增大，使熔滴和熔池金属产生爆破，从而产生大量飞溅。防止飞溅的措施是采用含有锰、硅等脱氧元素的焊丝，并降低焊丝中的含碳量。

（2）由斑点压力产生的飞溅

这种飞溅主要取决于焊接时的极性。当使用正极性焊接时正离子飞向焊丝端部，熔滴机械冲击力大，形成大颗粒飞溅。防止飞溅的措施是二氧化碳焊时应选用直流反接。

（3）熔滴短路时引起的飞溅

这种飞溅发生在短路过渡过程中，当焊接电源的动特性不好时则显得更为严重。当熔滴与熔池接触时，若短路电流增长速度过快，或者短路最大电流值过大时，会使缩颈处的液态金属发生爆炸，产生较多的细颗粒飞溅；若短路电流增长速度过慢，则短路电流不能及时增大到要求的电流值，此时，缩颈处就不能迅速断裂，使伸出导电嘴的焊丝在电阻热的长时间加热下软化和断落，并伴随着较多的大颗粒飞溅。减少飞溅的方法是通过调节焊接回路中的电感来调节短路电流增长速度。

（4）非轴向颗粒过渡造成的飞溅

这种飞溅是在颗粒过渡时由于电弧的吹力作用而产生的。在斑点压力和弧柱中气流压力的共同作用下，熔滴被推到焊丝端部的一边并抛到熔池外面去，产生大颗粒飞溅。

（5）焊接参数选择不当引起的飞溅

这种飞溅是因焊接电流、电弧电压和回路电感等焊接参数选择不当而引起的。如随着电弧电压的增加，电弧拉长，熔滴易长大，且在焊丝末端产生无规则摆动，致使飞溅增大。焊接电流增大，熔滴体积变小，熔敷率增大，飞溅减少。防止飞溅的措施是必须正确地选择二氧化碳焊焊接参数。

（6）焊接技术引起的飞溅

从焊接技术上采取措施，如采用二氧化碳潜弧焊。采用较大焊接电流、较小的电弧电压，把电弧压入熔池形成潜弧，使产生的飞溅落入熔池，从而使飞溅大大减少。这种方法

熔深大，效率高，现广泛用于厚板焊接。

三、V 形坡口立对接单面焊双面成形操作及注意事项

1. 焊前准备

（1）试件材料与尺寸：Q235，250 mm×130 mm×8 mm。

（2）焊丝：ER49－1（H08Mn2SiA），直径为 1.2 mm。

（3）焊接要求：60°V 形坡口，单面焊双面成形。

（4）焊接设备：NBC－350 型，直流反接。

（5）焊前清理：用钢丝刷等工具将试件坡口正、反两面及两侧各 20 mm 左右范围内的油污、铁锈、鳞皮和脏物等仔细清理干净，打磨至露出金属光泽，并涂防堵剂。

2. V 形坡口立对接焊接参数

V 形坡口立对接焊接参数见表 2—2—1。

表 2—2—1　V 形坡口立对接焊接参数

焊接层次	焊丝直径（mm）	伸出长度（mm）	焊接电流（A）	电弧电压（V）	焊接速度（m/h）	气体流量（L/min）
打底层	1.2	13～15	100～110	18～20	20～22	10～15
盖面层	1.2	13～15	110～120	18～20	35～50	10～15

3. 试件装配

（1）装配间隙：始端 2.5 mm，终端 3.2 mm 左右，错边量≤0.5 mm。

（2）定位焊：在坡口内定位焊 2 点，焊缝长度为 10～15 mm。

（3）反变形：≤3°。

4. V 形坡口立对接操作要点

（1）打底焊

连弧法有两种方法打底焊。由下向上焊：向上立焊就是由下向上焊接，焊丝、焊炬上（下）倾角度为 80°～100°，焊炬与焊件截面如图 2—2—1 所示。由上往下焊：向下立焊就是由上往下焊，利用二氧化碳气体承托熔化金属，焊炬下倾角度为 60°～80°，焊炬与焊件截面如图 2—2—2 所示。

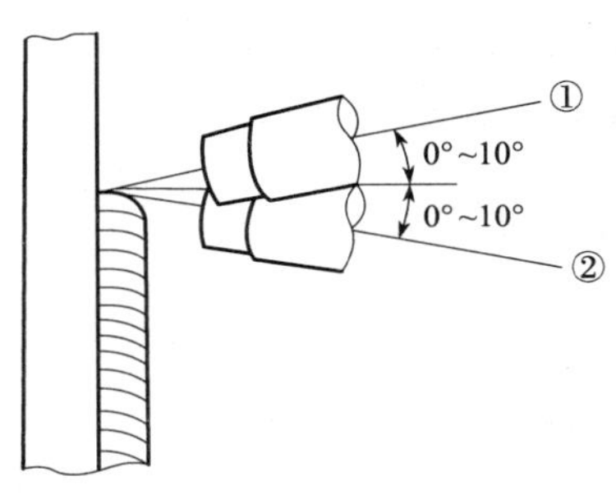

图 2—2—1　向上立焊时焊丝的角度

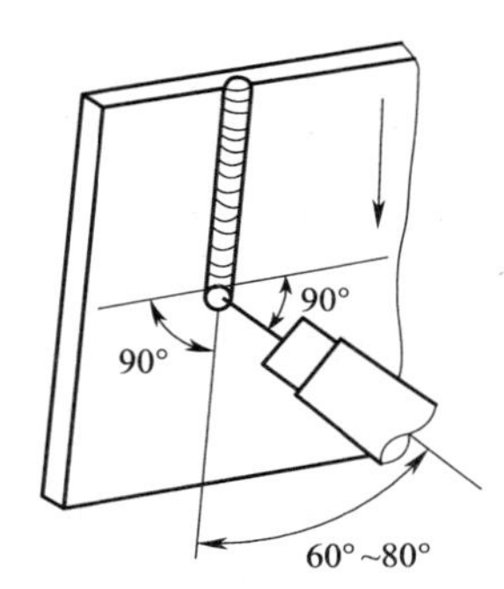

图 2—2—2　向下立焊时焊丝的角度

1）焊炬运动：采用向上立焊、向下立焊。

2）焊炬摆动：采用小锯齿形或直线形运丝。

3）焊接：将焊丝的端头与焊件相距2～3 mm，喷嘴与焊件相距10～15 mm，按动焊炬开关直至焊丝与焊件相碰短路，引燃电弧。起头时先将电弧稍微拉长一些，对焊缝端部适当预热，然后再压低电弧进行始端焊接。正常焊接时：向上立焊就是由下向上焊接（正面焊层），焊炬做锯齿形小幅摆动且均匀，快速向上移动，不宜采用月牙形（下弯）运丝；向下立焊就是由上往下焊接，利用二氧化碳气体承托熔化金属，自上而下匀速移动，控制电弧在熔敷金属的前方，不使金属下坠。在收弧时，如果焊机没有电流衰减装置，应采用反复断弧引弧方法直至填满弧坑，收弧弧长要短，熔池凝固后方可移开焊炬。

（2）盖面焊

1）焊炬角度：向上立焊就是由下向上焊接，焊丝、焊炬上（下）倾角度为80°～90°，焊炬与焊件截面垂直，如图2—2—1所示。

2）焊炬运动：采用向上立焊由下向上。

3）焊炬摆动：由下向上采用锯齿形或月牙形（上弯）运丝。

4）焊接：将焊丝的端头与焊件相距2～3 mm，喷嘴与焊件相距10～15 mm，按动焊炬开关直至焊丝与焊件相碰短路，引燃电弧，先将电弧稍微拉长一些，对焊缝端部适当预热，然后再压低电弧进行始端焊接。由下向上焊接，焊丝做锯齿形小幅摆动且均匀，快速向上移动，运丝时中间快，两侧稍停，并保持熔化坡口边缘0.5～2.5 mm，避免产生咬边和焊缝余高过大的现象。在收弧时，如果焊机没有电流衰减装置，应采用反复断弧引弧方法直至填满弧坑，收弧弧长要短，熔池凝固后方可移开焊炬。

5．评分标准（见表2—2—2）

表2—2—2　　评分标准

序号	项目	配分	评分标准	实测记录	得分
1	表面裂纹	5	有裂纹不得分		
2	烧穿	5	有烧穿不得分		
3	焊瘤	8	每处焊瘤扣0.5分		
4	气孔	5	每个气孔扣0.5分，直径大于1.5 mm不得分		
5	夹渣	8	每处夹渣扣0.5分		
6	咬边	8	深度>0.5 mm，累计长度15 mm扣0.5分		
7	未熔合	8	未熔合累计长度15 mm扣1分		
8	焊缝的起头、接头、收尾	8	接头平滑，收尾无弧坑。起头、收尾超高或脱节每处扣1分		
9	焊缝宽度差	8	焊缝宽度变化≤3 mm，累计长度30 mm不得分		
10	内部缺陷	10	焊缝内部无裂纹、夹渣、气孔、未焊透。Ⅰ级片不扣分，Ⅱ级片扣5分，Ⅲ级片扣8分、Ⅳ级片扣10分		

续表

序号	项目	配分	评分标准	实测记录	得分
11	焊缝宽度	8	焊缝宽度比坡口每侧增宽 0.5 ~ 2.5 mm，宽度差 ≤ 3 mm。每超差 1 mm，累计长 20 mm 扣 1 分		
12	焊缝余高差	8	≤2 mm。每超差 1 mm，累计长 20 mm 扣 1 分		
13	角变形	3	≤3°。超差不得分		
14	焊缝错边量	3	≤0.5 mm。超差不得分		
15	安全文明生产	5	违者每次扣 1 分		

课后练习

一、填空题

1. 在二氧化碳电弧焊中，为了获得稳定的焊接过程，熔滴过渡通常有两种形式，即____________、____________，其中____________焊接在我国应用最为广泛。

2. 飞溅是二氧化碳焊的主要缺点，____________的飞溅程度要比____________时严重得多。一般金属飞溅损失约占焊丝熔化金属的____________，严重时可达到____________。在最佳情况下，飞溅损失可控制在____________范围内。

二、判断题

(　　) 1. 喷射过渡常用于粗丝二氧化碳气体保护焊。

(　　) 2. 二氧化碳焊时必须使用直流电源，且多采用直流反接。

(　　) 3. 细丝 CO_2 焊时，熔滴过渡一般都是短路粗滴过渡。

三、选择题

1. 当二氧化碳气体保护焊采用细焊丝、小电流、低电弧电压施焊时，所出现的熔滴过渡形式是（　　）过渡。

A. 粗滴　　B. 短路　　C. 喷射　　D. 颗粒

2. 粗丝二氧化碳焊中，熔滴过渡往往是以（　　）的形式出现。

A. 喷射过渡　　B. 射流过渡　　C. 短路过渡　　D. 粗滴过渡

3. 细丝焊时，熔滴过渡一般都是（　　）。

A. 有短路的粗滴过渡　　B. 无短路的粗滴过渡

C. 短路过渡　　D. 细颗粒过渡

4. 当二氧化碳气体保护焊采用（　　）施焊时，所出现的熔滴过渡形式是短路过渡。

A. 细焊丝、小电流、低电弧电压　　B. 细焊丝、大电流、低电弧电压

C. 细焊丝、大电流、高电弧电压　　D. 细焊丝、小电流、高电弧电压

四、简答题

1. CO_2焊产生飞溅的原因及防止飞溅的措施有哪些?
2. CO_2电弧焊熔滴过渡通常有哪两种形式?

课题三　I形坡口T形接头立角焊

学习目标

1. 了解二氧化碳气体保护焊接材料。
2. 掌握I形坡口T形接头立角焊操作。

一、二氧化碳气体保护焊接材料

1. 二氧化碳气体

焊接用的二氧化碳气体一般将其压缩成液体储存于钢瓶内。二氧化碳气瓶的容量为40 L，可装25 kg的液态二氧化碳，占容积的80%，满瓶压力为5～7 MPa，外表涂铝白色，并标有黑色“液化二氧化碳”的字样。

液态二氧化碳在常温下容易汽化，溶于液态二氧化碳中的水分易蒸发成水汽混入二氧化碳气体中影响二氧化碳气体纯度，在气瓶内汽化二氧化碳气体中的含水量与瓶内的压力有关，随着使用时间的增长，瓶内的压力降低，水汽增多。当压力降低到0.98 MPa时，二氧化碳气体中的水分大为增加，不能继续使用。焊接用的二氧化碳气体的纯度应大于99.5%，含水量不超过0.05%。

2. 焊丝

(1) 对焊丝的要求

1) 焊丝必须比母材含有较多的Mn和Si等脱氧元素。

2) 焊丝含碳量限制在0.10%以下，并控制硫、磷含量。

3) 焊丝表面镀铜，镀铜防止生锈有利于保存，并改善焊丝的导电性及送丝的稳定性。

(2) 焊丝型号及规格

根据GB/T 8110—2008《气体保护电弧焊用碳钢、低合金钢焊丝》规定，焊丝型号由三部分组成。ER表示二氧化碳焊丝，ER后面的两位数表示熔敷金属的最低抗拉强度，短划“-”后面的字母或数字表示焊丝化学成分分类代号，如还加其他化学成分时，直接用元素符号表示，并以短划“-”与前面数字分开。例如：

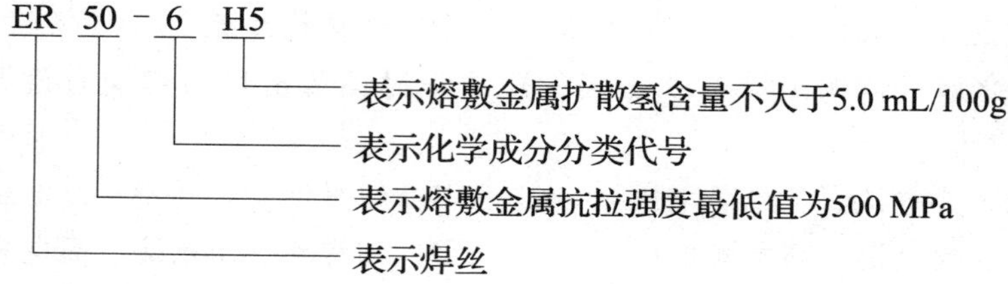

目前常用的二氧化碳焊丝有 ER49－1、ER50－6 等。ER49－1 对应牌号为 H08Mn2SiA，ER50－6 对应牌号为 H11Mn2SiA。对于低碳钢及低合金钢常用 ER50－6 焊丝。

二、I 形坡口 T 形接头立角焊操作及注意事项

1. 焊前准备

（1）试件材料与尺寸：Q235，300 mm×30 mm×8 mm 2 块和 300 mm×60 mm×8 mm 2 块，I 形坡口。

（2）焊接材料：焊丝 ER49－1（H08Mn2SiA），直径为 1.2 mm。

（3）焊接要求：T 形接头，双面焊。

（4）CO_2焊焊接设备：NBC－350 型，直流反接。

（5）焊前清理：用钢丝刷等工具将试件坡口正、反两面及两侧各 20 mm 左右范围内的油污、铁锈、鳞皮和脏物等仔细清理干净，打磨至露出金属光泽，并涂防堵剂。

2. 焊接参数

I 形坡口 T 形接头立角焊焊接参数见表 2—3—1。

表 2—3—1　　I 形坡口 T 形接头立角焊焊接参数

焊接层次	焊丝直径（mm）	伸出长度（mm）	焊接电流（A）	电弧电压（V）	焊接速度（m/h）	气体流量（L/min）
打底层	1.2	13～15	110～120	18～20	20～22	10～15
盖面层	1.2	13～15	120～130	18～20	35～50	10～15

3. 试件装配

（1）装配间隙：始端 2 mm，终端 2.5 mm 左右，错边量≤0.5 mm。

（2）定位焊：在坡口内定位焊 2 点，焊缝长度为 10～15 mm。

（3）反变形：≤3°。

4. I 形坡口 T 形接头立角焊操作要点

T 形接头立角焊焊件如图 2—3—1 所示，板厚为 8 mm，焊接参数可参照表 2—3—1。焊缝采取多层焊，各层焊道的运丝特点如下：

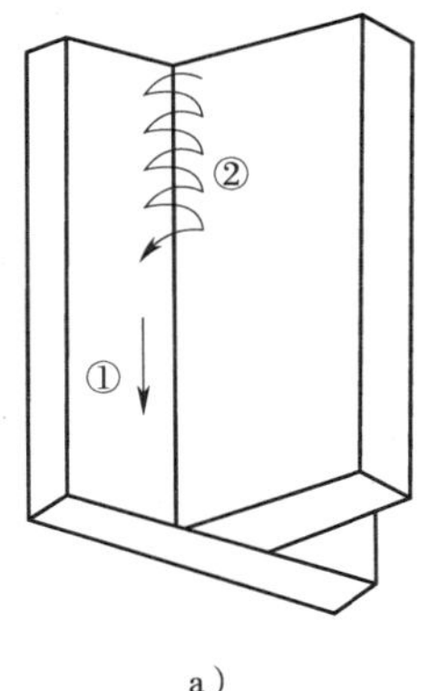

a）

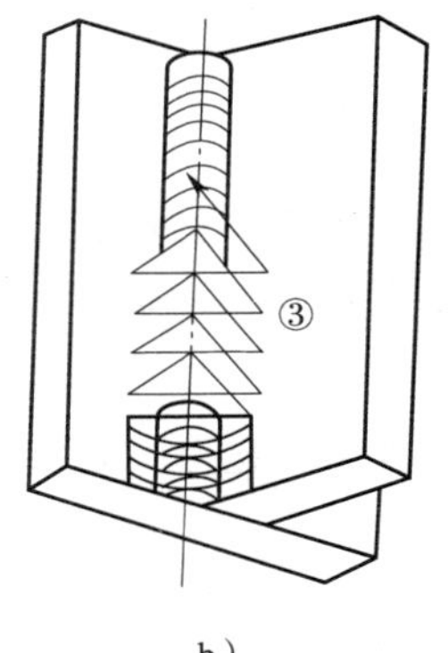

b）

图 2—3—1　向下立角焊和向上立角焊

a）向下立角焊　b）向上立角焊

①直线移动运丝法　②月牙形摆动运丝法　③正三角形摆动运丝法

第一层，运丝方法有两种，一种是采用直线移动运丝法，向下立焊，如图2—3—1a中①所示；另一种是采取小月牙形摆动运丝法，向下立焊，如图2—3—1a中②所示。第二层采取正三角形摆动运丝法，向上立焊，如图2—3—1b中③所示。操作时，在三角形的三个顶点都要停留0.5～1 s，并均匀地向上移动。

焊接时始终要保持焊脚均匀一致，克服焊脚宽度不等的缺陷。避免出现焊缝表面中间凸起过高的尖状焊缝，同时要防止咬边、焊瘤等缺陷。

5. 评分标准（见表2—3—2）

表2—3—2　　评分标准

序号	项目	配分	评分标准	实测记录	得分
1	二氧化碳焊操作姿势正确	10	总体评定酌情扣分		
2	二氧化碳焊电焊机及焊丝选择正确	10	不符合要求不得分		
3	二氧化碳焊焊接电流正确	10	不符合要求不得分		
4	正确使用起头、连接和收尾方法	10	不符合要求酌情扣分		
5	焊缝的起头和接头平滑，收尾无弧坑	10	不符合要求酌情扣分		
6	焊缝、焊脚均匀，无明显咬边	10	深度≤0.5 mm，累计长度15 mm扣0.5分		
7	焊缝凹度达到要求	10	超差不得分		
8	焊脚达到要求	10	6～8 mm，超差不得分		
9	焊缝基本平直	10	不符合要求酌情扣分		
10	安全文明生产	10	违者每次扣2分		

课后练习

一、填空题

1. 二氧化碳气体保护焊接材料有________、________。

2. 焊接用的二氧化碳气体的纯度应大于____________，含水量不超过________。

3. 二氧化碳焊焊丝必须比母材含有较多的________和________等脱氧元素。

4. 二氧化碳焊焊丝表面镀铜，镀铜防止________有利于________，并改善焊丝的________及送丝的________。

二、判断题

（　　）1. 二氧化碳气体保护焊焊炬的作用是传导焊接电源，导送焊丝和导送二氧化碳保护气。

(　　) 2. 二氧化碳气体保护焊的控制系统对供气、对送丝和供电系统实行控制。

(　　) 3. 二氧化碳气瓶瓶体表面漆成银灰色，并标有“液态二氧化碳”黑色字样。

(　　) 4. 焊接用二氧化碳气体的含水量和含氮量均不应超过0.1%。

三、选择题

1. 二氧化碳气体保护焊时，所用二氧化碳气体的纯度不得低于（　　）。

A. 99.5%　　B. 99.2%　　C. 98.5%　　D. 97.5%

2. 焊接用二氧化碳气体的含水量和含氮量均不应超过（　　）。

A. 0.05%　　B. 0.04%　　C. 0.03%　　D. 0.02%

3. 储存二氧化碳气体的气瓶外涂（　　）颜色并标有“二氧化碳”字样。

A. 蓝　　B. 灰　　C. 黑　　D. 白

4. 储存二氧化碳气体的气瓶容量为（　　）L。

A. 10　　B. 25　　C. 40　　D. 45

四、简答题

1. 二氧化碳焊对焊丝的要求有哪些?

2. 二氧化碳电弧焊焊丝的型号由哪三部分组成?

课题四　V形坡口横对接单面焊双面成形

学习目标

1. 熟悉二氧化碳焊焊接参数。
2. 掌握V形坡口横对接单面焊双面成形操作。

一、二氧化碳焊焊接参数

1. 焊丝的直径

焊丝的直径应根据焊件的厚度、焊接的空间位置及生产率的要求选择。焊接薄板或中板的立、横、仰焊时多采用直径1.2 mm以下的焊丝，在平焊位置焊接中厚板时，可采用直径1.2 mm以上的焊丝。

2. 焊接电流

焊接电流的大小应根据焊丝的直径、焊件的厚度、焊接的空间位置及熔滴过渡形式来确定。焊接电流越大，焊缝的厚度、焊缝宽度及余高都相应地增加。通常直径0.8～1.6 mm在短路过渡焊接时，焊接电流在50～230 A范围内选择，在细滴过渡焊接时，焊接电流在250～500 A范围内选择。

3. 电弧电压

电弧电压必须与焊接电流匹配恰当，否则会影响到焊缝成形及焊接过程的稳定性。

电弧电压随着焊接电流的增加而增大。在短路过渡焊接时通常电弧电压在 16 ~ 24 V，在细滴过渡焊接时，对于直径为 1.2 ~ 3.0 mm 的焊丝电弧电压可在 25 ~ 36 V 范围内选择。

4. 焊接速度

在一定的焊丝直径、焊接电流和电弧电压条件下，随着焊速增加，焊缝宽度与焊缝厚度减小。焊速过快，不仅气体保护效果变差，可能产生气孔，而且还易产生咬边及未焊透等缺陷。但焊速过慢，焊接生产率降低，焊接变形增大。一般半自动焊的焊接速度在 15 ~ 30 m/h 范围内选择。

5. 焊丝伸出长度

焊丝伸出长度取决于焊丝直径，一般约等于焊丝直径的 10 倍且不超过 15 mm。伸出长度过长焊丝会熔断，飞溅严重，气体保护效果变差；伸出长度过小不但造成飞溅物堵塞喷嘴，影响保护效果，也影响焊工视线。

6. 二氧化碳气体流量

二氧化碳气体流量应根据焊接电流、焊接速度、焊丝伸出长度及喷嘴直径等选择。通常在细丝二氧化碳焊时，二氧化碳气体流量为 8 ~ 15 L/min；粗丝二氧化碳焊时，二氧化碳气体流量为 15 ~ 25 L/min。

7. 电源极性与回路电感

二氧化碳焊应选用直流反接。焊接回路的电感值应根据焊丝直径和电弧电压来选择。

8. 装配间隙及坡口尺寸

由于二氧化碳焊焊丝直径较细，电流密度大，电弧穿透力强，电弧热量集中，一般对于厚度 12 mm 以下的焊件不开坡口也可焊透，对于必须开坡口的焊件，一般坡口角度可由焊条电弧焊的 60°左右减为 30° ~ 40°，钝边可相应增大 2 ~ 3 mm，根部间隙可相应减少 1 ~ 2 mm。

二、V 形坡口横对接单面焊双面成形操作及注意事项

1. 焊前准备

（1）试件材料与尺寸：Q235，250 mm × 130 mm × 8 mm。

（2）焊接材料：焊丝 ER49 – 1（H08Mn2SiA），直径为 1.2 mm。

（3）焊接要求：60°V 形坡口，单面焊双面成形，三层六道，如图 2—4—1 所示。

（4）二氧化碳焊焊接设备：NBC – 350 型，直流反接。

（5）焊前清理：用钢丝刷等工具将试件坡口正、反两面及侧面各 20 mm 左右范围内的油污、铁锈、鳞皮和脏物等仔细清理干净，打磨至露出金属光泽，并涂防堵剂。

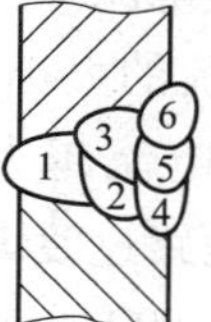

图 2—4—1　焊接层次分布

2. 焊接参数

V 形坡口横对接焊接参数见表 2—4—1。

表 2—4—1　　V 形坡口横对接焊接参数

焊接层次	焊丝直径（mm）	伸出长度（mm）	焊接电流（A）	电弧电压（V）	焊接速度（m/h）	气体流量（L/min）
打底层 1	1.2	13 ~ 15	90 ~ 100	16 ~ 18	20 ~ 22	10 ~ 15
填充层 2、3	1.2	13 ~ 15	120 ~ 130	20 ~ 22	20 ~ 22	10 ~ 15
盖面层 4、5、6	1.2	13 ~ 15	120 ~ 130	20 ~ 22	20 ~ 22	10 ~ 15

3. 试件装配

（1）装配间隙：2 ~ 3 mm，错边量≤0.5 mm。

（2）定位焊：在坡口内定位焊 2 点，焊缝长度为 10 ~ 15 mm。

（3）反变形：≤3°。

4. V 形坡口横对接单面焊双面成形操作要点

（1）打底焊

将焊件呈横向水平位置固定，间隙小的一端为始焊端，放在右侧，采用左向焊法，焊炬与焊件之间的角度如图 2—4—2 所示。

引弧前，调试好焊接参数，检查喷嘴、导电嘴、送丝机构，并剪断焊丝过长部分。施焊时，在定位焊缝处引弧，沿根部间隙向左做小幅度斜锯齿形摆动，当焊炬运行到坡口根部出现熔孔后转入正常焊接。焊接过程中要始终观察熔池和熔孔，保持熔孔边缘熔化钝边 0.5 ~ 1 mm，根据间隙和熔孔大小，调整焊炬摆动幅度及焊接速度，如图 2—4—3 所示。间隙大、熔孔大时，焊炬摆动幅度可适当加大；反之则减小。尽可能维持熔孔直径不变，连续焊至焊件终端，填满弧坑收弧。

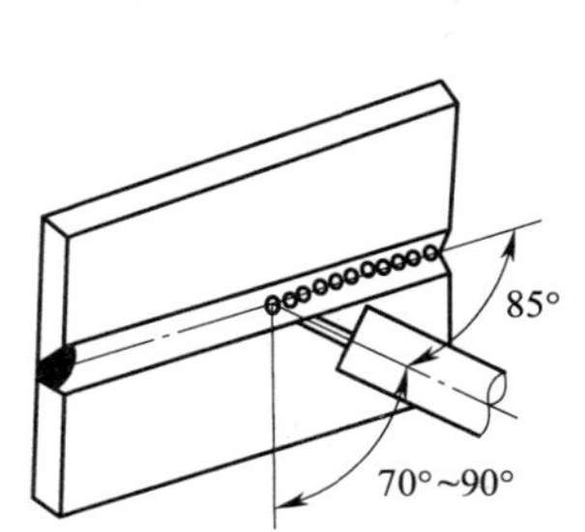

图 2—4—2　打底焊时焊炬角度

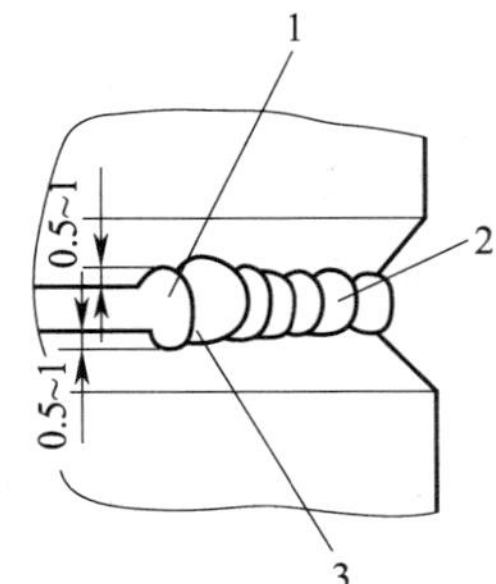

图 2—4—3　横焊时熔孔的控制

1—熔孔　2—焊道　3—熔池

（2）填充焊

调试好填充焊参数，按图 2—4—4 所示的焊炬对中位置及角度进行填充焊道 2 与 3 的焊接。整个填充焊层厚度应低于母材 1.5 ~ 2 mm，且不得熔化坡口棱边。

1）填充焊道 2 时，焊炬成 0° ~ 10°俯角，电弧以打底焊道的下缘为中心做横向斜圆圈形摆动，保证下坡口熔合好。

2）填充焊道 3 时，焊炬成 0° ~ 10°仰角，电弧以打底焊道的上缘为中心，在焊道 2 和上坡口面间摆动，保证熔合良好，重叠前一焊道 1/2 ~ 2/3。

3）清除填充焊道的表面飞溅物，并用角向磨光机打磨局部凸起处。

（3）盖面焊

调试好盖面焊参数，按图 2—4—5 所示的焊炬对中位置及角度进行盖面焊道 4、5、6 的焊接。操作要点基本同填充焊。

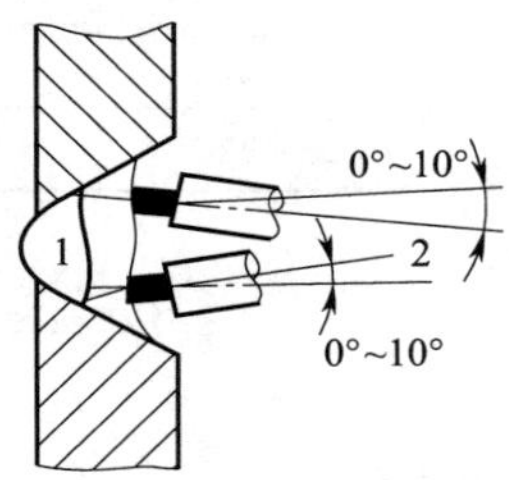

图 2—4—4　填充焊接两条焊道时的不同焊炬角度

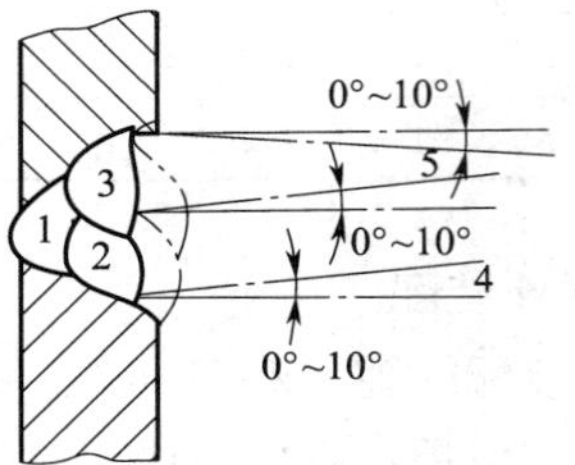

图 2—4—5　盖面焊接三条焊道时的不同焊炬角度

5．评分标准（见表 2—4—2）

表 2—4—2　　评分标准

序号	项目	考核要求	配分	评分标准	检验结果	得分
1	操纵焊机	正确使用	10	不正确不得分		
2	焊件装配	装配合理	5	不合理不得分		
3	工艺参数选择	选择合理	5	不合理不得分		
4	比坡口每侧增宽	0.5～1.5 mm	10	出现一处扣 5 分		
5	焊缝宽度差	≤1.5 mm	5	出现一处全扣		
6	焊缝余高	0～4 mm	10	出现一处扣 5 分		
7	焊缝余高差	≤2 mm	5	出现一处全扣		
8	直线度	≤1.5 mm	10	超差全扣		
9	角变形	≤3°	5	超差全扣		
10	气孔	无	5	出现一处全扣		
11	夹渣	无	5	出现一处全扣		
12	焊瘤	无	5	出现一处全扣		
13	咬边	无	5	出现一处全扣		
14	未焊透	无	5	出现一处全扣		
15	焊缝成形	波纹均匀、飞溅少	10	根据实际情况酌情扣分		

课后练习

一、填空题

1．二氧化碳焊的焊接参数有＿＿＿＿＿＿＿＿、＿＿＿＿＿＿＿＿、＿＿＿＿＿＿＿＿、

____________、____________、____________、____________、____________。

2. 二氧化碳焊的焊接电流的大小应根据____________、____________、____________及____________来确定。

3. 二氧化碳焊的焊丝的直径应根据____________、____________的位置及____________来选择。

二、判断题

（　　）1. 二氧化碳焊时，当焊接电流逐渐增大时，熔深、熔宽和余高都相应地增加。

（　　）2. 中厚板对接仰焊位置半自动二氧化碳焊应采用左焊法。

三、选择题

1. （　　）不是二氧化碳焊时选择电弧电压的根据。

A. 焊丝直径　　B. 焊接电流　　C. 熔滴过渡形式　　D. 坡口形式

2. 二氧化碳焊时，焊丝伸出长度通常取决于焊丝直径，约以焊丝直径的（　　）倍为宜。

A. 3　　B. 5　　C. 10　　D. 20

3. 二氧化碳气体保护焊时，若选用焊丝直径小于或等于 1.2 mm，则气体流量一般为（　　）。

A. 2 ~ 5 L/min　　B. 6 ~ 15 L/min　　C. 15 ~ 25 L/min　　D. 25 ~ 30 L/min

4. （　　）不是选择二氧化碳焊气体流量的根据。

A. 焊接电流　　B. 电弧电压　　C. 焊接位置　　D. 焊接速度

5. 二氧化碳焊的电源种类与极性应采用（　　）。

A. 交流电源　　B. 方波交流电源　　C. 直流正接　　D. 直流反接

四、简答题

1. 二氧化碳焊的焊接参数有哪些？

2. 二氧化碳焊的焊接电流、电压应根据什么来选择？

课题五　V 形坡口 ϕ89 mm Q235 管管对接水平固定焊

学习目标

1. 熟悉二氧化碳气体保护焊安全操作规程。

2. 掌握 V 形坡口 ϕ89 mm Q235 管管对接水平固定焊操作。

一、二氧化碳气体保护焊安全操作规程

在二氧化碳电弧焊中，为了顺利完成生产任务和保障人的生命财产安全，首先要高度

重视二氧化碳气体保护焊安全操作规程。

（1）保证工作环境有良好的通风。由于 CO_2 气体保护焊是以 CO_2 作为保护气体，在高温下有大量的 CO_2 气体将发生分解，生成 CO 以及产生大量的烟尘。CO 极易和人体血液中的血红蛋白结合，造成人体缺氧。当空气中只有很少量的 CO 时，会使人感到身体不适、头痛，而当 CO 的含量超过一定范围会造成人呼吸困难、昏迷等，严重时甚至引起死亡。如果空气中 CO_2 气体浓度超过一定的范围，也会引起上述的反应。这就要求焊接工作环境应有良好的通风条件，在不能进行通风的局部空间施焊时，应佩戴能供给新鲜氧气的面具及氧气瓶。

（2）注意选用容量恰当的电源、电源开关、熔断器及辅助设备，以满足高负载率持续工作的要求。

（3）采用必要的防止触电措施与良好的隔离防护装置和自动断电装置；焊接设备必须保护接地或接零，并经常进行检查和维修。

（4）采用必要的防火措施。由于金属飞溅引起火灾的危险性比其他焊接方法大，要求在焊接作业的周围采取可靠的隔离、遮蔽或防止火花飞溅的措施；焊工应有完善的劳动防护用具，防止人体灼伤。

（5）由于 CO_2 气体保护焊比普通埋弧电弧焊的弧光更强，紫外线辐射更强烈，应选用颜色更深的滤光片。

（6）采用 CO_2 气体电热预热器时，电压应低于 36 V，外壳要可靠接地。

（7）由于 CO_2 是以高压液态盛装在气瓶中，要防止 CO_2 气瓶直接受热，气瓶不能靠近热源，还要防止气瓶剧烈振动。

（8）加强个人防护。戴好面罩、手套，穿好工作服、工作鞋。

（9）当焊丝送入导电嘴后，不允许将手指放在焊炬的末端来检查焊丝送出情况；也不允许将焊炬放在耳边来试探保护气体的流动情况。

（10）使用水冷系统的焊炬，应防止绝缘破坏而发生触电。

（11）焊接工作结束后，必须切断电源和气源，并仔细检查工作场所周围及防护设施，确认无起火危险后方能离开。

二、V 形坡口 ϕ89 mm Q235 管管对接水平固定焊操作

1. 焊前准备

（1）试件材料：钢管 Q235。

（2）试件尺寸：ϕ89 mm × 6 mm，L = 200 mm，60° ± 2°V 形坡口。

（3）焊接材料：焊丝 ER49 - 1（H08Mn2SiA），直径 1.2 mm。

（4）焊接设备：NBC - 350 型，直流反接。

（5）焊接要求：单面焊双面成形。

2. 焊接参数

焊接参数见表 2—5—1。

3. 试件装配

（1）修磨钝边 0.5 ~ 1.0 mm，无毛刺，错边量≤0.5 mm。

表 2—5—1　V 形坡口 ϕ89 mm Q235 管管对接水平固定焊的焊接参数

焊接层次	焊丝直径	焊接电流（A）	电弧电压（V）	焊接速度（cm/h）	气体流量（L/min）
打底焊	1.2 mm	100～110	18～20	20～22	10～15
填充焊		110～120	20～24	22～24	
盖面焊		100～120	20～24	22～24	

（2）用钢丝刷等工具将试件坡口正、反两面及两侧各 20 mm 左右范围内的油污、铁锈、鳞皮和脏物等仔细清理干净，打磨至露出金属光泽，并涂防堵剂。

（3）装配间隙为 2.5～3.0 mm，上部（平焊位）为 3.0 mm，下部（仰焊位）为 2.5 mm，起焊位置间隙为 2.5 mm。

（4）在试件 10 点、2 点位置定位焊。采用与试件相同牌号的焊丝，焊缝长度为 8～10 mm，要求焊透焊点，两端修磨成斜坡，利于接头。如图 2—5—1、图 2—5—2 所示。

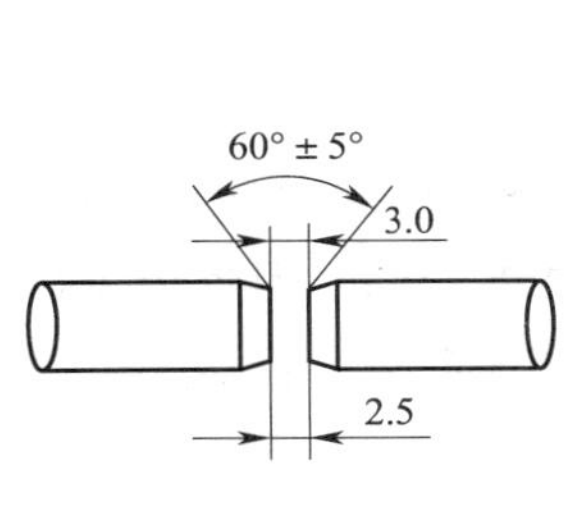

图 2—5—1　试件定位焊缝

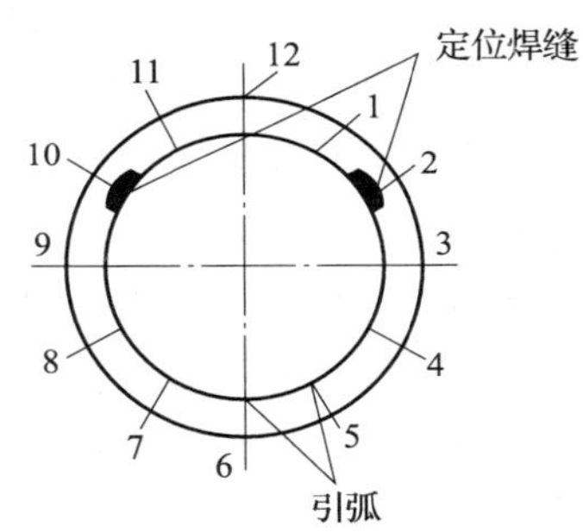

图 2—5—2　定位焊点位置

4. V 形坡口 ϕ89 mm Q235 管管对接水平固定焊操作要点

（1）打底焊

1）引弧。引弧时，焊炬在 5 点与 6 点间的位置对准坡口根部一侧引弧，引燃电弧后，稍加稳弧后移向坡口另一端并稍加停顿，通过坡口两侧的熔滴搭桥建立第一个熔池，之后电弧做小幅度横向摆动，在前方出现熔孔后即可进入正常焊接。

2）焊接。操作过程中，在仰焊位置为获得较为饱满的背面成形，焊炬做小锯齿形摆动的速度要快些，以避免局部高热熔滴下坠，熔孔比立焊位置小些，以熔化坡口钝边0.5～1.0 mm 为宜；由仰位至立位时，焊炬摆动速度应逐步放慢，并增加电弧在坡口两侧的停留时间；当焊至 9 点钟位置时中止焊接，以调整焊工身体位置，保证以最佳的焊炬角度施焊。从立位至平位，焊炬在坡口中间摆动速度要加快，坡口两侧适当停顿，并适当减小熔孔尺寸，以防止管子背面焊缝超高；焊至顶部 12 点位置时不应停止，要继续向前施焊 5～10 mm。

每次接弧时焊炬要对准熔池前部的 1/3 左右处，使每个熔池覆盖前一个熔池的 2/3 左右，焊接顺序及焊炬角度如图 2—5—3 所示。

3）焊接过程中要使熔池的形状大小保持一致，控制电弧，熔孔始终深入每侧母材 0.5～1.0 mm，保证一次性完成打底层焊接。

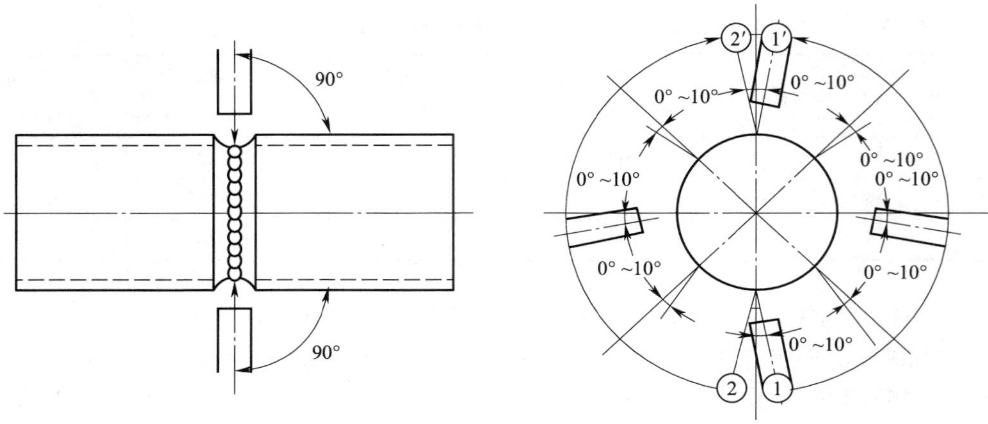

图 2—5—3 焊接顺序及焊炬角度

4）先焊前半圈，用角向砂轮将始焊处和终焊处打磨成斜坡状，然后再继续管子后半部的焊接，操作方法与前半部相同。接头时，可在熔池的前端引弧，移向接头的斜坡处，待形成新的熔孔后，即可恢复正常焊接。收弧时，在坡口边缘停弧，焊炬不能马上离开熔池，待熔池完全凝固后再移开。

（2）填充焊

填充层焊接前将打底层表面的飞溅物清理干净，打磨平整接头凸起处，清理喷嘴飞溅物，调试好焊接参数，即可引弧焊接。焊炬角度与打底焊基本相同，但焊炬锯齿形摆动幅度要大些，并注意在坡口两侧适当停顿，保证焊道与母材良好熔合，控制填充量，使其焊道表面低于管子表面 1.5 ~ 2 mm，坡口棱边保持完好。

（3）盖面焊

盖面层焊接的操作方法与填充焊相同，因焊缝加宽，则焊炬的摆动幅度应加大，控制焊炬在坡口两侧稍作停顿，回摆速度放缓，使熔池边缘熔化棱边 1 mm 左右。运丝速度要均匀，熔池间的重叠量要一致，才能保证焊缝表面平整、成形美观。

5. 评分标准（见表 2—5—2）

表 2—5—2 评分标准

序号	项目	配分	评分标准	扣分	得分
1	正面余高	4	允许高度≤4 mm，每超 1 mm 扣 2 分		
2	正面宽度	4	允许宽度 10 ~ 12 mm，每超 1 mm 扣 1 分		
3	表面粘丝	8	点渣 < 2 mm，每处扣 2 分；条、块渣 > 2 mm，每处扣 4 分		
4	咬边	8	深 < 0.5 mm、10 mm 扣 1 分；深 > 0.5 mm、5 mm 扣 2 分		
5	起头、接头	8	接头脱节或超高（起焊未顶端、收尾不到位）每处扣 2 分		
6	焊缝成形	12	要求细、匀、整齐、光滑		

续表

序号	项目	配分	评分标准	扣分	得分
7	错口与角变形	4	允许错口 1 mm，超 1 mm 扣 1 分；允许角变形 3°，超 1°扣 1 分		
8	焊缝背面余高	4	允许余高 1 ~ 3 mm，每超 1 mm 扣 2 分		
9	缩孔（含气孔）	10	每个缩孔扣 2 分		
10	未熔合、未焊透	10	未熔合每长 5 mm 扣 1 分，未焊透每长 5 mm 扣 2 分		
11	背面穿丝	8	点渣 < 2 mm，每处扣 2 分；条、块渣 > 2 mm，每处扣 4 分		
12	焊瘤	8	每个扣 3 分		
13	背面成形	8	要求细、匀、整齐、光滑		
14	试件清理	4	清理不干净扣 4 分，电弧擦伤每处扣 1 分		
15	文明生产	不配分，可根据情况倒扣分	不服从管理，未穿戴好劳保用品，每处扣 3 分，按规定安全技术操作，遵守考场纪律		

课后练习

一、判断题

（　　）1. 由于二氧化碳气体保护焊比普通埋弧电弧焊的弧光更强，紫外线辐射更强烈，应选用颜色更深的滤光片。

（　　）2. 采用二氧化碳气体电热预热器时，电压应低于 36 V，外壳不要可靠接地。

（　　）3. 由于二氧化碳是以高压液态盛装在气瓶中，要防止二氧化碳气瓶直接受热，气瓶不能靠近热源，还要防止气瓶剧烈振动。

（　　）4. 应加强个人防护，戴好面罩、手套，穿好工作服、工作鞋。

（　　）5. 当焊丝送入导电嘴后，不允许将手指放在焊炬的末端来检查焊丝送出情况；也不允许将焊炬放在耳边来试探保护气体的流动情况。

（　　）6. 二氧化碳气瓶使用二氧化碳气体电热预热器时，其电压应采用 220 V。

二、选择题

1. 二氧化碳气体保护焊焊机（　　）调试时，要注意和检查导电嘴与焊丝间的接触情况。

A. 电源　　B. 焊机　　C. 规程　　D. 安装

2. 二氧化碳气瓶使用二氧化碳气体电热预热器时，其电压应采用（　　）V。

A. 220　　B. 110　　C. 60　　D. 36

三、简答题

二氧化碳气体保护焊安全操作规程有哪些？

课题六　V 形坡口 ϕ108 mm Q235 管管对接垂直固定焊

学习目标

1. 了解药芯焊丝气体保护焊的原理。
2. 了解药芯焊丝气体保护焊的特点。
3. 掌握 V 形坡口 ϕ108 mm Q235 管管对接垂直固定焊操作。

药芯焊丝是继电焊条、二氧化碳电弧焊实心焊丝之后广泛应用的又一类二氧化碳电弧焊焊接材料之一。

二氧化碳电弧焊药芯焊丝是作为填充金属的电弧焊方法。药芯焊丝电弧焊根据外加保护方式不同分为药芯焊丝气体保护电弧焊、药芯焊丝埋弧焊及药芯焊丝自保护焊。药芯焊丝气体保护焊又有药芯焊丝二氧化碳气体保护焊、药芯焊丝熔化极惰性气体保护焊和药芯焊丝混合气体保护焊等。其中应用最广的是药芯焊丝二氧化碳气体保护焊。

一、药芯焊丝气体保护焊的原理

药芯焊丝气体保护焊的基本工作原理与普通熔化极气体保护焊一样，是以可熔化的药芯焊丝作为电极及填充材料，在外加气体如二氧化碳的保护下进行焊接的电弧焊方法。与普通熔化极气体保护焊的主要区别在于焊丝内部装有药粉，焊接时，在电弧热作用下熔化状态的药芯焊丝、焊丝金属、母材金属和保护气体相互之间发生冶金作用，同时形成一层较薄的液态熔渣包覆熔滴并覆盖熔池，对熔化金属形成了又一层的保护。实质上这种焊接方法是一种气渣联合保护的方法。

二、药芯焊丝气体保护焊的特点

药芯焊丝气体保护焊综合了焊条电弧焊和普通熔化极气体保护焊的优点。其主要优点如下：

（1）采用气渣联合保护，保护效果好，抗气孔能力强，焊缝成形美观，电弧稳定性好，飞溅少且颗粒细小。

（2）焊丝熔敷速度快，熔敷速度明显高于焊条，并略高于实心焊丝，熔敷效率和生产率都较高，生产率比焊条电弧焊高 3 ~ 4 倍，经济效益显著。

（3）焊接各种钢材的适应性强，通过调整药粉的成分与比例，可焊接和堆焊不同成分的钢材。

（4）由于药粉改变了电弧特性，对焊接电源无特殊要求，交、直流，平缓外特性均可。

药芯焊丝气体保护焊也有不足之处：焊丝制造过程复杂；送丝较实心焊丝困难，需要采用降低送丝压力的送丝机构等；焊丝外表易锈蚀、药粉易吸潮，故使用前应对焊丝外表进行清理并进行250～300℃的烘烤。

三、V形坡口ϕ108 mm Q235管管对接垂直固定焊操作

1. 焊前准备

(1) 试件材料：Q235 (A3)。

(2) 试件尺寸：ϕ108 mm×6 mm，长度 (L) =200 mm，60°±2° V形坡口。

(3) 焊接材料：焊丝牌号：ER49－1 (H08Mn2SiA)，ϕ1.2 mm (二氧化碳电弧焊用碳钢、低合金钢焊丝)。

(4) 焊接要求：单面焊双面成形。

(5) 焊接设备：NBC－350型二氧化碳半自动焊机，直流反接，二氧化碳气瓶减压流量调节器。

2. 焊接参数

焊接参数见表2—6—1。

表2—6—1　V形坡口ϕ108 mm Q235管管对接垂直固定焊焊接参数

焊接层次	焊丝直径	焊接电流 (A)	电弧电压 (V)	焊接速度 (cm/h)	气体流量 (L/min)
打底焊	1.2 mm	100～110	18～20	20～22	10～15
填充焊		110～120	20～22		
盖面焊		110～120	20～22		

3. 试件装配

(1) 清理管子坡口内两侧各20 mm范围的油污、水分及其他污物，露出金属光泽。

(2) 修磨钝边0.8～1.0 mm，无毛刺。

(3) 装配间隙为2～2.5 mm，起焊于2.5 mm间隙处，错边量≤0.5 mm。

(4) 定位焊三处，如图2—6—1所示，焊缝长度为10～15 mm，要求焊透，不得有穿丝、未焊透等缺陷，焊点两端修成斜坡，接头到位。

4. V形坡口ϕ108 mm Q235管管对接垂直固定焊操作要点

ϕ108 mm Q235管管对接垂直固定焊可分三层六道焊接，如图2—6—2所示。

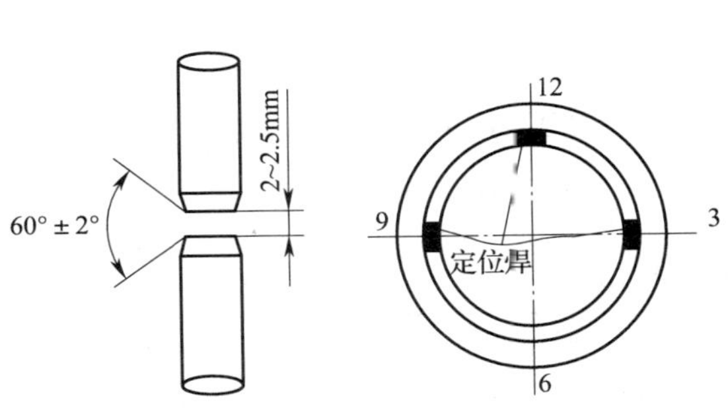

图2—6—1　管子定位焊缝及起焊位置

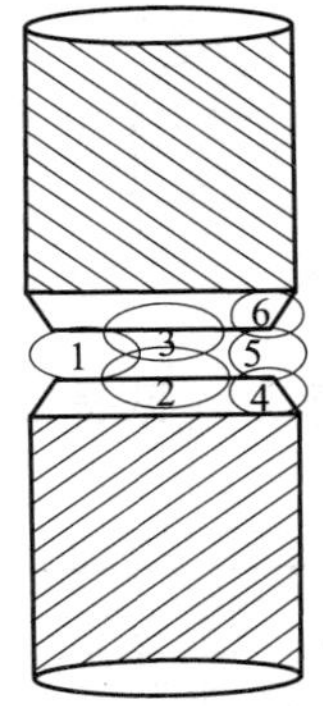

图2—6—2　对接垂直固定焊的焊道分布

（1）打底焊

1）调试好焊接参数后，从右向左进行焊接，沿焊接方向角度为80°～90°，打底焊的焊炬角度如图2—6—3所示。在试件定位焊缝上引弧，以小幅度锯齿形或斜圆圈形运丝摆动，并保持熔孔边缘超过坡口上、下棱边0.5～1.0 mm。焊接过程中要仔细观察熔池和熔孔，调整焊接速度及焊炬摆幅。

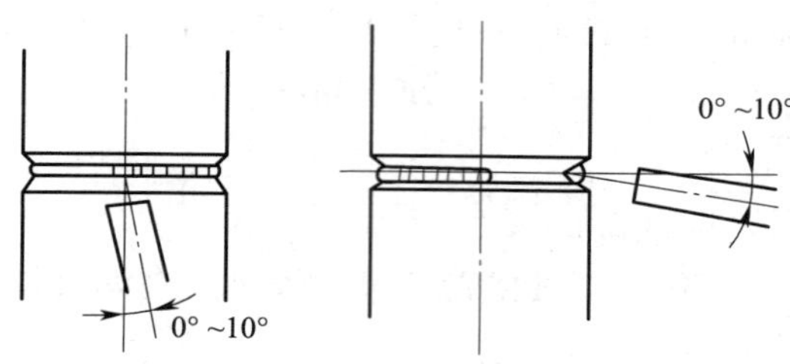

图2—6—3　打底焊的焊炬角度

2）若打底焊过程中电弧中断，将接头处焊道打修磨成斜坡，然后在斜坡的高处收弧，并以小幅度锯齿形运丝摆动，当接头区前端形成熔孔后，继续焊完打底焊道。

（2）填充焊

1）调试好填充焊接参数、焊炬对中位置及角度，进行填充焊道2与3的焊接，整个填充焊层应低于母材表面1.0～1.2 mm。

2）填充焊道2时，焊炬呈0°～10°俯角，焊炬角度如图2—6—4所示。电弧以打底焊道的下沿为中心做横向斜圆圈形摆动，保证上、下坡口熔合好。

3）填充焊道3时，焊炬呈0°～10°倾角，如图2—6—4所示。电弧以打底焊道上沿为中心，在焊道2和上坡口面间摆动，重叠前一焊道1/2～2/3。

（3）盖面焊

清除填充焊道的表面飞溅物，保持焊道平整。调试好盖面焊参数、焊炬对中位置及角度，进行盖面焊道4、5、6的焊接，如图2—6—5所示。

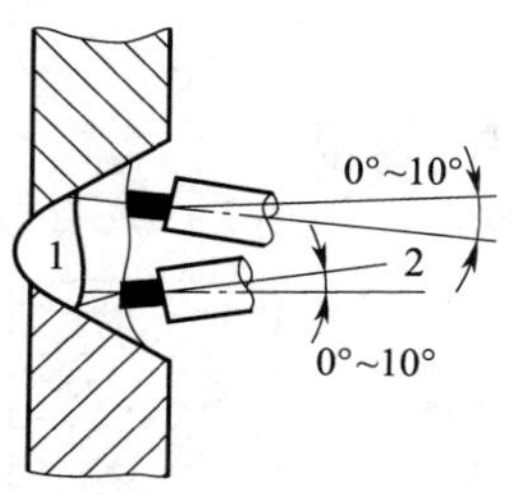

图2—6—4　填充焊的焊炬角度

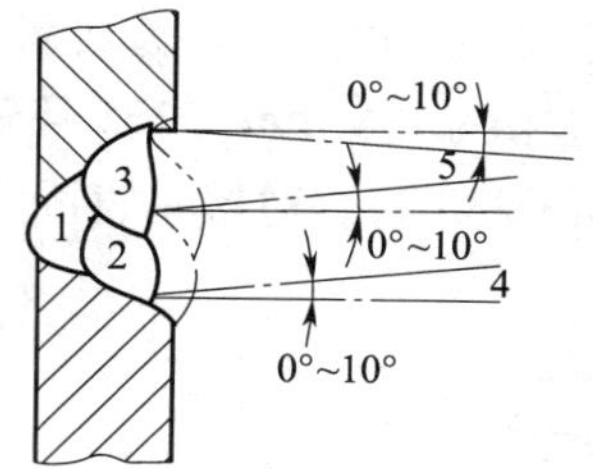

图2—6—5　盖面焊的焊炬角度

5. 评分标准（见表2—6—2）

表2—6—2　　**评分标准**

序号	项目	配分	评分标准	扣分	得分
1	正面余高	4	允许高度≤4 mm，每超1 mm扣2分		
2	正面宽度	4	允许宽度10～12 mm，每超1 mm扣1分		

续表

序号	项目	配分	评分标准	扣分	得分
3	表面沾丝	8	点渣 < 2 mm，每处扣 2 分；条、块渣 > 2 mm，每处扣 4 分		
4	咬边	8	深 < 0.5 mm、10 mm 扣 1 分；深 > 0.5 mm、5 mm 扣 2 分		
5	起头、接头	8	接头脱节或超高（起焊未顶端、收尾不到位）每处扣 2 分		
6	焊缝成形	12	要求细、匀、整齐、光滑		
7	错口与角变形	4	允许错口 1 mm，超 1 mm 扣 1 分；允许角变形 3°，超 1°扣 1 分		
8	焊缝背面余高	4	允许余高 1 ~ 3 mm，每超 1 mm 扣 2 分		
9	缩孔（含气孔）	10	每个缩孔扣 2 分		
10	未熔合、未焊透	10	未熔合每长 5 mm 扣 1 分，未焊透每长 5 mm 扣 2 分		
11	背面穿丝	8	点渣 < 2 mm，每处扣 2 分；条、块渣 > 2 mm，每处扣 4 分		
12	焊瘤	8	每个扣 3 分		
13	背面成形	8	要求细、匀、整齐、光滑		
14	试件清理	4	清理不干净扣 4 分，电弧擦伤每处扣 1 分		
15	文明生产	不配分，可根据情况倒扣分	不服从管理，未穿戴好劳保用品，每处扣 3 分，按规定安全技术操作，遵守考场纪律		

课后练习

一、判断题

(　　) 1. 药芯焊丝气体保护焊采用气渣联合保护，保护效果好，抗气孔能力强，焊缝成形美观，电弧稳定性好，飞溅少且颗粒细小。

(　　) 2. 药芯焊丝气体保护焊焊丝熔敷速度快，熔敷速度明显低于焊条，并略高于实心焊丝，熔敷效率和生产率都较高，生产率比焊条电弧焊高 3 ~ 4 倍，经济效益显著。

(　　) 3. 药芯焊丝气体保护焊焊接各种钢材的适应性强，通过调整药粉的成分与比例，不可焊接和堆焊不同成分的钢材。

(　　) 4. 药芯焊丝气体保护焊由于药粉改变了电弧特性，对焊接电源无特殊要求，交、直流，平缓外特性均可。

二、简答题

1. 什么是二氧化碳电弧焊药芯焊丝？

2. 简述二氧化碳电弧焊药芯焊丝的原理及特点。

课题七　低碳钢板气电立焊

学习目标

1. 了解药芯焊丝的组成和碳钢药芯焊丝的型号。
2. 了解药芯焊丝的牌号。
3. 熟悉药芯焊丝二氧化碳气体保护焊焊接参数。
4. 掌握低碳钢板电立焊操作。

一、药芯焊丝的组成

药芯焊丝是由金属外皮（如08A）和心部药粉组成，即由薄钢带卷成圆形钢管或异形钢管的同时，填满一定成分的药粉后经拉制而成。其截面形状有E形、O形、梅花形、中间填丝形、T形等。药粉的成分与焊条的药皮类似。目前国产的二氧化碳气体保护焊药芯焊丝多为钛型药粉焊丝，规格有直径1.2 mm、1.6 mm、2.0 mm、2.4 mm、2.8 mm、3.2 mm等几种。

二、碳钢药芯焊丝的型号

根据GB/T 10045—2001《碳钢药芯焊丝》标准规定，碳钢药芯焊丝型号是根据熔敷金属力学性能、焊接位置及焊丝类别特点（如保护类型、电源类型及渣系特点等）进行划分的。

字母“E”表示焊丝，“T”表示药芯焊丝，字母“E”后面的2位数字表示熔敷金属抗拉强度最小值。第三位数字表示推荐的焊接位置，其中“0”表示平焊和横焊位置，“1”表示全位置。短划“—”后面的数字表示焊丝的类别特点，字母“M”表示保护气体为氩气含量为75%～80%的氩气和二氧化碳混合气体；当无字母“M”时，表示保护气体为二氧化碳或自保护类型。字母“L”表示焊丝熔敷金属的冲击性能在－40℃时，其V形缺口冲击功不小于27 J；无“L”时，表示焊丝熔敷金属的冲击性能符合一般要求。如E501T—1ML。

三、药芯焊丝的牌号

焊丝牌号以字母“Y”表示药芯焊丝，其后字母表示用途或钢种类别。字母后的第一、二位数字表示熔敷金属抗拉强度最小值，单位是MPa。第三位数字表示药芯类型及电源种类（与电焊条相同），第四位数字代表保护形式。例：YJ502－1。

四、药芯焊丝二氧化碳气体保护焊的焊接参数

药芯焊丝二氧化碳气体保护焊的焊接工艺与实心焊丝二氧化碳气体保护焊相似，其焊

接参数主要有焊接电流、电弧电压、焊接速度、焊丝伸出长度等。电源一般采用直流反接，焊丝伸出长度一般为 15 ~ 25 mm，焊接速度通常在 30 ~ 50 cm/min 范围内。焊接电流与电弧电压必须恰当匹配，一般焊接电流增加，电弧电压应适当提高。

五、二氧化碳气电立焊的原理和特点

1. 二氧化碳气电立焊原理

气电立焊是厚板立焊时，在接头两侧使用成形器具（固定式或移动式冷却块）保持熔池形状，强制焊缝成形的一种电弧焊，通常加二氧化碳气体保护熔池。其优点是可不开坡口焊接厚板，生产率高，成本低。

2. 二氧化碳气电立焊特点

气电立焊设备主要由焊接电源、导电嘴、水冷滑块、送丝机构、焊丝摆动机构和供气装置等组成。图 2—7—1 是气电立焊的示意图，它利用水冷滑块挡住熔化金属，使之强迫成形，以实现立向位置焊接，保护气体可采用单一的二氧化碳气体，也可采用混合气体（如 CO_2 + Ar），焊丝连续向下送入由焊件坡口面和两个水冷滑块面形成的凹槽中，在焊丝与母材金属之间形成电弧，并不断熔化和流向电弧下的熔池中。随着熔池上升，电弧与水冷滑块也随着上移，原先的凹槽被熔化金属填充，形成焊缝。

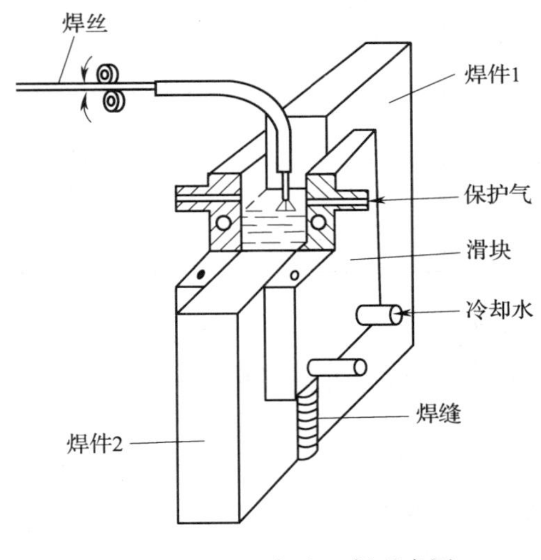

图 2—7—1　气电立焊示意图

六、低碳钢板电立焊操作

1. 低碳钢板电立焊操作及注意事项

（1）焊前准备

1）焊接材料。采用气电立焊专用二氧化碳药芯焊丝，陶质衬垫随用随拆，如用未用完的储放时间较长的要 200 ~ 250℃ 烘焙 1 小时后才使用；二氧化碳气体纯度不低于 99.5%，含水量小于 0.05%。

2）操作环境。风速小于 3 m/s 进行焊接操作，露天焊接作业时采取有效防风、防雨措施或停止焊接作业；焊接环境温度低于0℃时，应对焊件进行适当预热，并在水箱中加入防冻剂。

3）坡口形式。一般采用I形坡口、单面焊V形坡口或X形坡口等，坡口角度和装配间隙由焊件的厚度决定。

（2）装配定位

1）装配时，在坡口背面的板上装焊“Ⅱ”定位板，板厚为10～16 mm，规格为200 mm×120 mm，在200 mm边中间开80 mm×40 mm方孔。

2）对接接头装配的错边量≤1 mm，如>3 mm时应将厚板削斜至薄板一侧相平。

3）将坡口两侧30 mm范围内打磨至露出金属光泽，以便于正面水冷滑块顺利移动和背面衬垫贴紧。

4）焊缝背面安装陶质衬垫时，衬垫型槽中心线与焊缝中心线对正，使衬垫型槽紧贴焊件。

（3）气电立焊焊接参数

气电立焊焊接参数见表2—7—1。

表2—7—1　　气电立焊焊接参数

<table>
<tr><th>板厚（mm）</th><th>焊接电流（A）</th><th>电压（V）</th><th>焊接速度（cm/min）</th><th>焊丝伸出长度（mm）</th><th>保护气体流量（L/min）</th><th>冷却水的流量（L/min）</th><th>电源极性</th></tr>
<tr><td>12～14</td><td>290～350</td><td>29～30</td><td>10～13</td><td rowspan="4">30～40</td><td rowspan="4">25～35</td><td rowspan="4">3～5</td><td rowspan="4">平特性，直流反接</td></tr>
<tr><td>16～20</td><td rowspan="3">360～380</td><td>32～34</td><td>8～10</td></tr>
<tr><td>21～25</td><td>33～35</td><td>6～7</td></tr>
<tr><td>26～33</td><td>34～36</td><td>4～5</td></tr>
</table>

（4）气电立焊焊接设备安装

1）将垂直自动焊接设备吊起并固定在合适的焊接位置，并接通气管、水管、控制线路等。

2）用升降装置将导轨安装在距焊缝200 mm处，要与焊缝平行，上下导轨之间连接应无缝隙，并用螺钉拧紧，导轨的顶端应与焊件连接固定，导轨应在装前清理干净。

3）将垂直自动焊机装在焊缝始端，用离合器锁定备用，并检查焊缝导轨中有无障碍物。

4）将二氧化碳药芯焊丝装在自动焊机丝盘上，调整焊丝伸出长度为30～40 mm。

5）在焊缝坡口正面安放水冷滑块，滑块中的方孔型槽位置与坡口正面对正，槽宽度与坡口正面宽度相一致，见表2—7—2，滑块应保持通气孔清洁、光滑，且与焊件顶紧，用力适中。

表2—7—2　　气电立焊滑块型槽宽度　　mm

坡口宽度	17	18～21	22～25	26～29	30
型槽宽度	20	24	28	32	36

6）将送丝软管安装在升降吊架弯管上，检查导电嘴，调节焊丝伸出长度和焊炬角度。如果需要运丝摆动可将摆幅与两端停留时间，一般停留时间 1～3 s，在焊前事先调整到位。

（5）气电立焊操作步骤

1）调整焊炬角度，在垂直焊接时与焊件表面呈 5°～10°夹角，焊炬高度在导电嘴顶端与滑块上保护气体输出口下沿的垂直距离 30～40 mm 处，将焊炬调节到始焊点，使焊丝向坡口正面偏移，处于坡口截面的中心位置。

2）开通二氧化碳气体，流量为 25～35 L/min。

3）开启冷却循环水，且流量为 3～5 L/min。

4）焊接时观察焊丝起焊点位置、正反面焊缝热量分布情况，如有异常及时调节电弧位置和焊接参数；同时观察滑块中心位置，控制熔池液面距离出气孔 5～10 mm，用绝缘棒随时清除保护气体盒里的飞溅物。

5）焊接停止时，按停止按扭，小车行走和送丝立即停止，电弧熄灭，等待熔池凝固后再松开滑块。

6）焊接结束后，切断电源开关，再关闭水、气、水泵等电源。

2. 评分标准（见表 2—7—3）

表 2—7—3　　评分标准

序号	项目	配分	评分标准	扣分	得分
1	正面余高	4	允许余高 3 mm，每超 1 mm 扣 2 分		
2	正面宽度	4	允许宽度 10～12 mm，每超 1 mm 扣 1 分		
3	表面沾丝	8	点渣 <2 mm，每处扣 2 分；条、块渣 >2 mm，每处扣 4 分		
4	咬边	8	深 <0.5 mm、10 mm 扣 1 分；深 >0.5 mm、5 mm 扣 2 分		
5	起头、接头	8	接头脱节或超高（起焊未顶端、收尾不到位）每处扣 2 分		
6	焊缝成形	12	要求细、匀、整齐、光滑		
7	错口与角变形	4	允许错口 1 mm，超 1 mm 扣 1 分；允许角变形 3°，超 1°扣 1 分		
8	焊缝背面余高	4	允许余高 1～3 mm，每超 1 mm 扣 2 分		
9	缩孔（含气孔）	10	每个缩孔扣 2 分		
10	送气、送丝	10	正确送气、送丝		
11	冷滑块	8	操作或夹紧		
12	设备操作	6	要求动作灵活		
13	背面成形	8	要求细、匀、整齐、光滑		
14	试件清理	6	清理不干净扣 4 分，电弧擦伤每处扣 1 分		
15	文明生产	不配分，可根据情况倒扣分	不服从管理，未穿戴好劳保用品，每处扣 3 分，按规定安全技术操作，遵守考场纪律		

课后练习

一、判断题

(　　) 1. 气电立焊是厚板立焊时，在接头两侧使用成形器具（可分固定式或移动式冷却块）保持熔池形状，强制焊缝成形的一种电弧焊。

(　　) 2. 气电立焊的熔深是指对接接头侧面母材的熔入深度。

(　　) 3. 气电立焊保护气体可采用单一的二氧化碳气体也可采用混合气体（如 CO_2+Ar）。

(　　) 4. 目前国产的二氧化碳气体保护焊药芯焊丝多为钛型药粉焊丝。

二、简答题

1. 什么是气电立焊?

2. 简述气电立焊原理及特点。

模块三
手工钨极氩弧焊

课题　手工钨极氩弧焊管管对接单面焊双面成形

掌握手工钨极氩弧焊管管对接单面焊双面成形焊接参数选择及基本操作方法，熟悉起头、接头、收尾、运丝方法；焊炬角度随管圆弧的变化而变化，控制熔池温度、熔池形状、短弧等的操作方法，能够进行手工钨极氩弧焊管管对接单面焊双面成形；能够进行手工钨极氩弧焊管管对接单面焊双面成形氩弧焊打底、焊条电弧焊填充、盖面焊操作。

子课题一　V 形坡口 ϕ42 mm 低合金钢管管对接水平固定焊

学习目标

1. 了解钨极氩弧焊的焊接材料。
2. 掌握 V 形坡口 ϕ42 mm 低合金钢管管对接水平固定焊。

一、钨极氩弧焊的焊接材料

钨极氩弧焊的焊接材料主要是钨极、氩气和焊丝。

1. 钨极

钨极氩弧焊要求钨极具有电流容量大、损耗小、引弧和稳弧性能好等特性。

常用的钨极有纯钨极、钍钨极和铈钨极三种。纯钨极（如牌号 W_1、W_2）要求电源空载电压高，且易烧损；钍钨极（如牌号 WTh10、WTh7）有微量放射性，对人体有害；而铈钨极（如牌号 WCe20）克服了纯钨极和钍钨极的缺点，因而应用最广。

2. 氩气

氩气（Ar）是一种无色、无味的单原子气体，相对原子质量为 39.95，氩气的质量约为空气的 1.4 倍，因为氩气比空气重，使用时不易飘浮散失，因此能在熔池上方形成一层较好的覆盖层，有利于保护熔池。另外，在用氩气保护焊接时，产生的烟雾较少，便于控制焊接熔池和电弧。

氩气是一种惰性气体，它既不与金属起化学反应，也不溶解于金属中。因此，可以避免焊缝金属中合金元素的烧损及由此带来的其他焊接缺陷，使得焊接冶金反应变得简单和容易控制。

氩气的另一个应用特点是热导率小且是单原子气体，高温时不分解、不吸热，所以在氩气中燃烧的电弧热量损失较少。在氩弧焊接中，电弧一旦引燃，燃烧就很稳定。在各种保护气体中，氩弧的稳定性最好，即使在低电压时也十分稳定。氩气对电弧的热收缩效应较小，加上氩弧的电位梯度和电流密度不大，即使氩弧长度稍有变化，也不会显著地改变电弧电压。因此氩弧焊接电弧稳定，很适合于手工焊接操作。

氩弧焊对氩气的纯度要求很高，如果氩气中含有一些氧、氮和少量其他气体，将会降低氩气的保护性能，对焊接质量造成不良影响。按我国现行标准规定，其纯度应达到99.99%。焊接用工业纯氩以瓶装供应，在温度20℃时满瓶压力为14.7 MPa，容积一般为40 L。氩气钢瓶外表涂灰色，并标有深绿色“氩气”的字样。

3．焊丝

焊丝选用的原则是熔敷金属化学成分或力学性能与被焊材料相当。在此之前已经介绍过。

二、V形坡口 ϕ42 mm 低合金钢管管对接水平固定焊

1．焊接前准备

（1）坡口的加工制作：所需尺寸如图3—1—1所示。

（2）试件材料：Q235钢管。

（3）焊接要求：单面焊双面成形。

（4）焊接材料：焊丝的牌号为ER49－1（H08Mn2SiA），直径为2 mm。氩气纯度为99.99%。电极为铈钨极，直径为2.5 mm，将其尖角磨成圆锥平台，不要太尖，如图3—1—2所示。

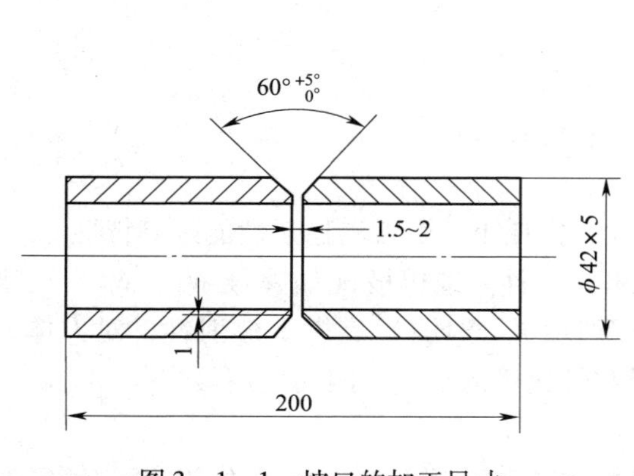

图3—1—1　坡口的加工尺寸

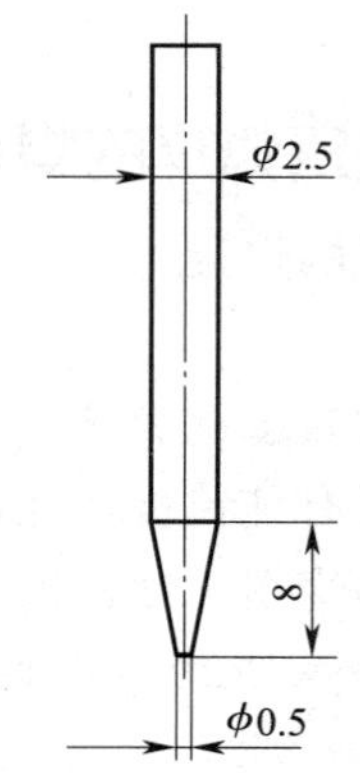

图3—1—2　铈钨极尺寸

（5）焊接设备：ZX7－400ST。

2. 试件装配定位焊

（1）钝边：修磨钝边 0～0.5 mm。

（2）焊前清理：用角向磨光机、砂子、内磨头，将焊接区域 10～20 mm 范围内和焊丝表面的铁锈、油污、水分清理干净，直到露出金属光泽为止，然后用丙酮进行清洗。

（3）装配间隙：1.5～2.0 mm，错边量≤0.5 mm，如图 3—1—1 所示。

（4）定位焊：一点定位，焊缝长度 10 mm 左右，并保证该处的间隙大于 2.0 mm，定位点两端应先打磨成斜坡，以便于接头，如图 3—1—3 所示。

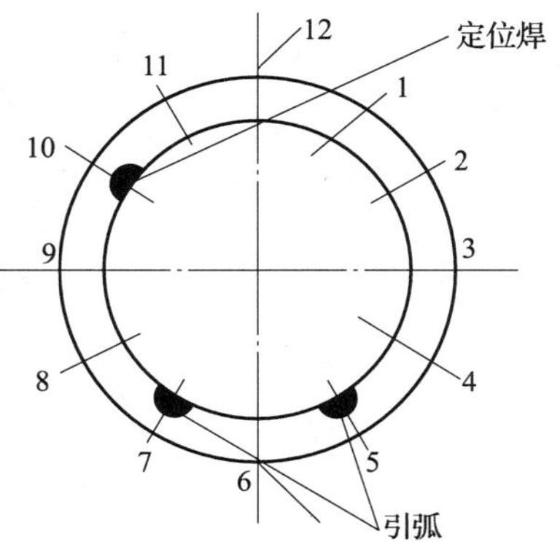

图 3—1—3　定位焊点图

3. 焊接参数

焊接参数见表 3—1—1。

表 3—1—1　　焊接参数

焊接层次	焊丝直径（mm）	焊接电流（A）	钨极直径（mm）	气体流量（L/min）	喷嘴直径（mm）	喷嘴到工件距离（mm）
打底层	φ2	90～100	φ2.5	5～8	8	≤10
盖面层		90～100	φ2.5	5～8	8	≤10

4. 操作要点

焊缝分左右两个半圈进行，在仰焊位置起焊，平焊位置收弧，每个半圈都存在仰、立、平三个不同位置。采用两层两焊道，按两个半圈进行焊接。

（1）打底层焊接

1）引弧。在管道横截面上相当于“时钟 5 点”位置（焊前半圈）和“时钟 7 点”位置（焊后半圈）引弧，如图 3—1—3 所示。

引弧时，钨极端部应离开坡口面 1～2 mm，利用高频引弧装置引燃电弧。引弧后先不加焊丝，待根部钝边熔化形成熔池后，即可填丝焊接。为使背面成形良好，熔化金属应送至坡口根部。为防止始焊处产生裂纹，始焊速度应稍慢并多填焊丝，以便焊缝加厚。

2）送丝。在管道根部横截面上相当于“时钟 4 点”至“时钟 8 点”位置采用内填丝法，即焊丝处于坡口钝边内。在焊接横截面上相当于“时钟 8 点”至“时钟 12 点”位置时，则应采用外填丝法，如图 3—1—4a、b 所示。

若全部采用外填丝法，则坡口间隙应适当减少，一般为 1.5～2.5 mm。在整个施焊过程中，应保持等速送丝，焊丝端部始终处于氩气保护区内。

3）焊炬、焊丝与管的相对位置。钨极与管子轴线成 90°，焊丝沿管子切线方向，与钨极成约 100°～110°，如图 3—1—5 所示。

当焊至横截面上相当于“时钟 10 点”至“时钟 2 点”的斜平焊位置时，焊炬略后倾。此时焊丝与钨极成 100°～120°。

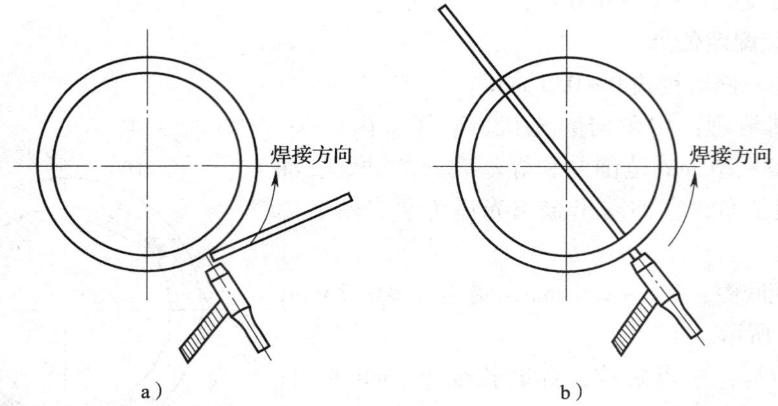

图 3—1—4　填丝法

a）外填丝法　b）内填丝法

4）焊接。引燃电弧，控制电弧长度为 2 ~ 3 mm。此时，焊炬暂留在引弧处，待两侧钝边开始熔化时立刻送丝，使填充金属与钝边完全熔化形成明亮清澈的熔池后，焊炬匀速上移。伴随连续送丝，焊炬同时做小幅度锯齿形横向摆动。仰焊部位送丝时，应有意识地“推”焊丝根部使管壁内部的熔池成形饱满，以免根部出现凹坑。当焊至平焊位置时，焊炬略向后倾，焊接速度加快，以免熔池温度过高而下坠。若熔池过大，可利用电流衰减功能，适当降低熔池温度，以免仰焊位置出现凹坑或立焊、平焊位置出现焊瘤。

5）接头。若施焊过程中断或更换焊丝时，应先将收弧处焊缝打磨成斜坡状，在斜坡后约 10 mm 处重新引弧，电弧移至斜坡内时稍加焊丝，当焊至斜坡端部出现熔孔后，立即送丝并转入正常焊接。焊至定位焊缝斜坡处接头时，电弧稍做停留，暂缓送丝，待熔池与斜坡端部完全熔化后再送丝。同时焊炬应做小幅度摆动，使接头部位充分熔合，形成平整的接头。

6）收弧。收弧时，应向熔池送入 2 ~ 3 滴填充金属使熔池饱满，同时将熔池逐步过渡到坡口侧，然后切断控制开关，电流衰减，熔池温度逐渐降低，熔池由大变小，形成椭圆形。电弧熄灭后，应延长对收弧处氩气保护，以免氧化，出现弧坑裂纹及缩孔。

前半圈焊完后，应将仰焊起弧处焊缝端部修磨成斜坡状。后半圈施焊时，仰焊部位的接头方法与上述接头焊相同，其余部分焊接方法与前半圈相同。当焊至横截面上相当于“时钟 12 点”位置收弧时，应与前半圈焊缝重叠 5 ~ 10 mm，如图 3—1—5 所示。

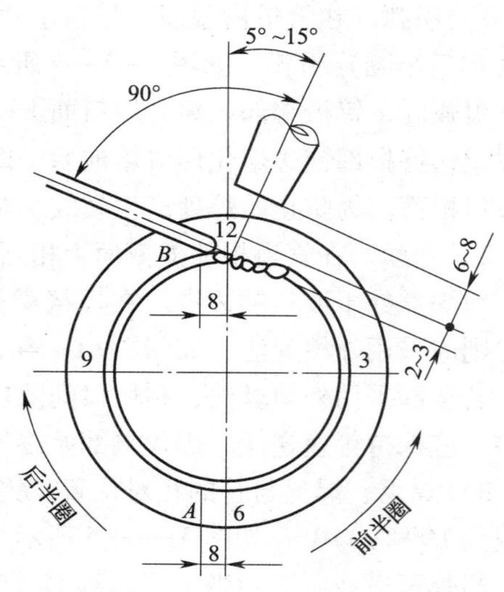

图 3—1—5　焊丝、焊炬、管子的角度

（2）盖面焊

清除打底焊道氧化物，修整局部凸出后，

盖面层焊接也分前、后半圈进行，操作方法如下：

1）焊炬应在时钟 6 点左右的位置起焊（见图 3—1—5），焊炬可做月牙形或锯齿形摆动，摆动幅度应稍大，待坡口边缘及打底焊道表面熔化，形成熔池后可加入填充焊丝，在仰焊部位每次填充的熔液应少些，以免熔敷金属下坠。

2）焊炬摆动到坡口边缘时，应稍做停顿，以保证熔合良好，防止咬边。在立焊部位，焊炬摆动频率应适当加快，以防止熔液下滴。在焊至平焊位置时，应稍多加填充金属，以便焊缝饱满，同时应尽量使熄弧位置前靠，以利后半圈收弧时接头。

3）后半圈的焊接方法与前半圈相同，当盖面焊缝封闭（收弧）时，应尽量继续向前施焊，并逐渐减少焊丝填充量，衰减电流熄弧。

5．评分标准（见表 3—1—2）

表 3—1—2　　评分标准

序号	项目	配分	评分标准	扣分	得分
1	对口整齐	5	小于 1 mm 扣 2 分，大于 1 mm 扣 5 分		
2	气孔	10	小于 1 mm 扣 2 分，大于 1 mm 扣 4 分，累计扣分		
3	咬边	10	深度小于 0.5 mm，长度大于 10 mm 扣 2 分，累计扣分		
4	焊瘤	10	高度大于 3 mm 扣 2 分，累计扣分		
5	焊缝尺寸	5	宽度大于 8 mm、长度小于 10 mm 扣 2 分，累计扣分		
6	焊缝宽窄一致	10	小于或等于 2 mm，每处扣 2 分		
7	焊缝纹形均匀	10	纹形不一样扣 3 分，不成形扣 5 分		
8	上、下接头	10	有高低和熔合缺陷一处扣 5 分		
9	管内成形	10	有熔合不良扣 3 分，有焊瘤扣 2 分		
10	外观、焊波整齐	20	视 2、3、4、5、6、7、8 项缺陷，存在 1 项扣 3 分		

课后练习

一、填空题

1. 常用的钨极有________、________、________三种。

2. 氩气是一种惰性气体，它既不与________反应，也不溶解于________中。

3. 用于氩弧焊的氩气按我国现行标准规定，其纯度应达到________。焊接用工业纯氩气以瓶装供应，在温度 20℃时满瓶压力为________ MPa，容积一般为________ L。氩气钢瓶外表涂________色，并标有________色“氩气”的字样。

二、判断题

（　　）1. 钨极氩弧焊时，氩气流量越大保护效果越好。

(　　) 2. 氩气不与金属起化学反应，高温时不溶于液态金属中。

(　　) 3. 几乎所有的金属材料都可以采用氩弧焊。

三、选择题

1. 钨极氩弧焊时，易爆物品距离焊接场所不得小于（　　）m。

A. 5　　B. 8　　C. 10　　D. 15

2. 钨极氩弧焊时，氩气流量（L/min）一般为喷嘴直径（mm）的（　　）倍。

A. 0.5~0.8　　B. 0.8~1.2　　C. 1.2~1.5　　D. 1.5~2.0

3. 钨极氩弧焊焊接不锈钢时应采用（　　）。

A. 直流正接　　B. 直流反接　　C. 交流电源　　D. 交直流电源

四、简答题

对钨极氩弧焊的钨极有哪些要求？

子课题二　V 形坡口 ϕ60 mm 低碳钢管管对接垂直固定焊

学习目标

1. 熟悉手工钨极氩弧焊焊接工艺。
2. 掌握 V 形坡口 ϕ60 mm 低合金钢管管对接垂直固定焊。

一、手工钨极氩弧焊焊接工艺

1. 焊前清理

对被焊材料的坡口、坡口附近 20 mm 范围内及焊丝进行清理，去除氧化膜和油污等。常用清理方法有机械清理、化学清理和化学—机械清理方法。

(1) 机械清理法

这种方法比较简便，而且效果较好，适用于大尺寸、焊接周期长的焊件。使用直径细小的钢丝刷等工具打磨，也可用刮刀铲去表面氧化膜，直至露出金属光泽。

(2) 化学清理法

这是依靠化学反应去除焊丝或工件表面氧化膜的方法，对于填充焊丝及小尺寸焊件，多采用化学清理法。这种方法具有清理效率高、质量稳定均匀、保持时间长等特点。

(3) 化学—机械清理法

先用化学清理法，焊前再对焊接部位进行机械清理。这种方法适用于质量要求高的焊件。

2. 焊接参数的选择

(1) 电源种类和极性

钨极氩弧焊可以使用直流电，也可以使用交流电。电源种类和极性可根据焊件材质进行选择。

1）焊接参数的选择。钨极氩弧焊采用直流反接时（即钨极为正极、焊件为负极），由于电弧阳极区温度高于阴极区温度，使接正极的钨棒容易过热而烧损，许用电流小，同时焊件上产生的热量不多，因而焊缝厚度较浅，焊接生产率低，所以很少采用。但是，直流反接有去除氧化膜的作用，对焊接铝、镁及其合金有利。因为铝、镁及其合金焊接时，极易氧化形成熔点很高的氧化膜（如 Al_2O_3的熔点为2 050℃）覆盖在熔池表面，阻碍基体金属和填充金属的熔合，造成未熔合、夹渣、焊缝表面形成皱皮及内部气孔等缺陷。

采用直流反接时，电弧空间的正离子由钨极的阳极区飞向焊件的阴极区，撞击金属熔池表面，将致密难熔的氧化膜击碎，以达到清理氧化膜的目的，这种作用称为“阴极破碎”作用，也称“阴极雾化”。尽管直流反接能将被焊金属表面的氧化膜去除，但钨极的许用电流小，易烧损、电弧燃烧不稳定，所以，铝、镁及其合金一般不采用此法而应尽可能使用交流电来焊接。

2）直流正接。钨极氩弧焊采用直流正接时（即钨极为负极、焊件为正极），由于电弧在焊件阳极区产生的热量大于钨极阴极区，致使焊件的焊缝厚度增加，焊接生产率高。而且钨极不易过热与烧损，使钨极的许用电流增大，电子发射能力增强，电弧燃烧稳定性比直流反接时好。但焊件表面是受到比正离子质量小得多的电子撞击，不能去除氧化膜，因此没有“阴极破碎”作用，故适合于焊接表面无致密氧化膜的金属材料。

3）交流钨极氩弧焊。由于交流电极性是不断变化的，这样在交流正极性的半周波中（钨极为负极），钨极可以得到冷却，以减小烧损。而在交流负极性的半周波中（焊件为负极）有“阴极破碎”作用，可以清除熔池表面的氧化膜。因此，交流钨极氩弧焊兼有直流钨极氩弧焊正、反接的优点，是焊接铝、镁及其合金的最佳方法，见表3—1—3。

表3—1—3　　电源种类和极性的选择

电源种类和极性	被焊金属材料
直流正接	低碳钢、低合金钢、不锈钢、耐热钢、铜、钛及其合金
直流反接	适用于各种金属的熔化极氩弧焊。钨极氩弧焊很少采用
交流电源	铝、镁及其合金

（2）钨极直径及端部形状

钨极直径主要按焊件厚度、焊接电流、电源极性来选择。如果钨极直径选择不当，将造成电弧不稳、严重烧损钨极和焊缝夹钨。钨极端部形状对电弧稳定性有一定影响，交流钨极氩弧焊时，一般将钨极端部磨成圆珠形；直流小电流施焊时，钨极可以磨成尖锥角；直流大电流时，钨极宜磨成钝角。为了使用方便，钨极一端常涂有颜色，以便识别，钍钨极为红色，铈钨极为灰色，纯钨极为绿色。

（3）焊接电流

焊接电流主要根据焊件厚度、钨极直径和焊缝空间位置来选择，过大或过小的焊接电流都会使焊缝成形不良或产生焊接缺陷。

（4）氩气流量和喷嘴直径

对于一定孔径的喷嘴，选用的氩气流量要适当，如果流量过大，不仅浪费，而且容易形成紊流，使空气卷入，对焊接区的保护不利；同时还会带走电弧区的热量，影响电弧稳定燃烧。而流量过小也不好，气流挺度差，容易受到外界气流的干扰，以致降低气体保护效果。通常氩气流量在 3～20 L/min 范围内。通常情况下，喷嘴直径随着氩气流量的增加而增加，一般为 5～14 mm。

（5）焊接速度

在一定的钨极直径、焊接电流和氩气流量条件下，焊速过快，会使保护气流偏离钨极与熔池，影响气体保护效果，易产生未焊透等缺陷。焊速过慢时，焊缝易咬边和烧穿。因此，应选择合适的焊接速度。

（6）电弧电压

电弧电压增加，焊缝厚度减小，熔宽显著增加；随着电弧电压的增加，气体保护效果随之变差。当电弧电压过高时，易产生未焊透、焊缝被氧化和气孔等缺陷。因此，应尽量采用短弧焊，电弧电压一般为 10～24 V。

（7）其他因素

其他因素包括喷嘴至焊件的距离、钨极伸出长度等。它们对焊接过程及气体保护效果都有不同程度的影响。所以应按具体的焊接要求给予选定。一般喷嘴至焊件的距离以 5～15 mm 为宜；钨极伸出喷嘴的长度为 3～6 mm 较好。

二、V 形坡口 ϕ60 mm 低合金钢管管对接垂直固定焊

1. 焊接前准备

（1）坡口的加工制作：所需尺寸如图 3—1—6 所示。

（2）试件材料：Q235 钢管。

（3）焊接要求：单面焊双面成形。

（4）焊接材料：焊丝的牌号为 ER49－1（H08Mn2SiA），直径为 2 mm。氩气纯度为 99.99%。电极为铈钨极，直径为 2.5 mm，将其尖角磨成圆锥平台，不要太尖，如图 3—1—7 所示。

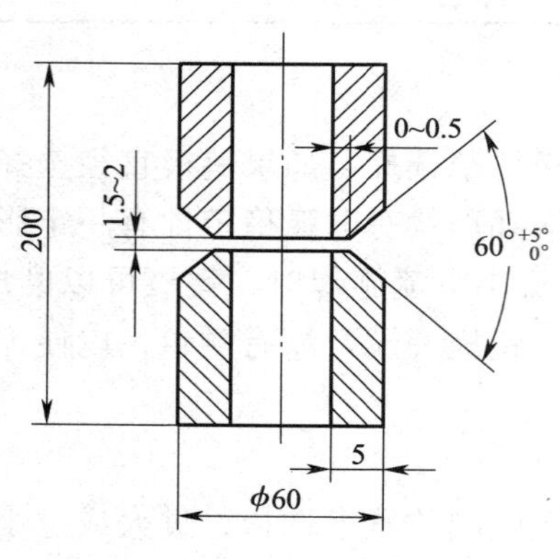

图 3—1—6　坡口加工、组对图

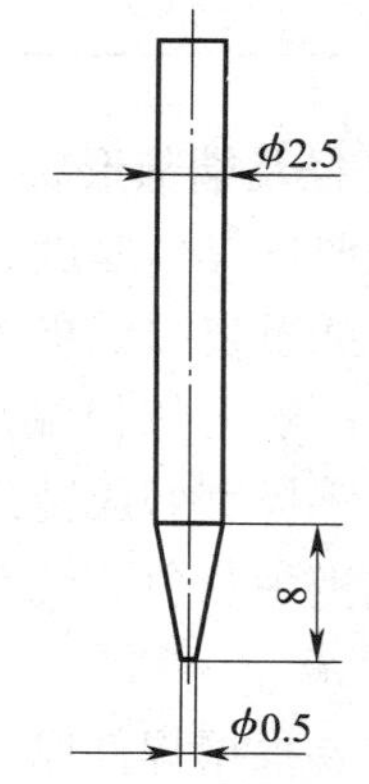

图 3—1—7　钨极尺寸

（5）焊接设备：ZX7－400ST。

2. 试件装配定位焊

（1）钝边：修磨钝边 0～0.5 mm

(2) 焊前清理：用角向磨光机、砂子、内磨头，将焊接区域 10～20 mm 范围内和焊丝表面的铁锈、油污、水分清理干净，露出金属光泽为止，然后用丙酮进行清洗。

(3) 装配间隙：1.5～2.0 mm，错边量≤0.5 mm。

(4) 定位焊：一点定位，焊缝长度 10 mm 左右，并保证该处的间隙大于 2.0 mm，与管子轴线垂直并加固定点，间隔小的一侧位于右边。定位点两端应先打磨成斜坡，以便于接头。

3. 焊接参数

焊接参数见表 3—1—4。

表 3—1—4　　焊接参数

焊接层次	焊丝直径（mm）	焊接电流（A）	钨极直径（mm）	气体流量（L/min）	喷嘴直径（mm）	喷嘴到工件距离（mm）
打底层	ϕ2	90～100	ϕ2.5	5～8	8	≤8
盖面层		90～100	ϕ2.5	5～8	8	≤8

4. 操作要点

采用两层三道焊，打底焊为一层一道，盖面焊为上、下两道。

(1) 打底焊

焊炬角度如图 3—1—8 所示，在右侧间隙最小处（1.5 mm）引弧。先不加焊丝，待坡口根部熔化形成熔池后，将焊丝轻轻地向熔池里送一下，并向管坡口内摆动，将熔液送到坡口根部，以保证背面焊缝的高度。填充焊丝的同时，焊炬小幅度做横向摆动并向左均匀移动。

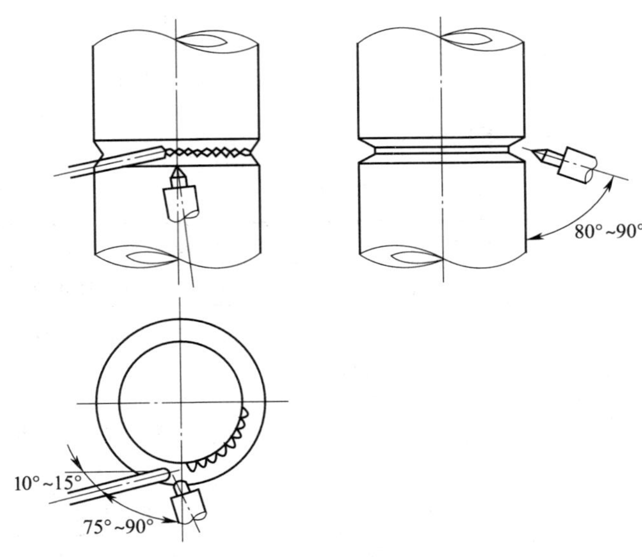

图 3—1—8　垂直固定焊打底焊焊炬角度

在焊接过程中，填充焊丝以往复运动方式间断地送入电弧内的熔池前方，在熔池前呈滴状加入。焊丝送进要有规律，不能时快时慢，以保证焊缝成形美观。

当操作者移动位置暂停焊接时，应按收弧要点操作（见薄板对接焊收弧部分）。继续焊接时，焊前应将收弧处修磨成斜坡并清理干净，在斜坡上引弧移至离接头 8 ~ 10 mm 处，焊炬不动，当获得明亮清晰的熔池后，即可送进焊丝，继续从右向左进行焊接。

小管垂直固定打底焊时，熔池的热量要集中在坡口的下部，以防止上部坡口过热，母材熔化过多，产生咬边或焊缝背面的余高下坠。

（2）盖面焊

盖面焊缝由上、下两道组成，先焊下面的焊道，后焊上面的焊道，焊炬角度如图 3—1—9 所示。

焊下面的盖面焊道时，电弧对准打底焊道下沿，使熔池下沿超出管子坡口的棱边0. 5 ~ 1 mm，熔池上沿在打底焊道的 1/2 ~ 2/3 处。

焊上面的盖面焊道时，电弧对准打底焊道上沿，使熔池超出管子坡口的棱边 0. 5 ~ 1 mm，下沿与下面的焊道圆滑过渡，焊接速度适当加快，适当减少送丝量，防止焊缝下坠。

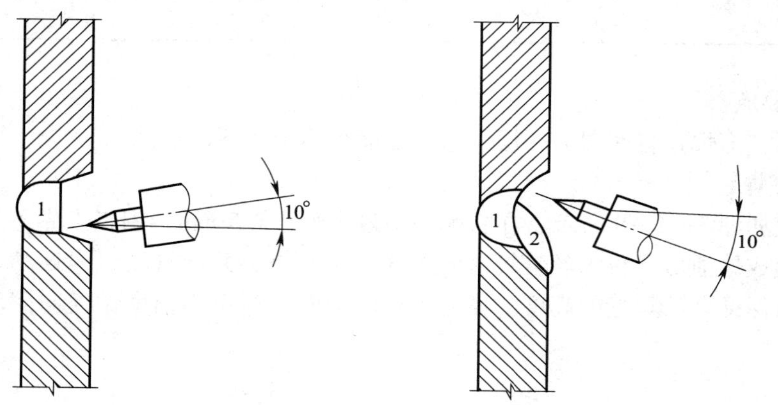

图 3—1—9　垂直固定焊盖面焊焊炬角度

5. 评分标准（见表 3—1—5）

表 3—1—5　　**评分标准**

序号	项目	配分	评分标准	扣分	得分
1	对口整齐	5	小于 1 mm 扣 2 分，大于 1 mm 扣 5 分		
2	气孔	10	小于 1 mm 扣 2 分，大于 1 mm 扣 4 分，累计扣分		
3	咬边	10	深度小于 0. 5 mm，长度大于 10 mm 扣 2 分，累计扣分		
4	焊瘤	10	高度大于 3 mm 扣 2 分，累计扣分		
5	焊缝尺寸	5	宽度大于 8 mm、长度小于 10 mm 扣 2 分，累计扣分		
6	焊缝宽窄一致	10	小于或等于 2 mm，每处扣 2 分		
7	焊缝余高	10	大于 3 mm，每处扣 2 分		

续表

序号	项目	配分	评分标准	扣分	得分
8	上、下接头	10	有高低和熔合缺陷一处扣5分		
9	管内成形	10	有熔合不良扣3分，有焊瘤扣2分		
10	外观、焊波整齐	20	视2、3、4、5、6、7、8项缺陷，存在1项扣3分		

课后练习

一、填空题

1. 焊前清理常用清理方法有__________、__________和__________清理方法。

2. 钨极氩弧焊可以使用__________，也可以__________。电源种类和极性可根据__________进行选择。

3. 焊接电流主要根据__________、__________和__________来选择。

二、判断题

(　　) 1. 钨极氩弧焊时应尽量减少高频振荡器工作时间，引燃电弧后要立即切断高频电源。

(　　) 2. 钨极氩弧焊时，通过焊接电流和电弧电压的配合，可以控制焊缝形状。

(　　) 3. 钨极氩弧焊时，焊接电流可根据焊丝直径来选择。

三、选择题

1. 钨极氩弧焊时，易爆物品距离焊接场所不得小于（　　）m。

A. 5　　B. 8　　C. 10　　D. 15

2. 钨极氩弧焊焊接铝及铝合金时应采用（　　）。

A. 直流正接　　B. 直流反接　　C. 交流电源　　D. 交直流电源

3. 钨极氩弧焊时，氩气流量（L/min）一般为喷嘴直径（mm）的（　　）倍。

A. 0.5～0.8　　B. 0.8～1.2　　C. 1.2～1.5　　D. 1.5～2.0

4. 钨极氩弧焊焊接不锈钢时应采用（　　）。

A. 直流正接　　B. 直流反接　　C. 交流电源　　D. 交直流电源

四、简答题

1. 对钨极氩弧焊焊接参数的选择有哪些要求？

2. 什么是钨极氩弧焊直流正接？什么是直流反接？

模块四 埋弧焊

课题一 I形坡口对接埋弧焊

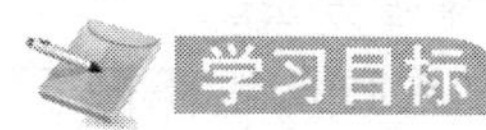

1. 了解埋弧焊的焊接材料。
2. 熟悉焊剂和焊丝的选用与配合。
3. 掌握I形坡口平对接单面焊。

一、埋弧焊的焊接材料

埋弧焊的焊接材料有焊丝和焊剂，它们的作用相当于焊条电弧焊的焊芯和药皮。

1. 焊丝

埋弧焊中焊丝既作为导电的电极又作为填充金属的金属丝。目前，埋弧焊普遍使用的是实心焊丝，埋弧焊的焊丝与焊条电弧焊焊条的焊芯，同属一个国家标准。按照焊丝的成分和用途，主要有碳素结构钢、合金结构钢、不锈钢等焊丝。

对埋弧焊所用焊丝的要求，与焊条的焊芯基本相同。常用的焊丝直径有2、3、4、5和6 mm等。焊丝在使用时表面要清洁，不应有氧化皮、铁锈及油污等杂质。

2. 焊剂

埋弧焊时，能够熔化形成熔渣和气体，对熔化金属起保护作用并进行复杂的冶金反应的颗粒状物质称焊剂。

(1) 焊剂的作用

1）焊接时熔化的焊剂产生气体和熔渣，有效地保护电弧和熔池，防止空气中氮、氧等有害气体侵入熔池。焊后熔渣覆盖在焊缝上，减缓了焊缝金属的冷却速度，改善焊缝的结晶状况及气体逸出的条件。

2）对焊缝金属渗合金，改善焊缝的化学成分，提高其力学性能。

3）改善焊接工艺性能，使电弧稳定燃烧，脱渣容易，焊缝成形美观。

(2) 焊剂的分类

1）焊剂按制造方法不同主要有熔炼焊剂和烧结焊剂。熔炼焊剂是将原料混合后入炉熔炼，经水冷粒化、烘干而成，其颗粒强度高，化学成分均匀，且不易吸潮，但需经过高温熔炼，因此，不能依靠焊剂向焊缝金属大量渗入合金元素。熔炼焊剂是目前应用最多的一类焊剂，常用于碳钢、低合金钢的焊接。

烧结焊剂是在原料中加入黏结剂混合搅拌后烧结而成。由于没有熔炼过程，容易通过焊剂向焊缝金属渗入合金元素，且脱渣性好，但化学成分不均匀，易吸潮。烧结焊剂常用于焊接高合金钢或堆焊。

2）焊剂按化学成分不同有高锰焊剂、中锰焊剂、低锰焊剂和无锰焊剂等，并根据焊剂中二氧化硅和氟化钙的含量高低，分成不同的类型。

（3）焊剂牌号

熔炼焊剂牌号表示为“HJ×××”，HJ 后面有三位数字；烧结焊剂牌号表示为“SJ×××”，SJ 后面有三位数字。例：HJ431，“4”表示焊剂中氧化锰的平均含量，“3”表示焊剂中二氧化硅、氟化钙的平均含量，“1”表示同一类型焊剂的不同牌号。

（4）焊剂型号

碳钢焊剂型号分类根据焊丝—焊剂组合的熔敷金属力学性能、热处理状态进行划分。

字母“F”表示焊剂，字母后第一位数字表示焊丝—焊剂组合的熔敷金属抗拉强度的最小值，第二位数字表示试件的热处理状态，“A”表示焊态，“P”表示焊后热处理状态，第三位数字表示熔敷金属冲击吸收功不小于 27 J 时的最低试验温度。例：F4A2－H08A。

二、焊剂和焊丝的选用与配合

焊剂和焊丝的正确选用及二者之间的合理配合，是获得优质焊缝的关键，也是埋弧焊工艺过程的重要环节。所以必须按工件的成分、工艺特点和冶金特性、性能和要求，正确、合理地选配焊剂和焊丝。

结构钢按等强原则选用焊丝，专业用钢（不锈钢、耐热钢等）按化学成分相同或相近的原则选用焊丝，有时焊丝的合金元素含量要比母材的稍高。

三、I 形坡口对接单面焊

1. 焊前准备

（1）焊接设备：MZ－1000 型埋弧自动焊机。其外部接线如图 4—1—1 所示。

（2）焊丝 H08A，ϕ4 mm 和 ϕ6 mm 两种。

（3）焊剂 HJ431。

（4）实习焊件：低碳钢板，长 500 mm，宽125 mm，厚 10 mm；及长 800 mm，宽125 mm，厚 40 mm 两种，每组两块。

（5）引弧板和引出板：低碳钢板，长 100～125 mm，宽 75 mm，厚 10 mm。

（6）碳弧气刨准备

1）采用侧面送风式刨枪。

2）硅整流电源及其外部接线，如图 4—1—2 所示。

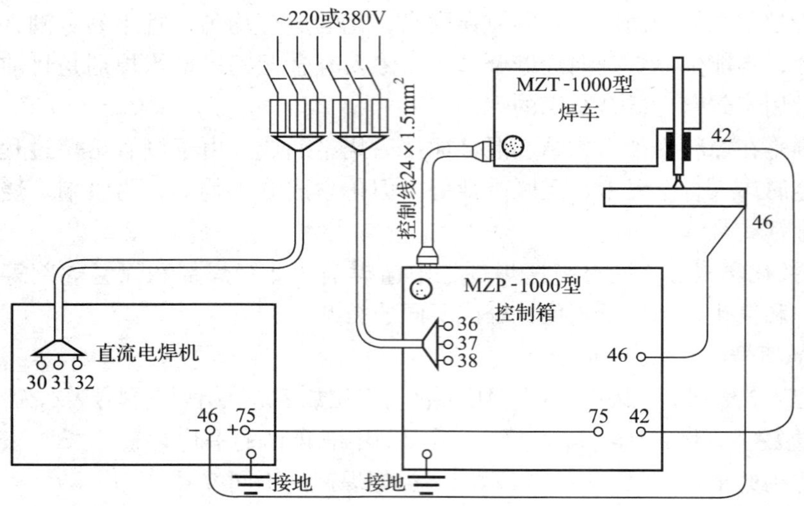

图 4—1—1　MZ－1000 型埋弧焊机外部接线示意图

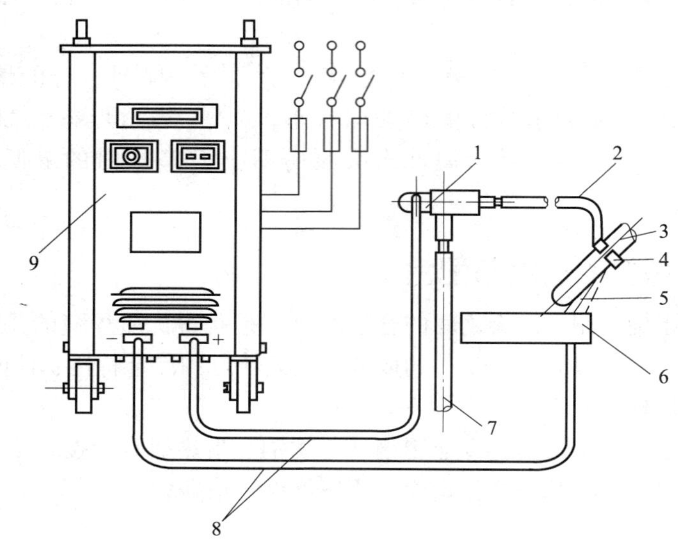

图 4—1—2　碳弧气刨焊机外部接线图

1—接头　2—电风合一软管　3—碳棒　4—刨枪钳口　5—压缩空气气流　6—工件　7—进气胶管　8—电缆线　9—硅整流式焊机

3）采用镀铜实心碳棒，直径 6 mm。

（7）紫铜垫槽如图 4—1—3 所示。图中 $a=40\sim50$ mm，$b=14$ mm，$r=9.5$ mm，$h=3.5\sim4$ mm，$c=20$ mm。

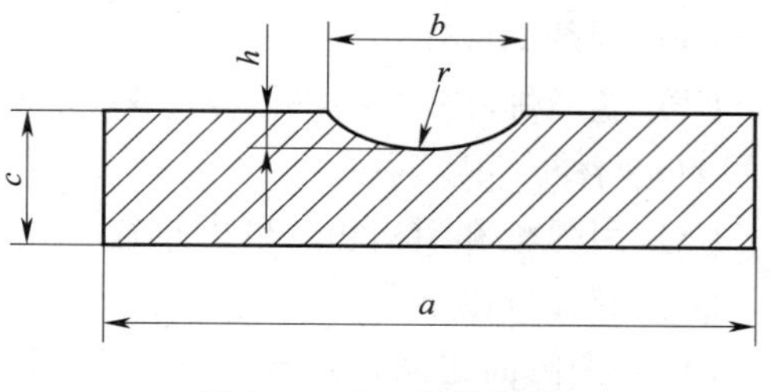

图 4—1—3　紫铜垫槽

2. 操作要点

（1）焊前检查

检查焊机控制电缆线接头有无松动，焊接电缆是否连接妥当。导电嘴是易损件，检查它的磨损、导电情况和是否夹持可靠。焊机要作空车调试，检查各个按钮、旋钮开关，电流表和电压表等是否工作正常。实测焊接速度，检查离合器能否可靠接合与脱开。

（2）清理焊丝、焊件与烘干焊剂

对焊丝表面的油、锈严格除净，要按顺序盘绕在焊丝盘内。由于埋弧自动焊对焊件表面的清理（如清除水分、油污、铁锈、定位焊道的熔渣等）比手弧焊要求高，其中对接口根部表面的污染特别敏感。因此，对接口根部的清理要彻底，并且应在装配定位焊之前进行，否则，无法清理干净。对附着在坡口或接口表面附近的气割熔渣，也应彻底清除干净。对于重要的接头，如果清理后又生了锈，则必须在定位焊之前再用砂轮或其他方法将坡口两侧表面 20 ~ 30 mm 宽度内的铁锈除净，以确保焊接质量。

焊剂中的水分在使用之前必须除到最低含量，因此，焊前要进行烘干。烘干温度为 300℃ ±10℃，保温 1.5 h，然后随取随用。

（3）基本操作训练

1）设备操作练习。接通控制箱电源，使控制箱工作。将焊接小车上按钮 31（见图 4—1—4）扳到“空载”位置。

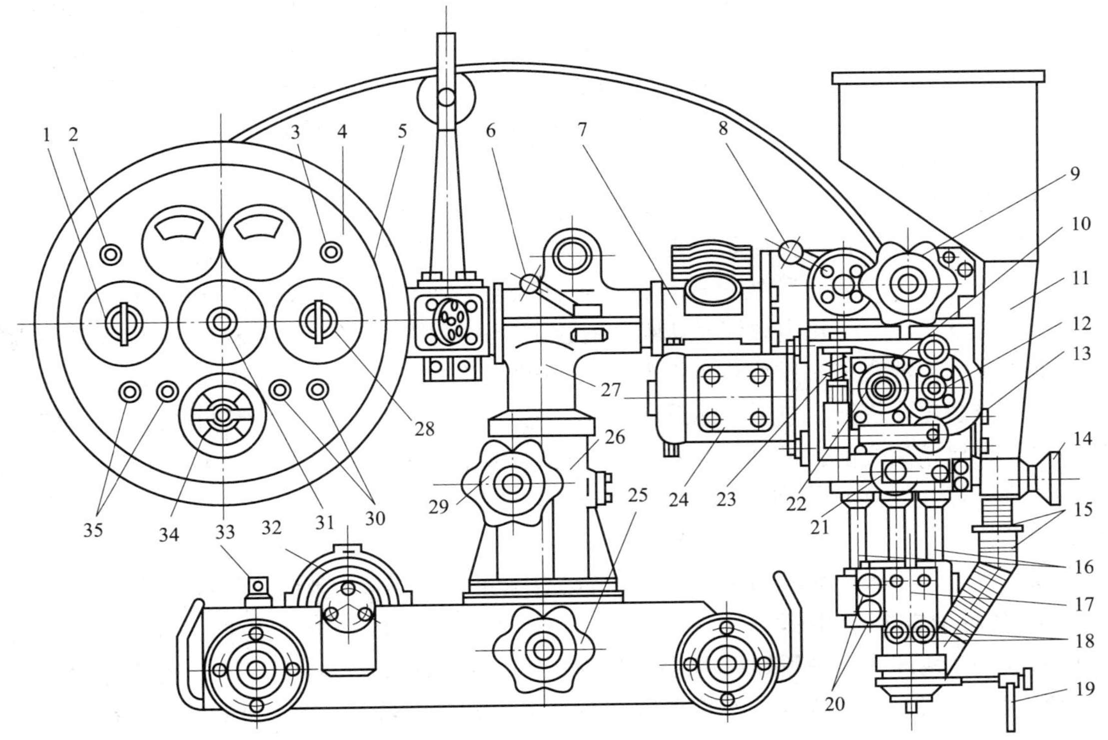

图 4—1—4　MZT－1000 型焊接小车

1—电弧电压调节旋钮　2—启动按钮　3—停止按钮　4—控制盘　5—焊丝盘　6、8—手柄　7—横臂　9、25、29—手轮　10—杠杆　11—焊剂斗　12—压紧轮　13、21—滚轮　14—漏斗阀门　15—软管　16—伸缩臂　17—导电嘴　18—螺母　19—指示针　20—螺钉　22—送丝滚轮　23—弹簧　24—送丝电动机　26—套筒　27—立柱　28—调速旋钮　30—增减电流按钮　31—小车停止旋钮　32—小车电动机　33—离合器　34—换向开关　35—焊丝向上、向下按钮

①电流调节。分别按下按钮30中的“增大”或“减小”按钮，弧焊变压器中的电流调节器即可动作，通过电流指示器（在变压器外壳上）可以预知电流的大致数值（真正的电流数值，要在焊接时通过电流表读出）。电流调节也可通过变压器外壳侧面的一对按钮，以同样的方法进行调节。

②焊丝送进速度调节。分别按下按钮35中的“向上”或“向下”按钮，焊丝即可向上或向下运动。调节旋钮“1”可改变送丝速度。

③台车行走速度调节。按下离合器33，将换向开关34转到向左或向右位置，焊车即可前进或后退运动。调节旋钮28可改变行走速度。

2）引弧和收弧训练

①准备厚度10 mm的钢板，沿长度方向画一条粉线作为基准线。接通控制电源和焊接电源。按BX2－1000型焊接变压器上的焊接电流控制按钮，使顶部的电流指示针移到预定刻度位置。将控制盘上的“电弧电压”和“焊接速度”旋钮调到预定位置。将焊车推到实习焊件的待焊部位，用焊丝“向上”或“向下”按钮调节焊丝，使焊丝末端与焊件接触（达到机头略有往上顶起的趋势），闭合离合器。将“空载—焊接”开关拨到“焊接”位置，行车方向开关拨到需要的焊接方向。将焊接方向指示针按焊丝同样位置对准需焊部位，指示针端部与焊件表面要留出2～3 mm间隙，以免焊接过程中与焊件碰擦。指示针比焊丝超前一定的距离，以避免受到焊剂的阻挡而影响观察。由于指示针相对接缝的位置就是焊丝相对接缝的位置，所以，指针调准以后，在焊接过程中不能再去碰动，否则会造成错误指示而使焊缝焊偏。最后打开焊剂漏斗阀门，焊剂堆满预焊部位，即可开始焊接。

②引弧。按启动按钮，焊接电弧引燃，并迅速进入正常焊接过程。如果按启动按钮后，电弧不能引燃，焊丝将机头顶起，表明焊丝与焊件接触不良，需重新清理焊丝。

③收弧。按下“停止”按钮应分两步：开头轻按使焊丝停送，然后按到底，切断电源。如果焊丝送进与焊接电源同时切断，就会由于送丝电动机的惯性继续送一段焊丝，则焊丝插入金属熔池之中，发生焊丝与焊件粘住的现象。当导电嘴较低或焊接电压过高时，采用上述方法停止焊接，电弧可能返烧到导电嘴，甚至将焊丝与导电嘴熔化在一起。建议练习时，焊接结束之前，一只手放在“停止”按钮上，另一只手放在焊丝“向上”按钮上，先将“停止”按钮按到底，随即按焊丝“向上”按钮，将焊丝立即抽上来，避免焊丝与熔池粘住。

通过练习，要求引弧成功率高，且引弧点位置准确，要求收弧时不粘焊丝或烧导电嘴。

3）焊件架空平敷焊练习。取厚度10 mm的焊件，沿500 mm长度方向，每隔50 mm画一道粉线，此线即作为平敷焊焊道的准线。将此实习件置于夹具上，垫空，使实习焊件处于架空状态焊接，然后按以下焊接参数进行直线平敷架空练习：焊丝H08A，直径4 mm；焊剂HJ431，焊接电流640～680 A，焊接电压34～36 V，焊接速度36～40 m/h。

焊接过程中应随时观察控制盘上的电流表和电压表的指针、导电嘴的高低、焊接方向指示针的位置和焊道成形。一般情况下，电压表的指针是很稳定的，容易从表盘上读出电压值。但电流表的指针往往在一个小范围内摆动，指针摆动范围的中心位置，是实际的焊接电流指示值。焊接时，如果发现焊接参数有偏差和焊缝成形不良时，可根据需要做如下调节：

用控制盘上的"电弧电压"旋钮调节焊接电压；用控制盘上的"焊接电源遥控"按钮调节焊接电流；用焊接盘上的"焊接速度"旋钮调节焊接速度；用机头上的手轮调节导电嘴的高低；用小车前侧的手轮调节焊丝相对于准线的位置，但必须注意，进行这项调节时，操作者所站位置要与准线对正，以防偏斜。

观察焊缝成形时，应注意要等焊缝凝固并冷却后再除去渣壳，否则焊缝表面会强烈氧化和冷却过快，对焊缝性能带来不利影响。要随时注意焊件熔透程度，可观察焊件反面的红热程度，8～14 mm 厚的焊件，背面出现红亮颜色，则表明焊透良好。若红热情况没有达到上述现象，可适当增加焊接电流或适当调节其他参数。如发现焊件有烧穿迹象，应立即停弧，或适当加快焊接速度，也可调小焊接电流。焊接结束后，要及时回收未熔化的焊剂，清除焊道表面渣壳，检查焊道成形和表面质量。

(4) 不开坡口的平对接直缝焊接

1) 不开坡口不留间隙的平对接直缝焊接

①架空焊件背面不加衬垫焊法。取 10 mm 厚的碳钢板按图 4—1—5 所示进行装配定位焊。定位焊时采用 E4303（结 422）焊条，直径 4 mm，焊接电流 180～210A，以手工电弧焊方式进行。然后将焊件按图 4—1—6 所示进行架空状态焊接。

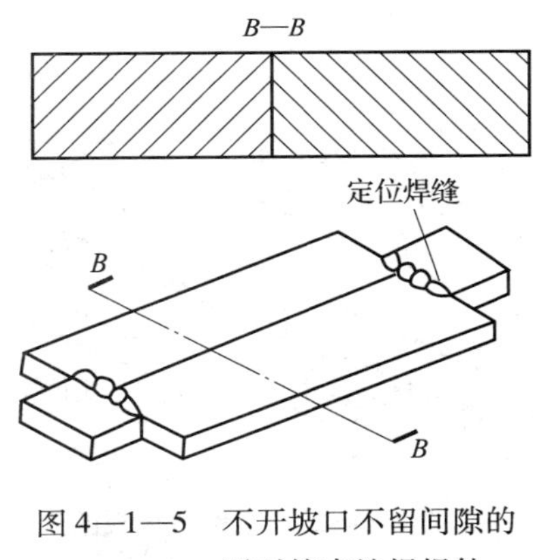

图 4—1—5 不开坡口不留间隙的平对接直缝焊焊件

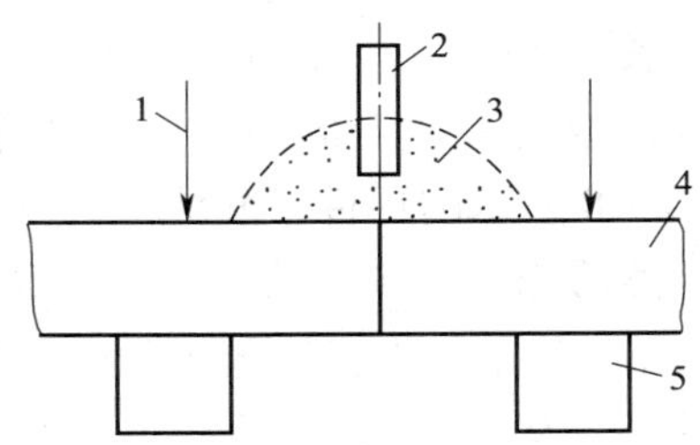

图 4—1—6 架空焊件示意图
1—夹紧力 2—焊丝 3—焊剂 4—焊件 5—支承垫

架空焊时，不开坡口不留间隙，装配定位焊后，其接口上的局部间隙不应大于0.8 mm。进行架空埋弧自动焊时，正面第一道焊缝是关键，应保证不烧穿，故焊接参数应适当小一些，一般熔透深度达到焊件厚度的 40%～50% 即可。而背面焊缝焊接时电流可适当加大些，熔透深度为焊件厚度的 60%～70%。

为此，正面焊缝焊接参数是：焊丝为 H08A，直径 4 mm；焊剂 HJ431；焊接电流 440～480 A；焊接速度 35～42 m/h。背面焊缝焊接电流 530～560 A，其余参数参照正面焊缝。正面焊缝焊完后，利用碳弧气刨清除焊根，并刨出一定深度与宽度的坡口，如图 4—1—7 所示。

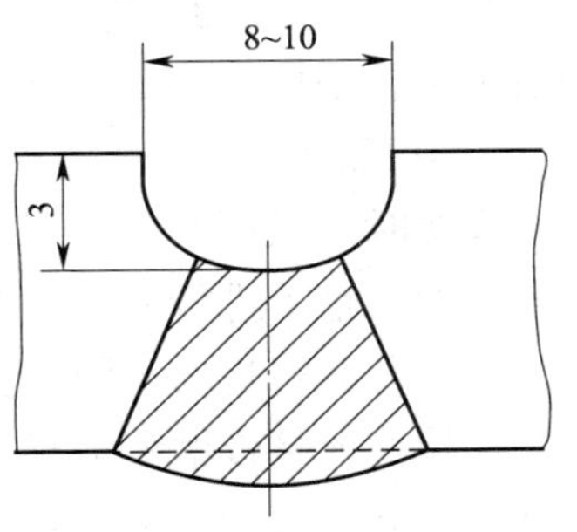

图 4—1—7 碳弧气刨坡口尺寸

碳弧气刨的主要参数是：碳棒直径 6 mm 时，使用刨削电流 280～300 A。刨削时，要从引弧板的一端，一直沿对接缝的中心线刨至引出板的一端。碳弧气刨后要彻底清除槽内和槽口表面两侧的熔渣，并用手动砂轮打光表面后，方可进行背面焊缝的焊接。

进行架空焊时，要注意观察背面板材表面的颜色变化，严格控制不烧穿。对背面焊缝的坡口要保证充分焊满。焊接过程中，焊丝要严格控制在接线或坡口的中心线上，不要焊偏；若出现偏差，要及时调整。

②保留垫板焊接法。所谓保留垫板焊接法，是在焊接时将衬垫置在对接接口的背面，通过正面第一道焊缝的焊接，将衬垫一起熔化并与焊件永久连接在一起。该垫板称为保留垫板。此焊接方法称作保留垫板焊接法。因此，保留垫板的材料应与焊件一致。该法适用于受焊件结构形式或工艺装备等条件限制，而无法实现单面焊双面成形的场合。保留垫板或锁底对接的接头形式如图 4—1—8 所示。

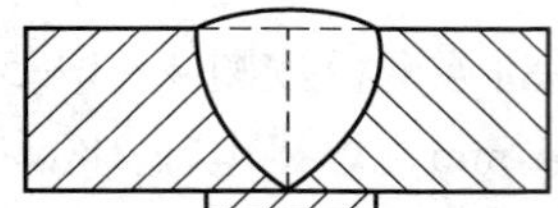
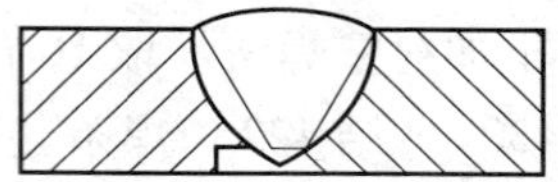

图 4—1—8　保留垫板和锁底对接的接头形式
a）保留垫板　b）锁底对接

制作保留垫板实习焊件的要求如下：取低碳钢垫板，长 650 mm，宽 45 mm，厚 3.5 mm，将其与焊件贴合的表面上的油脂、铁锈除净，取如图 4—1—8 所示的焊件，并清除焊件表面的油、锈，然后用 E4303（结 422）焊条（直径 4 mm）以手弧焊方法将垫板定位焊到焊件上（见图 4—1—9）。保留垫板与焊件组合定位焊后，其贴合面的间隙不要大于 1 mm，否则焊缝容易产生焊瘤和凹陷。

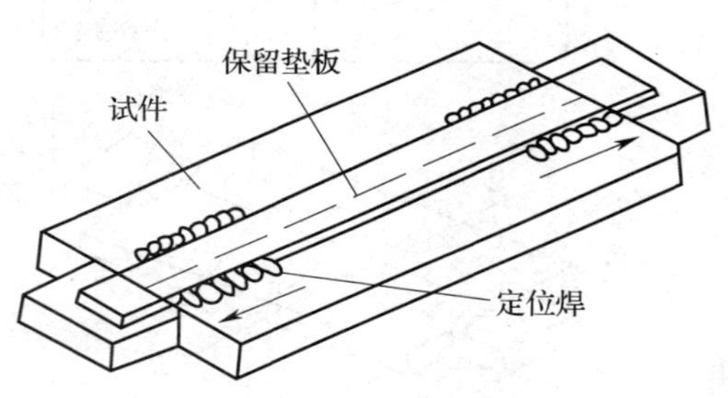

图 4—1—9　带保留垫板的焊件

焊接时，垫板底下不需加衬垫，可在悬空状态下进行焊接。焊接参数如下：焊丝直径 6 mm，牌号为 H08A，焊剂 HJ431，焊接电流 1 000 A 左右；电弧电压 35 V，焊接速度 36～38 m/h。

2）不开坡口留间隙的对接直缝焊接。取 10 mm 厚低碳钢板，每组两块，并用引弧板和引出板，采用 E4303（结 422）、直径 4 mm 的焊条以手工电弧焊方式进行定位焊，如图 4—1—10 所示。

焊接时，采用焊剂—铜垫法，实现单面焊双面成形。所谓单面焊双面成形，是指在各种不同的衬垫下进行一次正面埋弧自动焊焊接而达到背面同时焊透成形的一种自动焊接方法。根据背面衬垫的不同，有铜垫法、焊剂垫法、焊剂—铜垫法、热固化焊剂垫法等。

焊接前，将带槽铜垫和实习焊件按图 4—1—11 所示装配。装配时，铜垫需贴紧于焊件的下方。同时，铜垫板要有一定的厚度和宽度，其体积大小应足够承受焊接时的热量而不致熔化。

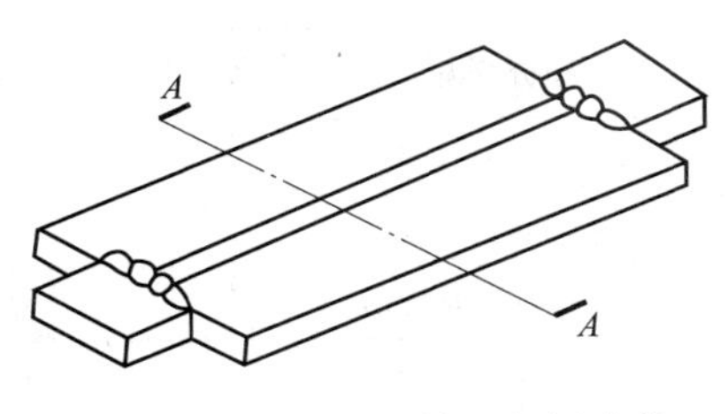

图 4—1—10 不开坡口留间隙的对接直缝焊焊件

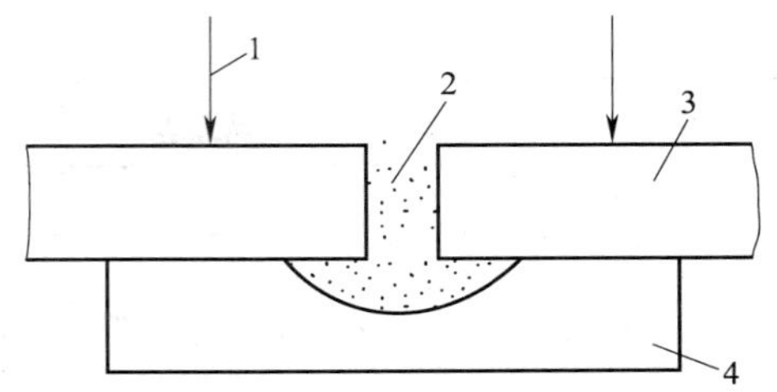

图 4—1—11 焊剂—铜垫法焊接装配示意图

1—压紧力 2—预放的焊剂 3—焊件 4—铜垫

焊剂的敷设程度直接影响焊缝成形。若焊剂敷设得太紧密，会出现如图 4—1—12a 所示的背面凹陷情况；若焊剂敷设得太疏松，则会出现如图 4—1—12b 所示的背面凸出情况。预埋焊剂的粒度采用每 25.4 mm × 25.4 mm 为 10 × 10 眼孔的筛子过筛的焊剂。

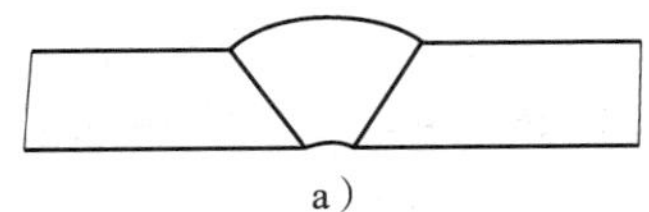

a）

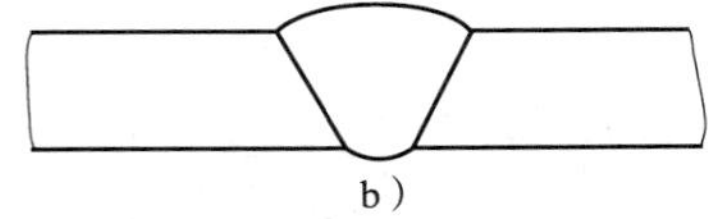

b）

图 4—1—12 焊剂—铜垫法的焊缝反面缺陷

a）凹陷 b）凸起

焊接时，焊接参数为：焊丝 H08A，直径 4 mm，焊剂 HJ431，焊接电流 680 ~ 700 A，焊接电压 35 ~ 37 V，焊接速度 28 ~ 32 m/h。

在焊剂—铜垫法的焊接中，焊接电弧在较大的间隙中燃烧，而使预埋在缝隙间的和铜垫槽内上部的焊剂与焊件一起熔化，随着焊接电弧的前进，离开焊接电弧的液态金属和熔剂渐渐凝固，在焊缝下方的金属表面与铜衬垫之间也结成了一层渣壳（见图 4—1—13）。这层渣壳保护着焊缝金属的背面不受空气的影响，使焊缝表面保持着自动焊焊缝应有的光泽。

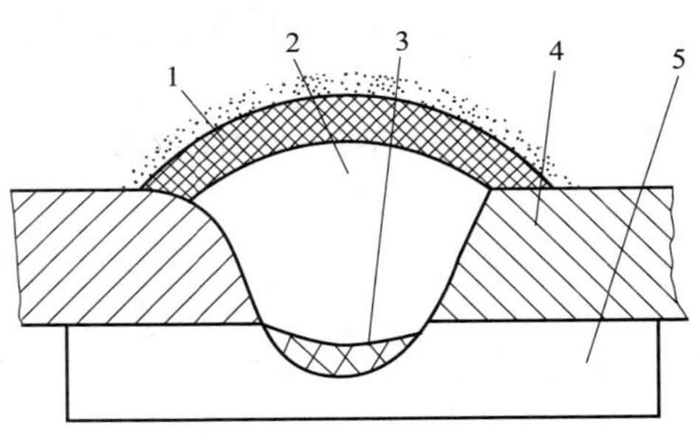

图 4—1—13 焊剂—铜垫法的焊缝成形

1—焊缝上方渣壳 2—焊缝金属

3—焊缝背面渣壳 4—母材 5—铜衬垫

（5）评分标准（见表 4—1—1）

表 4—1—1 **评分标准**

项目	考核要求	分值	扣分标准	检验结果	得分
操纵焊机	正确使用焊机	15	不能正确使用焊机不得分		
焊接参数选择	参数选择正确	10	参数选择不合理不得分		
焊件装配	焊件装配合理	5	焊件装配不合理不得分		
错边量	≤10% 板厚	10	超差不得分		
变形量	≤3°	10	超差不得分		
焊缝直线度	≤2 mm	10	每超差一处扣 5 分		

续表

项目	考核要求	分值	扣分标准	检验结果	得分
焊缝余高	0 ~ 3 mm	15	每超差一处扣 5 分		
焊缝余高差	≤2 mm	5	每超差一处扣 5 分		
焊缝外观成形	焊缝波纹均匀、美观	20	根据情况酌情扣分		

课后练习

一、填空题

1. 埋弧焊的焊接材料有________和________。

2. 埋弧焊用焊丝，按成分和用途可分为____________、______________、__________三大类。

3. 焊剂按制造方法分为________焊剂、________焊剂和________焊剂；按化学成分分为________焊剂、________焊剂、________焊剂和________焊剂。

4. 熔炼焊剂常用于________的焊接；烧结焊剂常用于焊接________或________。

5. 由于焊剂是在________熔炼的，不能通过焊剂向焊缝金属中渗入大量的________。

6. 焊剂型号 F4A2 - H08A 中的 F 表示________，4 表示________为 415 MPa，A 表示试件为________，2 表示________不小于 27 J，H08A 表示________。

7. 焊剂牌号 HJ431 中 HJ 表示________，4 表示为________，3 表示为________型，1 表示焊剂________。

8. 焊剂使用前应对其进行烘干，熔炼焊剂要求________℃下烘焙 1 ~2 h；烧结焊剂要求______________℃下烘焙 1 ~2 h。

二、判断题

(　　) 1. 一般埋弧焊不能进行全位置焊接。

(　　) 2. 埋弧焊是利用焊丝和焊剂向熔池过渡合金元素。

(　　) 3. 埋弧焊常用的焊剂是烧结焊剂。

(　　) 4. 埋弧焊的焊缝质量高，主要表现是焊缝中的含氢量特别低。

(　　) 5. 焊剂 430 属高锰高硅低氟焊剂。

(　　) 6. 目前生产中应用最多的是埋弧焊，而不是埋弧半焊。

(　　) 7. 埋弧焊，只要选择合适的焊剂，也可以进行立焊位置的焊接。

(　　) 8. 焊剂 431 中的主要成分是 MnO、SiO_2、CaF_2。

(　　) 9. 焊剂 431 的前两位数字表示焊缝金属的抗拉强度。

三、选择题

1. 焊剂 431 属于（　　）型焊剂。

A. 高锰高硅　　B. 无锰高硅　　C. 低锰高

2. 焊剂 250 是（　　）型熔炼焊剂。

A. 高锰高硅中氟　　B. 低锰中硅中氟　　C. 中锰中硅中氟

3. 埋弧焊不可以利用（　　）向熔池过渡合金元素。

A. 熔炼焊剂　　B. 合金焊丝　　C. 非熔炼焊剂　　D. 药芯焊丝

四、简答题

1. 焊剂的作用有哪些？
2. 牌号 HJ431 和 F4A2－H08A 的含义是什么？

课题二　对接环缝焊接

学习目标

1. 熟悉埋弧焊焊接参数。
2. 掌握对接环缝焊接操作。

一、埋弧焊焊接参数

埋弧焊的焊接参数有焊接电流、电弧电压、焊接速度、焊丝直径、焊丝伸出长度、焊丝倾角、焊件倾斜等。其中对焊缝成形和焊接质量影响最大的是焊接电流、电弧电压和焊接速度。

1. 焊接电流

焊接时若其他因素不变，焊接电流增加，则电弧吹力增强，焊缝厚度增大。同时焊丝的熔化速度也相应加快，焊缝余高稍有增加，但电弧的摆动小，所以焊缝宽度变化不大。电流过大，容易产生咬边或成形不良，使热影响区增大，甚至造成烧穿；电流过小，焊缝厚度减小，容易产生未焊透，电弧稳定性也差。焊接电流对焊缝成形的影响如图 4—2—1 所示。

2. 电弧电压

在其他因素不变的条件下，增加电弧长度，则电弧电压增加。随着电弧电压增加，焊缝宽度显著增大，而焊缝厚度和余高减小。这是因为电弧电压越高，电弧就越长，则电弧的摆动范围扩大，使焊件被电弧加热面积增大，以致焊缝宽度增大。然而电弧长度增加以后，电弧热量损失加大，所以用来熔化母材和焊丝的热量减少，使焊缝厚度和余高减少，如图 4—2—2 所示。

由此可见，电流是决定焊缝厚度的主要因素，而电压则是影响焊缝宽度的主要因素。为了获得良好的焊缝成形，焊接电流必须与电弧电压进行良好的匹配，见表4—2—1。

3. 焊接速度

焊接速度对焊缝厚度和焊缝宽度有明显的影响，如图 4—2—3 所示。当焊接速度增加时，焊缝厚度和焊缝宽度都大为下降。这是因为焊接速度增加时，焊缝中单位时间内输入的热量减少。焊速过大，则易形成未焊透、咬边、焊缝粗糙不平等缺陷；焊速过小，则会形成易裂的“蘑菇形”焊缝或产生烧穿、夹渣、焊缝不规则等缺陷。

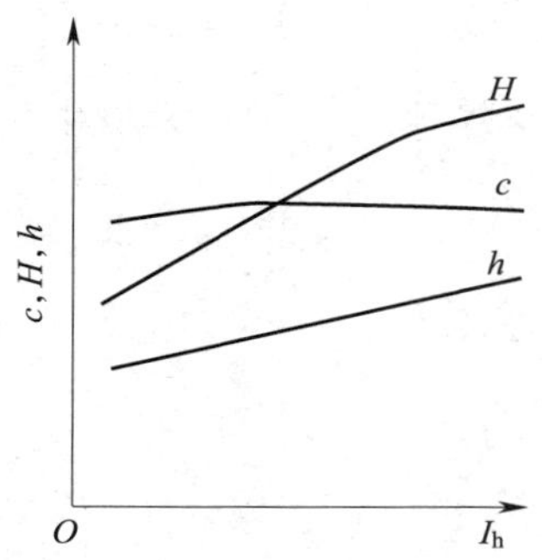

图 4—2—1　焊接电流对焊缝成形的影响

H——焊缝厚度　c——焊缝宽度

h——余高

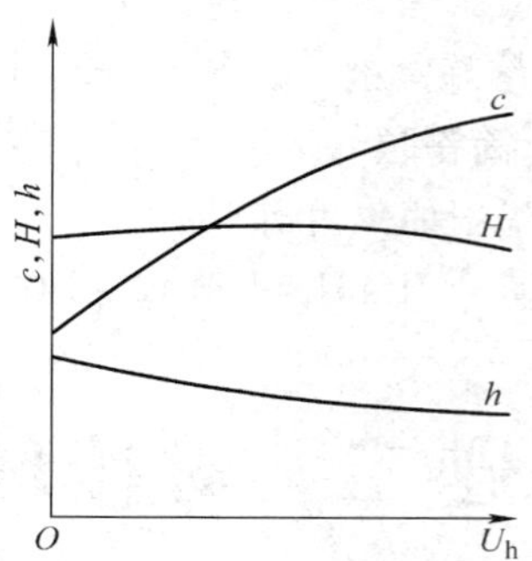

图 4—2—2　电弧电压对焊缝成形的影响

H——焊缝厚度　c——焊缝宽度

h——余高

表 4—2—1　　焊接电流与电弧电压的匹配关系

焊接电流（A）	600～700	700～850	850～1 000	1 000～1 200
电弧电压（V）	36～38	38～40	40～42	42～44

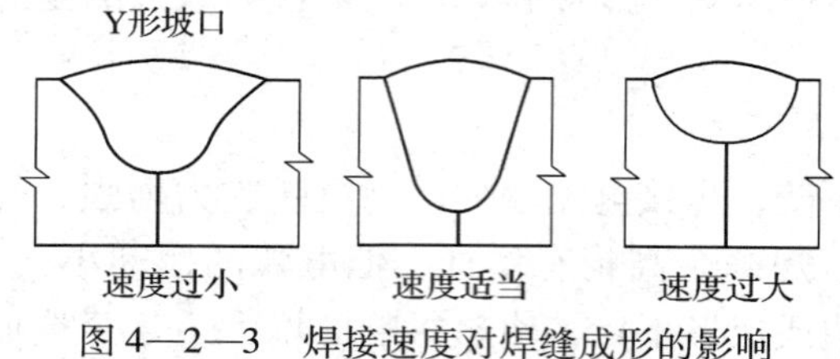

图 4—2—3　焊接速度对焊缝成形的影响

4. 焊丝直径

当焊接电流不变时，随着焊丝直径的增大，电流密度减小，电弧吹力减弱，电弧的摆动作用加强，使焊缝宽度增加而焊缝厚度减小；焊丝直径减小时，电流密度增大，电弧吹力增大，使焊缝厚度增加。故用同样大小的电流焊接时，小直径焊丝可获得较大的焊缝厚度。

5. 焊丝伸出长度

一般将导电嘴出口到焊丝端部的长度称为焊丝伸出长度。当焊丝伸出长度增加时，则电阻热作用增大，使焊丝熔化速度增快，以致焊缝厚度稍有减少，余高略有增加；伸出长度太短，则易烧坏导电嘴。焊丝伸出长度随焊丝直径的增大而增大，一般在 15～40 mm 之间。

6. 焊丝倾角

埋弧焊的焊丝位置通常垂直于焊件，但有时也采用焊丝倾斜方式。焊丝倾角对焊缝成形的影响如图 4—2—4 所示。

焊丝向焊接方向倾斜称为后倾，向焊接方向的相反方向倾斜则为前倾。焊丝后倾时，电弧吹力对熔池液态金属的作用加强，有利于电弧的深入，故焊缝厚度和余高增大，而焊缝宽度明显减小。焊丝前倾时，电弧工艺要求较严格；熔池前面的焊件预热作用加强，使焊缝宽度增大，而焊缝有效厚度减小。

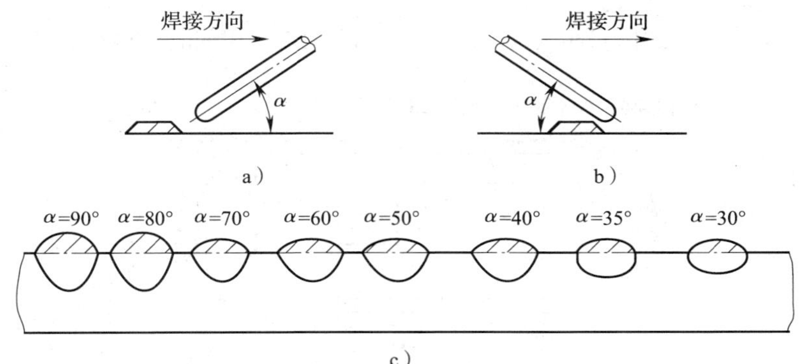

图 4—2—4　焊丝倾角对焊缝成形的影响

a）焊丝后倾　b）焊丝前倾　c）焊丝后倾角对焊缝厚度及焊缝宽度的影响

7．焊件倾斜

焊件有时因处于倾斜位置，因而有上坡焊和下坡焊之分，如图 4—2—5 所示。上坡焊与焊丝后倾作用相似，焊缝厚度和余高增加，焊缝宽度减小，形成窄而高的焊缝，甚至产生咬边；下坡焊与焊丝前倾作用相似，焊缝厚度和余高都减小，而焊缝宽度增大，且熔池内液态金属容易下淌，严重时会造成未焊透的缺陷。所以，无论是上坡焊或下坡焊，焊件的倾角 β 都不得超过 6°，否则会破坏焊缝成形，引起焊接缺陷。

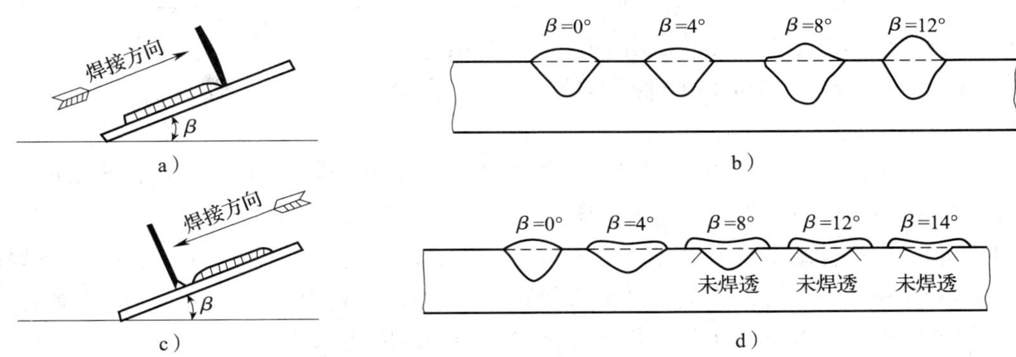

图 4—2—5　焊件倾斜对焊缝成形的影响

a）上坡焊　b）上坡焊工件斜度的影响　c）下坡焊　d）下坡焊工件斜度的影响

8．装配间隙与坡口角度

当其他焊接工艺条件不变时，焊件装配间隙与坡口角度的增大，使焊缝厚度增加，而余高减少，但焊缝厚度加上余高的焊缝总厚度大致保持不变。因此，为了保证焊缝的质量，埋弧焊对焊件装配间隙与坡口加工的工艺要求较严格。

二、对接环缝焊接操作

1．操作准备

（1）伸缩臂式焊接操作机。

（2）长轴式焊接滚轮架。

（3）锅炉筒节与半球形封头（见图4—2—6）。壁厚16 mm，材料为16 Mn。

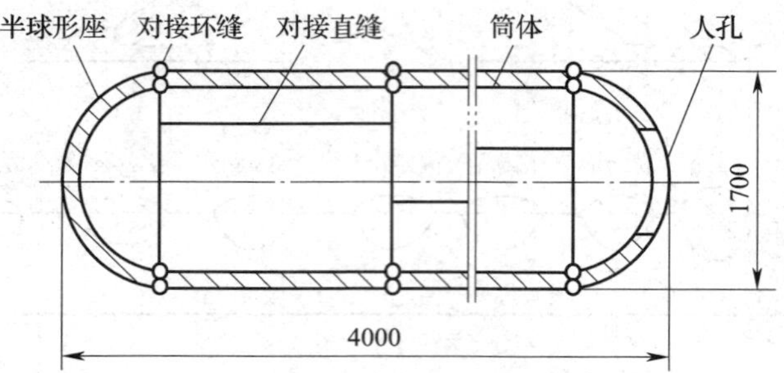

图4—2—6　锅炉筒节与半球形封头的焊接示意图

（4）螺旋撑圆器（见图4—2—7）。

（5）焊剂HJ431。

（6）焊丝：H08A和H08MnA两种，直径5 mm。

（7）碳弧气刨设备及直径8 mm实心碳棒。

（8）MZ－1000型埋弧自动焊机。

2. 操作要点

（1）基础训练

取废旧筒节，将其内、外表面油、锈清除干净。然后用吊车将筒节吊放至滚轮架上，并调好筒节在滚轮架上的位置，将伸缩臂式焊接操作机推到预焊位置，在筒节上进行环形平敷焊练习。

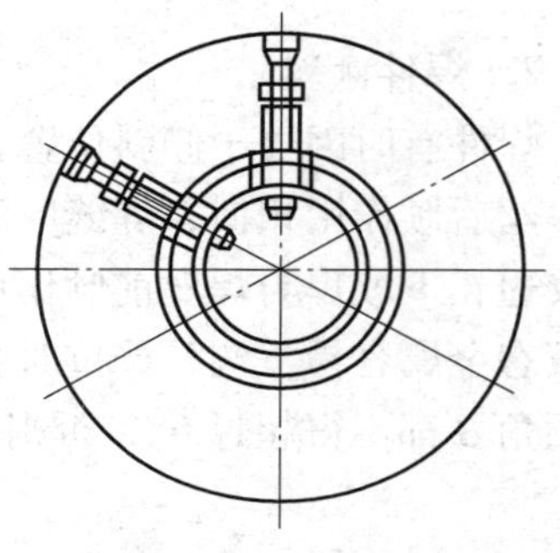

图4—2—7　简易螺旋撑圆器示意图

焊接时选用如下焊接参数（假设筒节壁厚为16 mm）：焊丝H08A，直径5 mm，焊剂HJ431，焊接电流780～850 A，电弧电压38～40 V，焊接速度20～30 m/h。

焊接前，先将伸缩臂式焊接机上的焊丝按图4—2—8所示找正位置。进行环缝焊时，重力的作用容易使熔池金属下淌，造成焊缝表面出现焊瘤或焊缝边缘熔合不良等缺陷。因此，必须把机头上的焊丝置于偏离焊接筒体中心线一段距离的地方，以保证焊缝成形良好。一般焊件直径越小，偏移距离越大。本筒节的平敷焊不论内环缝或外环缝均可取35 mm左右的偏移值。

焊接速度的确定：由于滚轮架上主动轮与从动轮都和焊接筒体表面接触，且靠主动轮与焊接筒体表面的摩擦力而带动筒体匀速转动，因此，焊接筒体的线速度即为焊接速度。焊接速度要通过实测计算来确定，以求准确。

进行环缝埋弧自动焊时的另一个问题是，当焊接小直径的筒体时，由于熔剂的重力作用，使熔剂不易堆积在熔池区。故此必须采用焊剂保留盒装置（见图4—2—9）。

环缝焊接收尾时，焊道必须首尾相接，重叠一定长度，至少要重叠一个熔池的长度。

（2）锅炉焊接

锅炉筒节环缝焊接采用双面埋弧焊。筒节边缘应在卷圆之前用刨边机刨出直边，保证边缘整齐。筒节与筒节、筒节与半球形封头的对接环缝装配不留间隙，局部间隙不大于

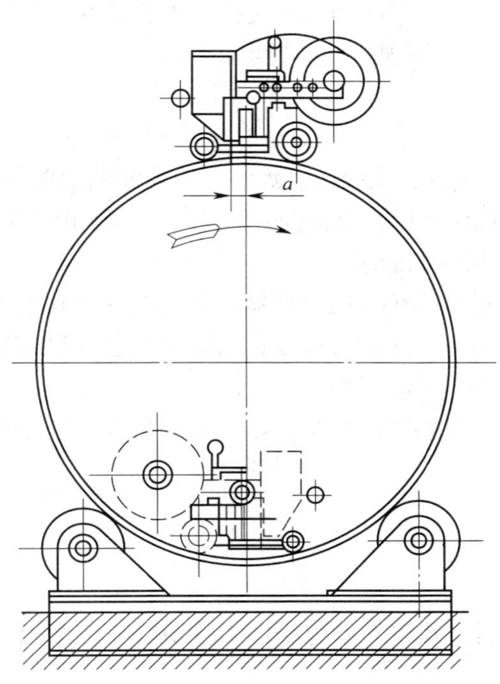

图 4—2—8　埋弧自动焊筒体环缝时焊丝位置的偏移量

1. 0 mm，待焊边缘 20 mm 范围内要清理干净。在对接环缝接口的外侧采用手工电弧焊进行定位焊。装配时要保证错边均匀。若错边较大，应采用螺旋撑圆器对齐后再定位焊。半球形封头只装配定位焊无孔的那一个。组装定位焊后，将筒体吊放到焊接滚轮架上。接好电缆线。先焊筒体内环缝。引弧前，将焊丝调到偏离筒体中心 30 ~ 40 mm 的地方，处于上坡焊位置。焊接参数如下：焊丝 H08MnA，直径 5 mm，焊剂 HJ431，焊接电流 720 ~ 750 A，电弧电压 34 ~ 36 V，焊接速度 30 ~ 32 m/h。焊接过程中，要注意参数稳定，防止烧穿，不要焊偏。

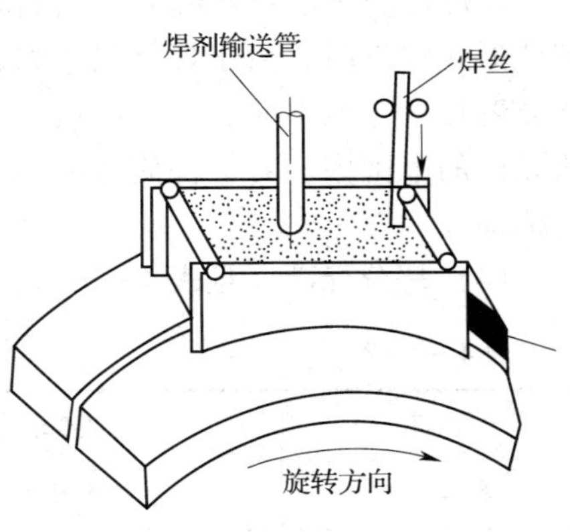

图 4—2—9　焊剂保留盒示意图

内环缝焊毕后，从筒体外面对接口处用碳弧气刨清理焊根。刨槽深 6 ~ 7 mm，宽 10 ~ 12 mm。选择的碳弧气刨参数：圆形实心碳棒，直径 8 mm，刨削电流 300 ~ 350 A，压缩空气压力 0. 5 MPa，刨削速度控制在 32 ~ 40 m/h。碳弧气刨后，清除刨槽中及其侧边表面的刨渣。操纵操作机将焊机移到筒体上方，使焊丝偏离中心约 35 mm，相当于在下坡焊位置焊接外环缝，其他参数不变。

筒体环缝焊后，在环缝与纵缝的 T 形接头部且离环缝约 50 mm 处打上焊工钢印。然后对环缝进行外观检查和 X 射线透视检查。

另一条封头环缝对接焊，由于组装后筒体两端都被半球形封头封闭，故定位焊后，其内环缝只能采取手工电弧焊接。焊工由人孔进出。工艺参数：焊条 E4303，直径 4 mm，焊接电流 180 ~ 210 A。外环缝仍用埋弧自动焊焊接。

3. 注意事项

(1) 操作质量要求

1) 焊缝外观成形整齐美观，无咬边、焊瘤及明显焊偏的现象。

2) 焊缝经 X 射线透视检查后，应符合 GB 3323—2005 标准中的三级要求。

(2) 注意气候对焊接质量的影响

由于埋弧自动焊在船舶、锅炉、压力容器及其他金属结构制造上使用甚广，而它对气候的敏感性也是很强的。因此，在进行埋弧自动焊时，应注意以下问题：

1) 焊接工件应尽量安排在室内进行。

2) 若由于焊件大、笨重、移动不方便等，必须在室外进行焊接时，有下列条件之一者，建议停止焊接。

①风速大于 1 cm/s。

②相对湿度大于 90% 时。

③下雨或下雪时。

当焊件温度低于 0℃时，建议在始焊处的 10 ~ 30 cm 范围内先预热至 15 ~ 50℃，然后再开始焊接。

(3) 防摔伤和碰伤

在焊接筒体的外环缝或外纵缝时，其操作位置都比较高，要预防摔伤。焊接筒体或其他形式焊件时，由于焊件尺寸大、重量重，在吊装过程中，装夹要牢，动作要稳。焊件放置在滚轮架上时，应仔细调节，将焊件的重心调到两个滚轮中心至焊件中心连线夹角允许的范围内。若焊件筒体由于制造误差带锥度时，则应采用限位滚轮，防止筒体轴向蹿动 。

(4) 评分标准 (见表 4—2—2)

表 4—2—2　　评分标准

项目	考核要求	分值	扣分标准	检验结果	得分
操纵焊机	正确使用焊机	15	不能正确使用焊机不得分		
焊接参数选择	参数选择正确	10	参数选择不合理不得分		
焊件装配	焊件装配合理	5	焊件装配不合理不得分		
错边量	≤10% 板厚	10	超差不得分		
变形量	≤3°	10	超差不得分		
焊缝直线度	≤2 mm	10	每超差一处扣 5 分		
焊缝余高	0 ~ 3 mm	15	每超差一处扣 5 分		
焊缝余高差	≤2 mm	5	每超差一处扣 5 分		
焊缝外观成形	焊缝波纹均匀、美观	20	根据情况酌情扣分		

课后练习

一、填空题

1. 埋弧焊的焊接参数有__________、__________、__________、__________、__________、__________、__________。其中对__________和__________影响最大的是__________、__________和__________。

2. 焊接速度对__________和__________有明显的影响。

3. 焊件有时因处于倾斜位置，因而有__________和__________之分。

二、判断题

(　　) 1. 焊缝成形系数小的焊道焊缝宽而浅，不易产生气孔、夹渣和热裂纹。

(　　) 2. 电弧电压是决定焊缝厚度的主要因素。

(　　) 3. 焊接电流是影响焊缝宽度的主要因素。

(　　) 4. 开坡口通常是控制余高和调整焊缝熔合比最好的方法。

(　　) 5. 埋弧焊坡口形式与焊条电弧焊基本相同，但应采用较厚的钝边。

(　　) 6. 埋弧焊停止焊接后，焊工离开岗位时应切断电源开关。

(　　) 7. 当埋弧焊机发生电气部分故障时，应立即切断电源及时通知电工修理。

三、选择题

1. (　　) 宜用埋弧焊焊接。

A. 厚度小于 1 mm 的薄板　　B. 小直径管子对接
C. 不规则焊缝　　D. 大直径厚壁筒体的环形焊缝

2. (　　) 不宜采用埋弧焊焊接。

A. 碳素钢　　B. 不锈钢　　C. 铝　　D. 低合金钢

3. 下列埋弧焊的特点中，(　　) 是不正确的。

A. 生产率高　　B. 质量好　　C. 劳动条件好　　D. 焊材消耗大

4. 埋弧焊主要适用于 (　　) 位置。

A. 平焊　　B. 仰焊　　C. 立焊　　D. 横焊

5. 埋弧焊时，若其他参数不变，则随着电弧电压的增加，焊缝的宽度 (　　)。

A. 增加　　B. 减小　　C. 不变

6. 埋弧焊时，若其他参数不变，则随着焊接速度的增加，焊缝的宽度 (　　)。

A. 减小　　B. 不变　　C 增加

7. 埋弧焊时，若其他参数不变，则随着焊接电流的增加，焊缝的厚度 (　　)。

A. 增大　　B. 减小　　C. 变化不大

8. 埋弧焊时，随着焊件的装配间隙或坡口的增大，焊缝的厚度 (　　)。

A. 增大　　B. 减小　　C. 不变

四、简答题

1. 埋弧焊的焊接参数有哪些？

2. 埋弧焊的焊接电流、电弧电压对焊缝有何影响？

课题三　双丝埋弧焊

学习目标

1. 了解双丝埋弧焊的原理。
2. 熟悉双丝埋弧焊的特点。
3. 了解双丝埋弧焊的应用。
4. 了解双丝埋弧焊的分类。
5. 熟悉双丝埋弧焊的焊接设备。
6. 掌握双丝埋弧焊的操作。

一、双丝埋弧焊的原理、特点、应用、分类及设备

1. 双丝埋弧焊的原理

双丝埋弧焊是指使用两根或两根以上焊丝完成同一条焊缝的埋弧焊。将两根焊丝按一定角度放在一个特别设计的焊炬里，两根焊丝分别由各自的电源供电，所有的参数都可以彼此独立，每个电弧所用的焊接电流及电弧电压是不同的，一般情况下，前导电弧采用较大的电流及较小的电压，目的是保证足够的熔深；后续电弧采用较小的电流及较大的电压，能使焊缝具有适当的熔宽，是一种高效埋弧焊方法。

2. 双丝埋弧焊的特点

双丝埋弧焊技术与其他双丝焊技术相比，双丝埋弧焊技术不仅可以提高熔敷速度，大大提高焊接效率，而且改善了焊缝质量，减少了飞溅物。

3. 双丝埋弧焊的应用

双丝埋弧焊主要用于低碳钢板或低合金钢厚板的焊接，通常采用在焊件背面使用衬垫的单面焊双面成形的焊接工艺。

4. 双丝埋弧焊的分类

按焊丝的排列方式可分为纵列式、横列式和直列式三种，如图 4—3—1 所示。

5. 双丝埋弧焊焊接设备

双头双丝埋弧焊机是一种高效埋弧焊焊接设备，是中厚板提高焊接效率最理想的焊接设备，双头双丝埋弧焊机由两台埋弧焊电源（一台直流、一台交流或两台交流电源）、一台双丝埋弧焊小车及控制系统、焊接电缆等组成。

（1）焊接电源（埋弧焊焊机）

焊接电源普遍采用一直一交形式，直流电源在焊接时作为前丝打底，交流电源作为后丝盖面。

（2）焊接小车

焊接小车由一台行走机座、两个送丝机头、一个双丝焊控制系统、焊丝盘、焊剂斗等

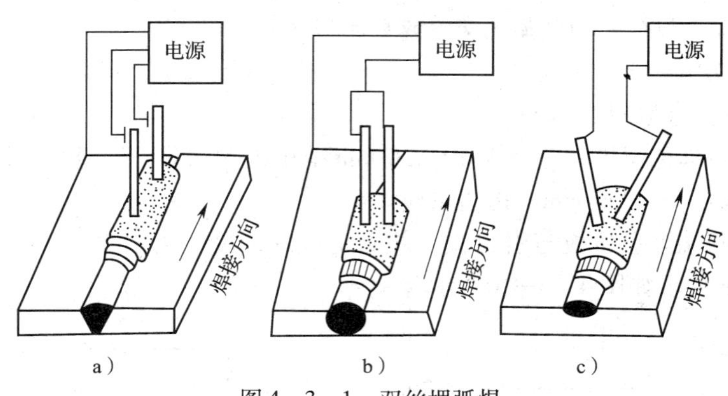

图 4—3—1　双丝埋弧焊

a）纵列式　b）横列式　c）直列式

组成。调整两个送丝机头相互之间的距离及焊炬倾斜角度，通常前丝直流不倾斜，后丝交流倾斜 10°～15°，焊炬之间的可调整距离为 30～100 mm。

(3）双丝埋弧焊焊接设备功能

双丝埋弧焊控制系统采用单片机数字化控制，具有以下功能：

1）可单独控制也可以联动控制焊接机头。

2）可预置焊接电流、电弧电压、焊接速度等参数。

3）可选择平特性或降特性两种焊接方式。

6. 双丝埋弧焊焊丝的排列方式及其对焊缝成形的影响

从双丝埋弧焊焊缝成形看，纵向排列的焊缝深而窄，横向排列的焊缝浅而宽，直列式的焊缝熔合比小。双丝焊可以用一个电源或两个独立电源，前者设备简单，但每一个电弧功率要单独调节较困难。后者设备复杂，但两个电弧可以独立地调节功率，并且可以采用不同电流种类和极性，以获得更理想的焊缝成形。

双丝焊用得较多的是纵列式，根据焊丝间的距离不同又可分成单熔池和双熔池（分列电弧）两种。单熔池两焊丝间距离为 10～30 mm，两个电弧形成一个共同的熔池和气泡，前导电弧保证熔深，后续电弧调节熔宽，使焊缝具有适当的熔池形状及焊缝成形系数，可大大提高焊接速度。同时，这种方法还因熔池体积大、存在时间长、冶金反应充分，因而对气孔敏感性小。分列电弧各电弧之间距离不大于 100 mm，每个电弧具有各自的熔化空间，后续电弧作用在前导电弧已熔化而凝固的焊道上，适用于水平位置平板对接的单面焊双面成形工艺。

二、双丝埋弧焊操作

1. 焊前准备

(1）试件材料、尺寸及要求：Q345，尺寸为 500 mm ×200 mm×20 mm（2 块）。如图 4—3—2 所示，单面焊双面成形。

(2）焊接材料：焊丝 H08MnA、ϕ5 mm，焊剂选用 SJ501，焊剂要求烘干，焊剂烘干温度为 300～400℃，时间为 2 h，焊剂覆盖高度为 40 mm。

(3）焊接电源：DC/AC 匹配。

（4）焊接设备：MZ －1000型（交流或直流）。

2．试件装配定位

（1）试件钝边：（5±1）mm。

（2）焊前应清理待焊坡口正背面20～30 mm范围内的水分、铁锈、油污等杂质。

（3）装配间隙：0～0.5 mm，错边量应≤1 mm。

（4）在试板两端焊引弧板与引出板，并做定位焊，尺寸为180 mm×200 mm×20 mm（2块）。焊接装配要求如图4—3—3所示。

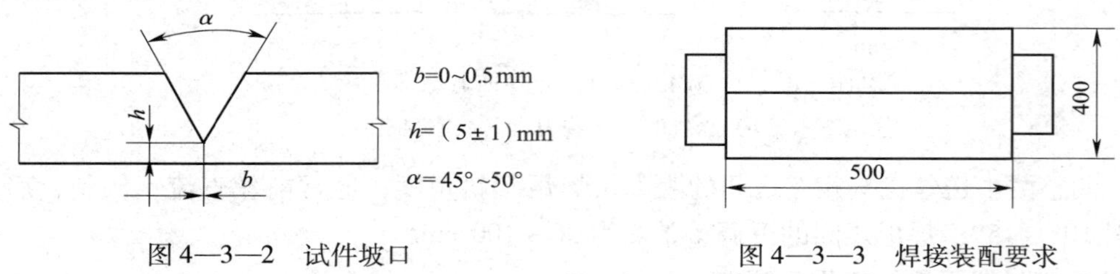

图4—3—2　试件坡口　　　图4—3—3　焊接装配要求

3．焊接参数（见表4—3—1）

表4—3—1　　双丝埋弧焊接参数

焊丝牌号	规格（mm）	焊接电流（A）	电弧电压（A）	焊接速度（mm/min）	带极倾角（°）	焊丝伸出长度（mm）	焊接设备与电源极性
H08MnA	5	前丝1 200	前丝30～35	前丝620	前丝90	前丝30	纵列式双丝直流反接
		后丝950	后丝30～38	后丝620	后丝10～15	后丝35	

4．操作步骤

（1）引弧

将焊接小车放在焊车导轨上，开亮焊接小车前端的照明指示灯，调节小车前后移动的把手，使导向针在指示灯照射下的影子对准基准线，打开焊剂漏斗阀门，待焊剂堆满预焊部位后，即可开始引弧焊接。

（2）焊接过程

焊接过程中，应随时观察控制盘上电流表和电压表的指针、导电嘴的高低、导向针的位置和焊缝成形情况。如果电流表和电压表的指针摆动幅度很小，表明焊接过程很稳定。如果发现指针摆动幅度增大、焊缝成形变化时，可随时调整控制盘上各个旋钮。当发现导向针偏离基准线时，可调节小车前后移动的手轮，调节时操作者所站的位置要与基准线对正，以防焊偏。

（3）收弧

前丝先停弧，后丝在填满弧坑后熄灭电弧，结束焊接。

（4）清理

待焊渣完全凝固，冷却到正常颜色时，松开小车离合器，将小车推离焊件，回收焊剂，清除渣壳，检查焊缝外观质量。

5. 注意事项

(1) 双丝埋弧焊由于自身的工艺特点，焊丝在布置上有特殊的要求，试件焊接时采用双丝布置，如图4—3—4所示。双丝之间的间距不可过小，若过小则综合电流强大，会导致焊件烧穿；也不可过大，若过大则会造成夹渣等缺陷。双丝埋弧焊焊接板厚为20 mm，可单面焊双面成形。焊前需先用CO_2气体保护焊进行点焊，焊接时焊缝背面加陶瓷衬垫并固定好。

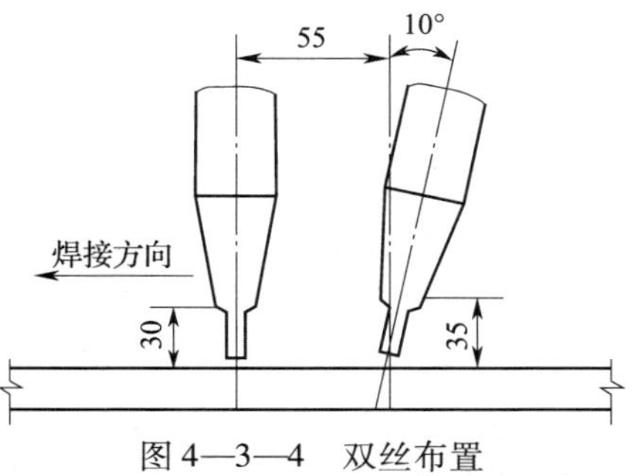

图4—3—4 双丝布置

(2) 双丝埋弧焊在引弧时并非两根焊丝同时引弧，而是前丝先起弧，在电弧稳定并前进一小段距离（30~50 mm）后，后丝在前丝未凝固的熔池表面引弧，自动进行焊接。焊接结束时前丝先停弧，后丝在填满弧坑后熄弧。

三、评分标准（见表4—3—2）

表4—3—2 **评分标准**

项目	考核要求	分值	扣分标准	检验结果	得分
操纵焊机	正确使用焊机	15	不能正确使用焊机不得分		
焊接参数选择	参数选择正确	10	参数选择不合理不得分		
焊件装配	焊件装配合理	5	焊件装配不合理不得分		
错边量	≤10%板厚	10	超差不得分		
变形量	≤3°	10	超差不得分		
焊缝直线度	≤2 mm	10	每超差一处扣5分		
焊缝余高	0~3 mm	15	每超差一处扣5分		
焊缝余高差	≤2 mm	5	每超差一处扣5分		
焊缝外观成形	焊缝波纹均匀、美观	20	根据情况酌情扣分		

课后练习

一、填空题

1. 双丝埋弧焊在目前生产中应用最多的是__________和__________。

2. 多丝埋弧焊按焊丝的排列方式可分为__________、__________和__________三种。

3. 多丝埋弧焊时，当焊丝间距小于__________mm时，两根焊丝在电弧作用下合并形成一个__________熔池；焊丝间距大于__________mm时，两根焊丝在分列电弧作用下形成__________熔池。

二、判断题

(　　) 1. 多丝埋弧焊设备中纵列式的焊缝深而窄；横列式的焊缝浅而宽；直列式的焊缝熔合比小。

(　　) 2. 多丝埋弧焊随焊丝数目的增加，焊接生产率大为提高。

三、简答题

1. 多丝埋弧焊的特点是什么？
2. 多丝埋弧焊的操作要点是什么？

课题四　不锈钢覆层的带极埋弧堆焊

1. 了解堆焊设备。
2. 了解带极埋弧焊原理。
3. 熟悉不锈钢覆层的带极埋弧堆焊主要特点。
4. 掌握带极埋弧堆焊焊接参数对焊缝质量的影响。
5. 能够进行不锈钢覆层的带极埋弧堆焊操作。

带极堆焊是近年来发展起来的一种高效率的、适合于大面积堆焊的新工艺。带极堆焊是由多丝（横列式）埋弧焊发展而成的。由一卷带状电极盘直送到堆焊表面，带极像焊丝一样从专门的盘上松开，通过圆柱形输送辊被送到自动焊机头上。电极前后均送焊剂作保护，以免电弧光闪出。

一、埋弧堆焊设备

埋弧堆焊设备由焊接机头、焊机行走机构、工件移动装置、自动控制系统、焊接电源和其他辅助装置组成。

1. 焊接机头

带极埋弧堆焊用焊接机头与标准的丝极埋弧焊用焊机基本相同。由于埋弧堆焊时，通常选用较高送丝速度，故对送丝机构及传动比略做修改。如采用串联电弧双丝堆焊或多丝堆焊，则应对机头的送丝轮和导电嘴做合理改装。送丝机构传动系统的控制一般均按等速给送设计。

2. 焊机行走机构

焊机行走机构基本上分成三大类，第一类是标准型小车，可沿轨道或仿形靠模按规定速度行走。第二类是横梁拖架型堆焊焊机，这种类型的堆焊焊机主要用于平板直线堆焊。第三类是梁柱型堆焊焊机，这类设备与滚轮架、转胎和变位器配套可以堆焊各种形状的工件。

3. 焊接电源与极性

堆焊用焊接电源与普通埋弧自动焊电源基本相同，分交流和直流两大类。电源特性分陡降特性和平特性，某些电源为缓降外特性。对于大规范高效堆焊，均采用平特性焊接电源，以完成稳定的堆焊过程。直流电源分电动机驱动直流弧焊电源、硅整流电源和可控硅型弧焊电源及逆变电源。

二、带极埋弧焊原理

带极埋弧焊的焊接过程示意图和带极形状如图 4—4—1 所示。焊接时，焊件与带极间形成电弧，电弧热分布在整个电极宽度上。带极熔化形成熔滴过渡到熔池中，冷凝后形成焊道。由于带极伸出部分的刚度较差，因此要配用专门的带极送进装置，使得焊接过程中带极能顺畅、均匀地连续送进，以保证焊接过程的稳定进行。

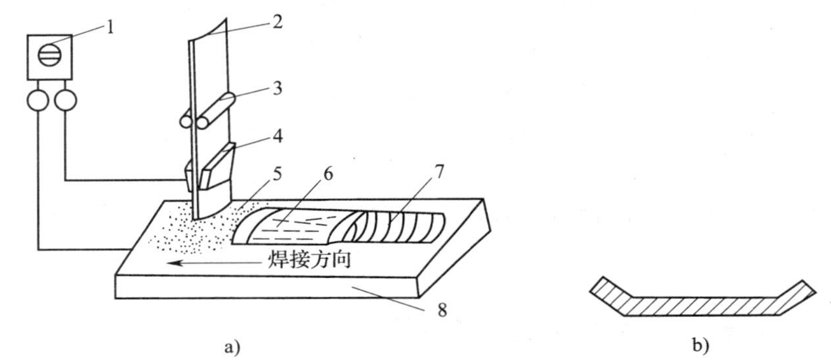

图 4—4—1　带极埋弧焊和带极形状示意图

a）带极埋弧焊示意图　b）带极形状示意图

1—电源　2—带极　3—带极送进装置　4—导电嘴　5—焊剂　6—渣壳　7—焊道　8—焊件

三、不锈钢覆层的带极埋弧堆焊主要特点

1. 使用的焊接电流大

这是因为丝极埋弧焊时如果使用太大的焊接电流，则熔深增加较大，即焊缝的成形系数减小，容易产生裂纹。而用带状电极焊接时，电弧在电极端面上快速往返移动，使热量分散，焊缝的成形系数得以提高，焊缝产生裂纹的可能性较小。因此，与丝极埋弧焊相比，带极埋弧焊可以采用更大的焊接电流。

2. 熔敷金属量大，效率高

这一方面是由于电弧热分布在整个电极宽度上使其熔化，熔敷面积大；另一方面也是由于使用的电流大，带状电极熔化快，因而熔敷金属量大，熔敷效率高。

3. 易控制焊道成形

带极埋弧焊时，熔化的金属向与电极宽度方向成直角流动，将电极偏转一个角度，就可以使焊道移位，因此，可用这种方法控制焊道的形状和熔深。在坡口中多层焊时，交替地、对称地改变电极偏转角，可获得均匀分布的焊道。

四、带极埋弧堆焊焊接参数对焊缝质量的影响

带极埋弧堆焊焊接参数主要包括焊接电流、堆焊速度、电弧电压、带极伸出长度和焊

剂层厚度等。

焊接电流对堆焊层的质量和焊缝成形产生重大影响。焊接电流过小，会形成窄焊道，边缘不均匀，还可能出现未焊透，电弧燃烧也不稳定，甚至熄弧、短路、顶出导电块等。如焊接电流过大，则焊道形状也会变化，在较大的焊接电流和较高的焊接速度下，熔渣会流到带极前面，而影响焊道的成形。

电弧电压对堆焊焊道的表面形状和光滑度有较大的影响，但对带极的熔化率和母材的熔透深度影响较小。最合适的电弧电压取决于带极材料和焊剂类型。对于碳素钢堆焊，合适的电压范围为 28 ~31 V。

带极堆焊速度对焊道的形状也有一定的影响。它取决于带极的规格、带极材料种类、焊剂的类型和工件结构形状等。选择恰当的堆焊速度可以达到所需的母材熔透深度和较高的堆焊效率。通常，对于宽度为 20 ~50 mm 的带极，堆焊速度可在 0. 15 ~0. 55 cm/s 范围内变化。堆焊速度应与所选定的焊接电流和电弧电压相匹配。

带极伸出长度对带极的加热、带极熔敷率及焊道成形有一定影响，最常用的伸出长度为 25 ~30 mm。

焊剂层厚度对堆焊过程的稳定性及焊缝的成形有一定影响，通常焊剂层厚度在 25 ~35 mm。

五、不锈钢覆层的带极埋弧堆焊操作

1. 焊前准备

（1）试件材料：Q345。

（2）试件尺寸：30 mm ×400 mm ×600 mm。

（3）焊接要求：焊接时层间温度应低于 150℃，焊剂层的厚度为 25 ~30 mm，焊剂层太厚，则气体不易逸出，易产生气孔等缺陷。带极伸出长度为 32 ~35 mm，焊道的打磨方向应平行于焊道而不应垂直于焊道，打磨后的表面不应出现过热的深蓝色。

（4）焊接材料：焊剂经 300 ~350℃ 烘干 2 h 后使用，焊剂 SJ305A，带极 H308L（HOOCr20Ni10）

（5）焊机：MZ－1000 型埋弧焊机。

（6）堆焊前应清理待堆焊表面，除去水分、铁锈、油污等杂质。

2. 焊接参数

不锈钢覆层的带极埋弧堆焊焊接参数见表 4—4—1。

表 4—4—1　　不锈钢覆层的带极埋弧堆焊焊接参数

带极牌号	规格（mm）	焊接电流（A）	电弧电压（A）	焊接速度（cm/min）	带极伸出长度（mm）	带极倾角（°）	焊道搭边量（mm）	堆焊厚度（mm）
lCI26Nil0	ϕ0. 5 ×60	600 ~800	30 ~35	22	36 ~42	15	4 ~6	3 ~4. 5
OOCr20Nil0		650 ~750	30 ~38	20			5 ~8	4. 0 ~6. 0

3. 操作要点及注意事项

（1）将焊接小车摆放好，调整焊带位置，使焊带对准焊接位置，往返拉动小车几次，保证焊带在整条焊缝上均能对中，且不与焊件接触。

（2）引弧前将小车拉到起焊位置上，调整好小车行走方向开关，锁定行走离合器之后，按动送丝、退丝按钮，使焊带端部与试件轻轻而可靠地接触。最后将焊剂漏斗阀门打开，让焊剂覆盖焊接处。

引弧后，迅速调整相应的旋钮，直到相关的参数符合要求，电压表、电流表指针摆动幅度减小、焊接稳定为止。

（3）当焊接熔池到达焊接终点时，应马上收弧。待焊缝金属及熔渣冷却凝固后，敲掉焊缝的渣壳，并检查焊缝外观质量。

（4）注意事项

1）带极埋弧堆焊，使用平特性电源效果更好。

2）堆焊位置以水平至2°左右的上坡焊为宜。

3）焊前，必须将堆焊表面的氧化皮清理干净。

4）堆焊焊接参数的选择，应以满足焊道厚度要求，保证焊道熔深好、成形美观并控制一定的稀释率为原则。

4. 评分标准（见表4—4—2）

表4—4—2　　评分标准

项目	考核要求	分值	扣分标准	检验结果	得分
劳保用品	穿戴好劳保用品	15	不按要求穿戴好劳保用品不得分		
设备操作	正确使用焊机、焊剂、焊丝	15	不能正确使用不得分		
焊接参数选择	参数选择正确	15	参数选择不合理不得分		
焊件装夹	焊件装夹合理	5	焊件装夹不合理不得分		
焊缝直线度	≤2 mm	10	每超差一处扣5分		
焊缝余高	0～3 mm	15	每超差一处扣5分		
焊缝余高差	≤2 mm	5	每超差一处扣5分		
焊缝外观成形	焊缝波纹均匀、美观	20	根据情况酌情扣分		

课后练习

一、填空题

1. 带极堆焊是近年来发展起来的一种＿＿＿＿＿＿、＿＿＿＿＿＿的新工艺。

2. 埋弧堆焊用设备由＿＿＿＿＿＿、＿＿＿＿＿＿、＿＿＿＿＿＿、＿＿＿＿＿＿系统、＿＿＿＿＿＿和＿＿＿＿＿＿组成。

3. 带极埋弧堆焊焊接参数主要包括＿＿＿＿＿＿、＿＿＿＿＿＿、＿＿＿＿＿＿、＿＿＿＿＿＿和＿＿＿＿＿＿等。

二、判断题

(　　) 1. 带极埋弧焊时，根据焊接材料的不同，可以采用交流电源，也可以采用直流电源。

(　　) 2. 带极埋弧焊与丝极埋弧焊相比，带极埋弧焊可以采用更大的焊接电流。

三、简答题

1. 带极埋弧焊主要特点是什么？

2. 带极埋弧堆焊的焊接参数对焊缝质量有哪些影响？

模块五

气焊、钎焊

课题一　管管对接气焊

子课题一　V形坡口 ϕ42 mm 16Mn钢管的对接水平转动焊

1. 了解气焊的基本原理及其应用。
2. 了解气焊所用的材料。
3. 掌握V形坡口 ϕ42 mm 16 Mn钢管的对接水平转动焊操作。

一、气焊的基本原理及其应用

1. 原理

气焊是利用氧气与可燃气体，通过焊炬混合后喷出，经点燃使它们发生剧烈的氧化反应——燃烧，利用燃烧产生的热量，局部加热焊件的结合处，使其达到熔化状态并相互熔合形成熔池，然后不断地向熔池内填充金属，随着焊炬的移动，熔融金属冷却凝固后形成焊接接头。例如，氧气与乙炔混合燃烧时产生二氧化碳和水，同时温度达到3 000℃以上，气焊就是利用这种热量做热源来熔化焊件和焊接材料。

2. 应用

气焊是熔焊的一种，在众多焊接方法不断发展的今天，气焊仍不能被其他焊接方法完全取代，在某些特殊场合气焊仍然发挥着不可替代的作用。它适用于焊接较薄的小型工件、低熔点材料、有色金属及其合金，用于铸铁焊补、零部件磨损后的焊补和需要预热与缓冷的工具钢等。

二、气焊所用的材料

气焊所用的材料和气割所用的材料基本相同，只是多了焊丝和气焊熔剂。

1. 焊丝

气焊时因为焊丝与母材熔合形成了焊缝，所以焊缝金属的化学成分和质量很大程度上取决于焊丝的化学成分和质量。一般来说，所用焊丝的化学成分基本上与被焊金属的化学成分相同。有时，在焊丝中添加其他合金元素，能使焊缝的质量有所提高。

（1）对焊丝的基本要求

1）焊丝的熔点应不大于被焊金属的熔点。

2）焊丝应能保证必要的焊接质量，如不产生气孔、夹渣、裂纹等缺陷。

3）不管是黑色金属还是有色金属，焊丝的化学成分应基本上与被焊金属（母材）相同，以保证焊缝具有足够的力学性能。

4）焊丝熔化时应平稳，不应有强烈的飞溅或蒸发。

5）焊丝表面应无油脂、锈蚀和油漆等污染物。

（2）焊丝的规格

焊丝的规格一般为 $\phi1.6$ mm、$\phi2.0$ mm、$\phi2.5$ mm、$\phi3.0$ mm、$\phi3.2$ mm、$\phi4.0$ mm 等，可根据不同的焊接厚度选用不同规格的焊丝。

（3）焊丝的分类及用途

焊丝可分为碳钢焊丝、低合金钢焊丝、铜及铜合金焊丝、铝及铝合金焊丝、铸铁焊丝、不锈钢焊丝等。

1）碳钢焊丝、低合金钢焊丝（GB/T 8110—2008）。按化学成分分为碳钢、碳钼钢、铬钼钢、镍钢、锰钼钢和其他低合金钢六类。用于焊接较重要的低、中碳钢及低合金钢。

2）铜及铜合金焊丝（GB/T 9460—2008）。按化学成分分为铜、黄铜、白铜、青铜四类，可用于纯铜、黄铜的气焊及碳弧焊，也可用于钎焊铜、钢、铜镍合金、灰铸铁。

3）铝及铝合金焊丝（GB/T 10858—2008）。按化学成分分为铝、铝铜、铝锰、铝硅、铝镁五类，用于焊接铝、铝镁合金、铝锰合金等。

4）铸铁焊丝（GB/T 10044—2006）。铸铁焊接用气体保护焊焊丝根据本身的化学成分及用途划分类别，分为纯镍铸铁气体保护焊焊丝、镍铁锰铸铁气体保护焊焊丝等。

（4）焊丝型号的表示方法

1）碳钢焊丝、低合金钢焊丝表示方法（GB/T 8110—2008）。焊丝型号由三部分组成，第一部分用字母“ER”表示焊丝，第二部分两位数字表示焊丝熔敷金属抗拉强度最低值，第三部分为短划线后的字母或数字表示化学成分代号。

2）铜及铜合金焊丝（GB/T 9460—2008）。焊丝型号由三部分组成。第一部分为字母“SCu”，表示铜及铜合金焊丝；第二部分为 4 位数字，表示焊丝型号；第三部分为可选部分，表示化学成分代号。

3）铝及铝合金焊丝（GB/T 10858—2008）。焊丝型号由三部分组成。第一部分为字母“SAl”，表示铝及铝合金焊丝；第二部分为 4 位数字，表示焊丝型号；第三部分为可选部分，表示化学成分代号。

4）铸铁焊丝（GB/T 10044—2006）。字母“ER”表示填充焊丝，字母“Z”表示用于铸铁焊接，在“ERZ”之后用主要化学元素符号或金属类型代号表示。

（5）焊丝的保管

焊丝应按类别、牌号、规格分类保存。焊丝表面应涂油保护，为避免其生锈、腐蚀，应放在干燥通风处。

2．气焊熔剂

气焊熔剂也称气焊粉，它是氧乙炔焊的助熔剂。在气焊过程中被加热的熔化金属极易与周围空气中的氧或火焰中的氧发生化学反应生成氧化物，使焊缝产生气孔和夹渣等缺陷。为了防止金属的氧化，以及消除已经形成的氧化物，在焊接有色金属、合金钢、铸铁等材料时，必须采用气焊熔剂以获得致密的焊缝组织。

（1）气焊熔剂的作用

气焊熔剂能与熔池内金属氧化物或非金属夹杂物发生化学反应生成熔渣，覆盖在熔池表面，有两方面的作用。

1）将熔池与空气隔绝，以防止空气中的氧、氮侵入，消除氧化物的有害作用，避免了夹渣的生成，起到保护熔化金属的作用。

2）熔渣覆盖在熔池表面，能减缓焊缝的冷却速度，促进焊缝金属中气体的排出。气焊熔剂在使用时可直接撒在焊缝上或蘸在焊丝上加入熔池。

（2）对气焊熔剂的要求

1）气焊熔剂应具有很强的反应能力，能迅速溶解某些氧化物或与某些高熔点化合物反应后生成新的低熔点和易挥发的化合物。

2）气焊熔剂熔化后黏度要小、流动性要好，形成熔渣后，其熔点和密度应比母材和焊丝低，熔化后易于浮在熔池表面。

3）气焊熔剂能减小熔化金属的表面张力，使熔化的焊丝与母材更容易结合。

4）气焊熔剂不应对焊件有腐蚀，应不析出有毒气体，且焊接后熔渣容易清除。

（3）气焊熔剂的分类

气焊熔剂按作用不同，可分为化学反应熔剂和物理溶解熔剂两大类。

1）化学反应熔剂。由一种或几种酸性氧化物或碱性氧化物构成，所以又称为酸性熔剂或碱性熔剂。

①酸性熔剂。由硼砂、硼酸及二氧化硅组成，主要用于焊接铜及铜合金、合金钢等。这类材料在焊接时形成的氧化亚铜、氧化锌、氧化铁等均为碱性氧化物，因此应选用酸性的硼砂和硼酸熔剂。

②碱性熔剂。如碳酸钾和碳酸钠等，主要用于焊接铸铁。焊接时，由于熔池内形成高熔点的酸性三氧化硅（熔点 1 350℃），所以应采用碱性熔剂。

酸性熔剂和碱性熔剂的使用都是利用酸碱中和反应的原理，消除难熔的酸性或碱性氧化物，避免生成气孔和夹渣，确保焊缝的致密性。

2）物理溶解熔剂。主要有氯化钠、氯化锂、氟化钠等，主要用于焊接铝及铝合金。由于焊接时，在熔池表面形成的三氧化二铝薄膜不能被酸性和碱性氧化物中和，因此阻碍焊接的进行，利用上述熔剂将三氧化二铝溶解，从而使焊接顺利进行，并获得力学性能较高的焊接接头。

（4）常用气焊熔剂的牌号及表示方法

气焊熔剂的牌号由三部分组成：第一部分“CJ”表示气焊熔剂；后面第一位数字表示

用途，“1”表示不锈钢或耐热钢用，“2”表示铸铁用，“3”表示铜及铜合金用，“4”表示铝及铝合金用；最后两位数字表示同一类型的不同编号。

常用气焊熔剂的牌号、化学成分及用途见表5—1—1。

表5—1—1　　常用气焊熔剂的牌号、化学成分及用途

牌号	名称	熔点（°C）	化学成分（质量分数，%）	用途及性能	焊接注意事项
CJ101	不锈钢及耐热钢气焊熔剂	≈900	瓷土粉30，大理石28，钛白粉20，低碳锰铁10，硅铁6，钛铁6	焊接时，有助于焊丝的润湿作用，能防止熔化金属被氧化，焊后，覆盖在焊缝金属表面的熔渣易去除	1. 焊前对施焊部分擦刷干净 2. 焊接前，将熔剂用密度为1.3 g/cm³的水玻璃均匀搅拌成糊状 3. 用刷子将搅拌好的熔剂均匀地涂在焊接处反面，厚度不小于0.4 mm，焊丝上也涂少许熔剂 4. 涂完后约隔30 min施焊
CJ201	铸铁气焊熔剂	≈650	H_3BO_3　18 Na_2CO_3　40 $NaHCO_3$　20 MnO_2　7 $NaNO_3$　15	有潮解性，能有效地去除铸铁在气焊过程中产生的硅酸盐和氧化物，有加速金属熔化的作用	1. 焊接前，将焊丝一端煨热后蘸上熔剂，在焊接部位红热时撒上熔剂 2. 焊接时，不断用焊丝搅动，使熔剂充分发挥作用，则熔渣容易浮起 3. 如熔渣浮起过多，可用焊丝将熔渣随时拨开
CJ301	铜气焊熔剂	≈650	H_3BO_3　76～79 $Na_2B_4O_7$　16.5～18.5 $AlPO_4$　4～5.5	纯铜及黄铜气焊熔剂或钎焊焊剂，能有效地溶解氧化铜和氧化亚铜，焊接时呈液体状的熔渣覆盖于焊缝表面，防止金属被氧化	1. 焊接前，将焊接部位擦刷干净 2. 焊接时，将焊丝一端煨热，蘸上熔剂即可施焊
CJ401	铝气焊熔剂	≈560	KCl　49.5～52 NaCl　27～30 LiCl　13.5～15 NaF　7.5～9	铝及铝合金气焊熔剂，起精炼作用，也可用作铝青铜气焊熔剂	1. 焊接前，将焊接部位及焊丝擦刷干净 2. 焊丝涂上用水调成糊状的熔剂，或焊丝一端煨热，蘸取适量干熔剂立即施焊 3. 焊后必须将工件表面的熔剂残渣用热水洗刷干净，以免引起腐蚀

（5）气焊熔剂的选用和保存

1）气焊熔剂的选用。在气焊时，应根据母材在焊接过程中所产生的氧化物的种类来选用气焊熔剂，使所用的气焊熔剂能中和或溶解这些氧化物。

2）气焊熔剂的保存。气焊熔剂应保存在密封的玻璃瓶中，根据用量取用，取后要盖紧瓶盖，以避免受潮或脏物进入。

二、V形坡口 ϕ42 mm 16Mn钢管的对接水平转动焊操作

本训练课题是小直径钢管的焊接，焊炬角度变化很快，同时，要考虑到圆度要求。由于钢管可以自由转动，始终可以控制在平焊位置施焊，但管壁较厚和开坡口的钢管不应在水平位置焊接，因为管壁厚，填充金属多，加热时间长，若采用平焊，不易得到较大的熔深，不利于焊缝金属的堆高，同时焊缝表面成形也不美观，故通常采用爬坡位置，即为立焊位置施焊。

1. 焊前准备

（1）焊接设备及工具：氧气瓶、减压器、乙炔瓶、焊炬（H01－6）、橡胶软管。

（2）辅助器具：护目镜、点火枪、通针、钢丝刷等。

（3）焊件尺寸、坡口、焊材及技术要求：如图5—1—1所示为钢管对接水平转动焊试件图。

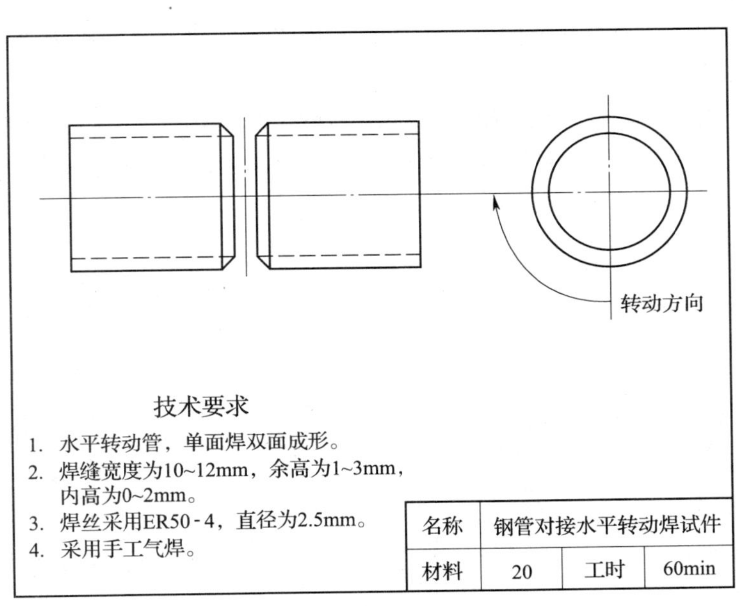

图5—1—1 钢管对接水平转动焊试件图

2. 操作步骤

（1）焊前清理：将焊件坡口面及坡口两侧内、外表面的氧化皮、铁锈、油污、脏物等用钢丝刷、砂布或用抛光的方法进行清理，直至露出金属光泽。

（2）装配：钝边0.5 mm，无毛刺，根部间隙为1.5～2 mm，错边量≤0.5 mm。

（3）定位焊：对直径不超过70 mm的钢管，一般只须定位焊2处；对直径为70～300 mm的钢管可定位焊4～6处；对直径超过300 mm的钢管可定位焊6～8处或以上。不

论钢管直径大小，定位焊点要均匀地对称布置，焊接时的起焊点应在两个定位焊点中间，如图 5—1—2 所示。

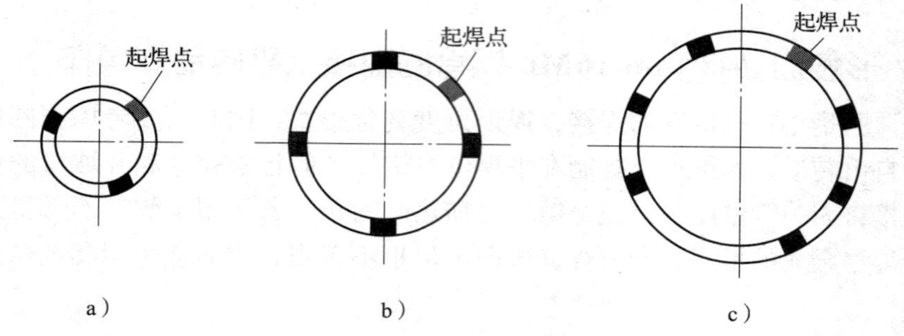

图 5—1—2　不同管径定位焊的起焊点

a）直径小于 70 mm　b）直径为 70 ~ 300 mm　c）直径大于 300 mm

（4）操作要点

1）如采用左向爬坡焊，应始终控制在与钢管水平中心线夹角为 50° ~ 70°的范围内进行焊接，如图 5—1—3 所示。这样可以加大熔深，并易于控制熔池形状，使接头全部焊透；同时，被填充的熔滴金属自然流向熔池下边，使焊缝堆高快，有利于控制焊缝的高低，从而更好地保证焊缝质量。

2）如采用右向爬坡焊，因火焰吹向熔化金属部分，为了防止熔化金属被火焰吹成焊瘤，熔池也应控制在与垂直中心线夹角 10° ~ 30°的范围内进行焊接，如图 5—1—4 所示。

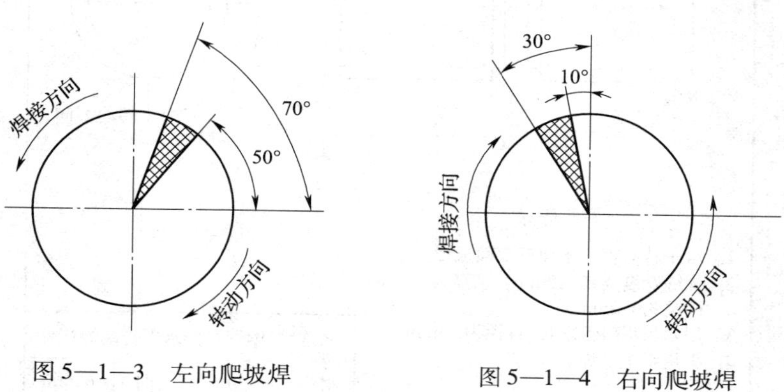

图 5—1—3　左向爬坡焊

图 5—1—4　右向爬坡焊

3）打底层。焊嘴和管子表面的倾斜角度为 45°左右，火焰焰心末端距熔池 3 ~ 5 mm。当看到坡口钝边熔化并形成熔池后，立即把焊丝送入熔池前沿，使之熔化填充熔池。焊炬做圆周式移动，焊丝同时不断地向前移动，保证焊件的底部焊透。

4）盖面层。焊接时，焊炬要适当加大横向摆动，但火焰能率应略小些，使焊缝成形美观。在整个焊接过程中，每一层焊道应一次焊完，并且各层的起焊点互相错开 20 ~ 30 mm。每次焊接结束时，要填满熔池，火焰慢慢地离开熔池，防止产生气孔、夹渣等缺陷。

5）注意事项。在整个焊接过程中，每一个接头应先预热前熔池的收尾处，并且要熔合好接头。焊接结束时，要填满熔池，火焰慢慢地离开熔池，防止产生气孔、夹渣等缺陷。

3. 质量检查内容和评分标准

钢管对接水平转动焊质量检查内容和评分标准见表5—1—2。

表5—1—2　　钢管对接水平转动焊质量检查内容和评分标准

钢管对接水平转动焊		工时：60 min		总分		
项目	质量检查内容	质量检查要求	配分	评分标准	扣分	得分
焊前准备	各种设备、工具的安装和使用	正确使用和安装各种设备、工具	10	使用和安装方法不正确扣1～10分		
	焊接参数的选择	正确选择焊接参数	6	不正确不得分		
工件尺寸精度	焊缝边缘直线度	焊缝边缘直线度误差≤2 mm	6	每超差1 mm扣3分 超差严重不得分		
	焊件的尺寸精度	尺寸极限偏差为±2 mm	18	每超差1 mm扣3分 超差严重不得分		
焊缝外观质量	焊缝表面平面度	焊缝表面平面度误差≤2 mm	9	每超差1 mm扣3分 超差严重不得分		
	焊缝宽度	$C=(11\pm1)$ mm	9	每超差1 mm扣3分		
	焊缝余高 焊缝内高	余高 $h=(2\pm1)$ mm	6	每超差1 mm扣3分		
		内高＝(1±1) mm	6	每超差1 mm扣3分		
	错边量	错边量≤0.5 mm	6	超差不得分		
	未焊透	不允许	6	出现不得分		
	未熔合	不允许	6	出现不得分		
安全文明生产	安全操作规程有关规定	达到规定标准	6	违反有关规定扣1～6分		
	文明生产有关规定					
时间定额	90 min	按时完成	6	每超过时间定额的5%扣1分		
合计			100			
备注						

课后练习

一、填空题

1．气焊与气割是利用__________气体与__________气体混合燃烧所产生的气体火焰作热源进行金属材料的焊接或切割的工艺方法。

2．气焊熔剂的作用是__________。

3．气焊时，按照焊丝和焊炬的移动方向不同，可以分为__________和__________两种，前者适合焊厚板，后者适合焊薄板。

二、判断题

(　　) 1. 凡是与乙炔接触的器具、设备不能用银或含铜量超过70%的铜合金制造。

(　　) 2. 乙炔燃烧时，可用四氯化碳来灭火。

(　　) 3. 气焊时，一般碳素结构钢不需气焊熔剂，而不锈钢、铝及铝合金、铸铁等必须用气焊熔剂。

(　　) 4. 为了储存乙炔，乙炔瓶内装满浸有丙酮的多孔性填料。

三、选择题

1. 气焊黄铜时，为防止锌蒸发，宜选用（　　）。

A. 氧化焰　　B. 碳化焰　　C. 中性焰

2. 气焊高碳钢时宜选用（　　）。

A. 中性焰　　B. 氧化焰　　C. 碳化焰

3. 气焊20钢时宜选用（　　）。

A. 中性焰　　B 氧化焰　　C. 碳化焰

4. 气焊下面四种材料中的（　　）时必须用气焊熔剂。

A. Q235　　B. 20钢　　C. 15CrMo　　D. HT200

5. 在氧—乙炔焰中氧气起（　　）作用。

A. 助燃　　B. 燃烧　　C. 助燃和燃烧

四、简答题

1. 简述气焊熔剂的作用。

2. 简述对气焊熔剂的要求。

子课题二　V形坡口ϕ42 mm 16Mn钢管的对接水平固定焊

学习目标

1. 熟悉气焊焊接参数。

2. 掌握V形坡口ϕ42 mm 16Mn钢管的对接水平固定焊。

一、气焊焊接参数

气焊焊接参数主要包括焊丝的牌号、焊丝的直径、火焰的性质及能率、气焊熔剂、焊嘴的倾斜角度、焊接速度等。

1. 焊丝的牌号

应根据焊件材料的力学性能或化学成分，选择相应性能或成分的焊丝。

2. 焊丝的直径

要根据焊件的厚度、坡口形式及焊接位置来选择焊丝的直径。若焊丝直径过小，则焊接时焊缝处还未熔化，而焊丝已熔化下滴，容易形成熔合不良等缺陷；若焊丝直径过大，则焊丝加热时间增加，会使焊件过热而扩大热影响区，或者导致焊缝未焊透等缺陷。焊丝直径常根据焊件厚度初步确定，试焊后再调整。碳钢气焊时，焊丝直径与焊件厚度的关系见表5—1—3。

表5—1—3　　焊丝直径与焊件厚度的关系　　mm

焊件厚度	1.0~2.0	2.0~3.0	3.0~5.0	5.0~10.0	10~15
焊丝直径	1.0或不用焊丝	2.0~3.0	3.0~4.0	3.0~5.0	4.0~6.0

3. 火焰的性质及能率

（1）火焰的性质

根据氧气与乙炔的混合比不同，可得到三种不同性质的火焰，即中性焰、氧化焰和碳化焰，如图5—1—5所示。在实际工作中应根据相应的材料选择相应的火焰种类。表5—1—4为常用材料种类和火焰种类。火焰由焰心、内焰（微微可见）、外焰三部分组成。

1）中性焰。中性焰是氧乙炔混合比为1.1~1.2时，燃烧所形成的火焰。其特征为亮白色的焰心端部有淡白色火焰闪动，如图5—1—5a所示，时隐时现。中性焰的内焰区气体为一氧化碳和氢气，无过量氧，也没有游离碳，因此，呈暗紫色。中性焰的内焰实际上并非中性，而是具有一定的还原性，故有时称中性焰为正常焰。中性焰适用于焊接一般低碳钢和要求焊接过程中对熔化金属不渗碳的材料，如不锈钢、纯铜、铝及铝合金等。

2）氧化焰。氧化焰是氧乙炔混合比大于1.2时，燃烧所形成的火焰。其特征是焰心端部无淡白色火焰闪动，内焰、外焰分不清，如图5—1—5b所示。氧化焰含有过量的氧，因此氧化焰有氧化性。氧化焰适用于焊接黄铜，可防止锌的挥发。

3）碳化焰。碳化焰是氧乙炔混合比小于1.1时，燃烧所形成的火焰，其特征是内焰呈淡白色，整个火焰比中性焰长，如图5—1—5c所示。这是因为碳化焰的内焰有多余的游离碳。碳化焰具有较强的还原作用，也有一定的渗碳作用。碳化焰适用于焊接含碳量较高的高碳钢、铸铁、硬质合金等。

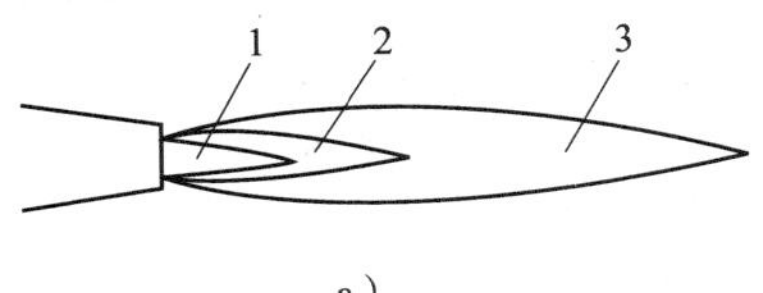

a）

b）

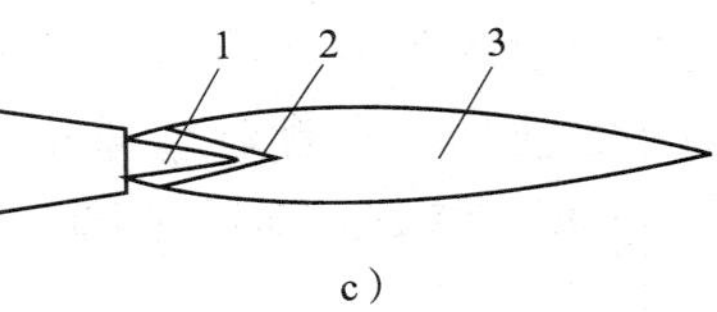

c）

图5—1—5　气焊火焰结构

a）中性焰　b）氧化焰　c）碳化焰

1—焰心　2—内焰　3—外焰

表5—1—4　　常用材料种类和火焰种类

材料种类	火焰种类	材料种类	火焰种类
低、中碳钢	中性焰	铝镍钢	中性焰或乙炔稍多的碳化焰
低合金钢	中性焰	锰钢	氧化焰

续表

材料种类	火焰种类	材料种类	火焰种类
纯铜	中性焰	镀锌铁板	氧化焰
铝及铝合金	中性焰或轻微碳化焰	高速钢	碳化焰
铅、锡	中性焰	硬质合金	碳化焰
青铜	中性焰或轻微碳化焰	高碳钢	碳化焰
不锈钢	中性焰或轻微碳化焰	铸铁	碳化焰
黄铜	氧化焰	镍	碳化焰或中性焰

(2) 火焰能率

气焊火焰能率根据每小时可燃气体的消耗量来确定，而气体的消耗量又取决于焊嘴的大小。所以，火焰能率的选择实际上是确定焊炬的型号和焊嘴的型号。火焰能率应根据焊件的厚度、母材的熔点和导热性及焊缝的空间位置来选择。如果焊件较厚、金属材料熔点较高、导热性较好，且焊缝是平焊位置，应选择较大的火焰能率，才能保证焊透；反之，在焊接薄板时，为防止焊件被烧穿，火焰能率应适当减小。

4. 气焊熔剂

气焊熔剂的选择要依据焊件的材料及其性质，一般来说，碳素结构钢气焊时不需要气焊熔剂，而不锈钢、耐热钢、铸铁、铜及铜合金、铝及铝合金气焊时，则必须采用气焊熔剂，才能保证焊接质量。

5. 焊炬的倾斜角度

焊炬的倾斜角度是指焊嘴与工件平面间小于90°的夹角。焊炬倾斜角度的大小主要取决于焊件的厚度、母材的熔点和导热性。原则上，焊件厚度大、熔点高、导热性好，焊接时焊炬的倾斜角应大些；反之，则小些。开始焊接时，为了加热快，焊炬倾角要大，倾角为80°~90°；焊接结束时，为了填满弧坑，避免烧穿，焊炬倾角要小。气焊导热性强的纯铜时，焊炬倾角为60°~80°；气焊熔点低的铝及铝合金时，焊嘴倾角要小。如图5—1—6所示为碳素钢焊接时焊炬倾角与焊件厚度的关系。

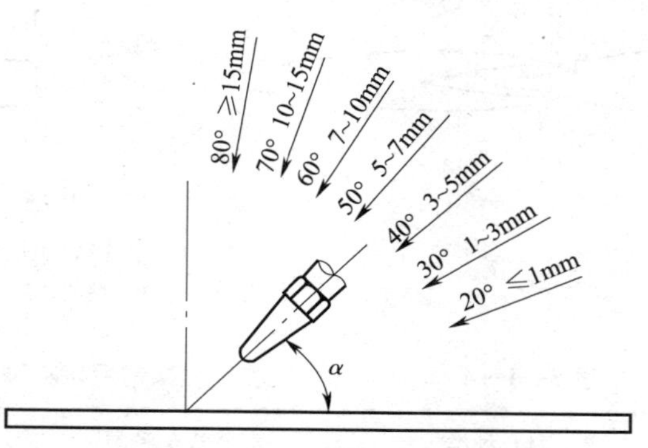

图5—1—6 碳素钢焊接时焊炬倾角与焊件厚度的关系

6. 焊接速度

一般情况下，厚度大、熔点高的焊件，焊接速度要慢些，以免产生未焊透的缺陷；厚度小，熔点低的焊件，焊接速度要快些，以免烧穿和使焊件过热，降低焊接质量。总之，在保证焊接质量的前提下，应尽量加快焊接速度，以提高生产率。

二、V 形坡口 ϕ42 mm 16Mn 钢管的对接水平固定焊

1. 焊前准备

（1）焊接设备及工具：氧气瓶、减压器、乙炔瓶、焊炬（H01－6）、橡胶软管。

（2）辅助器具：护目镜、点火枪、通针、钢丝刷等。

（3）焊件尺寸、坡口、焊材及技术要求：如图 5—1—7 所示为钢管对接水平固定焊试件图。

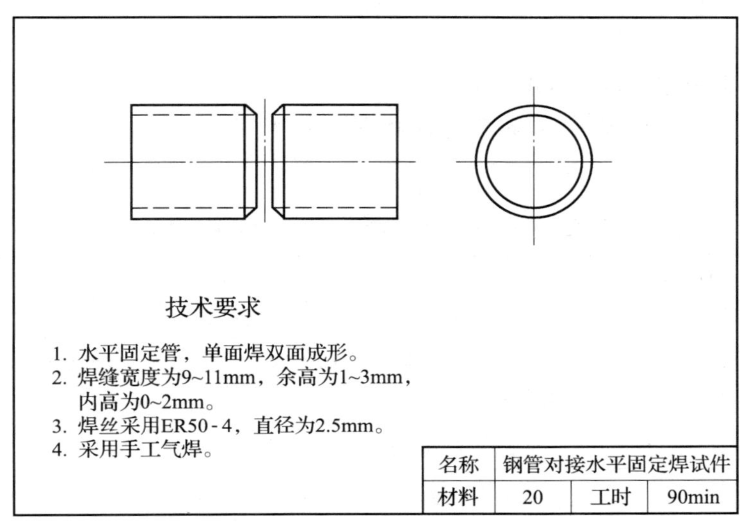

图 5—1—7　钢管对接水平固定焊试件图

2. 设备及工具

（1）焊接设备及工具：氧气瓶、减压器、乙炔瓶、焊炬（H01－6）、橡胶软管。

（2）辅助器具：护目镜、点火枪、通针、钢丝刷等。

3. 操作步骤

（1）焊前清理：将焊件坡口面及坡口两侧内、外表面的氧化皮、铁锈、油污、脏物等用钢丝刷、砂布或用抛光的方法进行清理，直至露出金属光泽。

（2）装配：钝边 0.5 mm，无毛刺，根部间隙为 1.5～2 mm，错边量≤0.5 mm。

（3）定位焊：对直径不超过 70 mm 的钢管，一般只须定位焊 2 处；对直径为 70～300 mm 的钢管可定位焊 4～6 处；对直径超过 300 mm 的钢管可定位焊 6～8 处或以上。不论钢管直径大小，定位焊点要均匀对称布置，焊接时的起焊点应在两个定位焊点中间。

（4）操作要点及注意事项

1）操作要点。操作过程中不断地移动焊炬和焊丝，通常应保持焊炬和焊丝的夹角为 90°，焊炬、焊丝与工件间的夹角一般为 45°，根据管壁的厚度和熔池形状变化情况，可以适当调节和灵活掌握，以保持不同焊接位置时熔池的形状，使之既熔透又不至于过烧和烧穿。

在焊接仰焊位置（特别是仰爬坡位置）时，如图5—1—8中位置1和2，焊炬和焊丝更要配合得当，同时焊炬要不断地离开熔池，严格控制熔池的温度，使焊缝不至于过烧和形成焊瘤。

2）注意事项。焊接前半圈时，起点和终点都要超过钢管的垂直中心线，即图5—1—8中位置1和5，超出长度为5～10 mm。焊接后半圈时，起点和终点都要和前段焊缝搭接一段，以防起焊点处产生缺陷，搭接长度一般为10～15 mm。

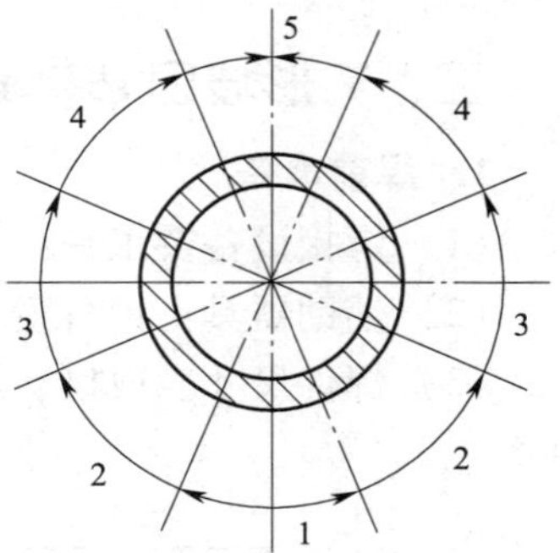

图5—1—8　钢管对接水平固定焊的焊接位置

1—仰焊　2—仰爬坡　3—立焊　4—上坡焊　5—平焊

4. 质量检查内容和评分标准

钢管对接水平固定焊质量检查内容和评分标准见表5—1—5。

表5—1—5　钢管对接水平固定焊质量检查内容和评分标准

钢管对接水平固定焊		工时：90 min		总分		
项目	质量检查内容	质量检查要求	配分	评分标准	扣分	得分
焊前准备	各种设备、工具的安装和使用	正确使用和安装各种设备、工具	10	使用和安装方法不正确扣1～10分		
	焊接参数的选择	正确选择焊接参数	6	不正确不得分		
工件尺寸精度	焊缝边缘直线度	焊缝边缘直线度误差≤2 mm	6	每超差1 mm扣3分 超差严重不得分		
	焊件的尺寸精度	尺寸极限偏差为±2 mm	18	每超差1 mm扣3分 超差严重不得分		
焊缝外观质量	焊缝表面平面度	焊缝表面平面度误差≤2 mm	9	每超差1 mm扣3分 超差严重不得分		
	焊缝宽度	$C=(10\pm1)$ mm	9	每超差1 mm扣3分		
	焊缝高度	余高 $h=(2\pm1)$ mm	6	每超差1 mm扣3分		
		内高＝（1±1）mm	6	每超差1 mm扣3分		
	错边量	错边量≤0.5 mm	6	超差不得分		
	未焊透	不允许	6	出现不得分		
	未熔合	不允许	6	出现不得分		
安全文明生产	安全操作规程有关规定	达到规定标准	6	违反有关规定扣1～6分		
	文明生产有关规定					
时间定额	90 min	按时完成	6	每超过时间定额的5%扣1分		
合计			100			
备注						

课后练习

一、填空题

1. 气焊焊接参数主要包括________、________、________及________、气焊________、________、________。

2. 焊丝的牌号应根据焊件材料的________或________，选择相应________或________的焊丝。

3. 焊丝的直径要根据焊件的________、________及________来选择。

4. 根据氧气与乙炔的混合比不同，可得到三种不同性质的火焰，即________、________和________。

5. 焊炬倾斜角度的大小主要取决于________、________和________。

二、判断题

(　　) 1. 气焊、气割工作中发生回火时，应先关闭氧气调节阀。

(　　) 2. 左向焊法与右向焊法相比，前者易使焊缝氧化。

(　　) 3. 气焊时，一般碳素结构钢不需气焊熔剂，而不锈钢、铝及铝合金、铸铁等必须用气焊熔剂。

(　　) 4. 气焊铸铁时，可用碳化焰作为气焊火焰。

(　　) 5. 气焊时，焊炬的倾斜角在焊接过程中自始至终是不需改变的。

三、选择题

1. 下面五种材料中（　　）不能用氧—乙炔焰气割。

A. 纯铁　　B. Q235　　C. 1Cr18Ni9Ti　　D. 1050　　E. H68

2. 气焊黄铜时，为防止锌蒸发，宜选用（　　）。

A. 氧化焰　　B. 碳化焰　　C. 中性焰

3. 气焊高碳钢时宜选用（　　）。

A. 中性焰　　B. 氧化焰　　C. 碳化焰

4. 气焊 20 钢时宜选用（　　）。

A. 中性焰　　B. 氧化焰　　C. 碳化焰

5. 气焊下面四种材料中的（　　）时必须用气焊熔剂。

A. Q235　　B. 20 钢　　C. 15CrMo　　D. HT200

6. 焊接黄铜时，为阻碍锌的蒸发，常在焊丝中加入（　　）元素。

A. 锡　　B. 铝　　C. 硅

7. CJ301 是用于气焊（　　）的一种熔剂。

A. 黄铜　　B. 铸铁　　C. 中碳钢

8. 气焊采用的主要接头形式是（　　）。

A. 对接接头　　B. 搭接接头

C. T 形接头　　D. 角接接头

四、简答题

1. 气焊焊接参数主要包括哪些?
2. 焊丝的直径要根据什么进行选择?
3. 气焊时火焰能率应根据什么进行选择?

子课题三　V 形坡口 ϕ42 mm 16Mn 钢管的对接垂直固定焊

学习目标

1. 熟悉气焊操作方法。
2. 掌握 V 形坡口 ϕ42 mm 16Mn 钢管的对接垂直固定焊。

一、气焊操作方法

1. 焊炬的握法

右手持焊炬，拇指位于乙炔阀处，食指位于氧气阀处，以便随时调节气体流量，其他三指握住焊炬柄。

2. 火焰的点燃

先将氧气调节阀稍微打开，再打开乙炔调节阀，然后将焊嘴靠近火源点火。开始练习时，可能出现不易点燃或连续的“放炮”声，原因是因为氧气量过大或乙炔不纯，应稍微关小氧气阀或放净不纯的乙炔后，重新点火。点火时，拿火源的手不要正对焊嘴，也不要将焊嘴指向他人，以防烧伤。

3. 火焰的调节

开始点燃的火焰多为碳化焰，如要调成中性焰，应逐渐增加氧气的供给量，直至火焰的内、外焰无明显的界限。如继续增加氧气或减少乙炔，就得到氧化焰；反之，减少氧气或增加乙炔，可得到碳化焰。

调节氧气和乙炔流量大小，还可得到不同的火焰能率。若先减少氧气，后减少乙炔，可减小火焰能率；若先增加乙炔，后增加氧气，可增大火焰能率。同时，在气焊中，要注意回火现象，并能够及时关闭氧气、乙炔调节阀。

4. 火焰的熄灭

正确的熄灭方法是先顺时针方向旋转乙炔阀，直至完全关闭乙炔，再顺时针方向旋转氧气阀关闭氧气，这样可避免冒黑烟和火焰倒吸。注意关闭阀门时以不漏气为准，不要关得太紧，以防磨损过快，缩短焊炬的使用寿命。

5. 左向焊法和右向焊法

(1) 左向焊法

左向焊法是指焊炬跟在焊丝后面由右向左施焊，如图 5—1—9 所示。火焰背向焊缝而指向焊件待焊部分，对接头有预热作用，该焊法操作简单，易于掌握，适用于较薄和低熔点工件，缺点是焊缝易于氧化、冷却快，焊缝质量稍差。

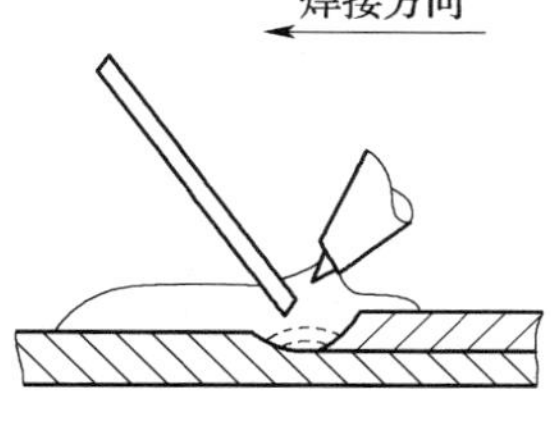

图 5—1—9　左向焊法

（2）右向焊法

右向焊法是指焊炬在前焊丝在后，从左向右施焊，此法火焰加热集中，熔深较大，可改善焊缝组织，但不易掌握。

6. 焊丝与焊炬的摆动

在焊接过程中，为了获得优质而美观的焊缝，焊炬与焊丝应做均匀协调的摆动。通过摆动，既能使焊缝金属熔池均匀，又避免了焊缝金属的过热和过烧。在焊接某些有色金属时，还要不断地用焊丝搅动熔池，以促使熔池中各种氧化物及有害气体的排出。

焊炬和焊丝的摆动基本上有三种动作：

第一种是沿焊缝向前做直线移动。

第二种是沿焊缝做横向摆动（或做圆圈摆动）。

第三种是做上下跳动，即焊丝末端在高温区和低温区之间做往复跳动，以调节熔池的热量，但动作必须均匀协调，不然就会造成焊缝高低不平、宽窄不一等现象。

焊炬和焊丝的摆动方法与摆动幅度，与焊件的厚度、材料性质、焊缝空间位置及尺寸有关。

二、V 形坡口 ϕ42 mm 16Mn 钢管的对接垂直固定气焊

焊炬角度变化很快，要防止熔化金属下淌和上管壁咬边。

1. 焊前准备

（1）焊接设备及工具：氧气瓶、减压器、乙炔瓶、焊炬（H01－6）、橡胶软管。

（2）辅助器具：护目镜、点火枪、通针、钢丝刷等。

（3）焊件尺寸、坡口、焊材及技术要求：如图 5—1—10 所示为钢管对接垂直固定焊试件图。

（4）焊前清理：将焊件坡口面及坡口两侧内、外表面的氧化皮、铁锈、油污、脏物等用钢丝刷、砂布或用抛光的方法进行清理，直至露出金属光泽。

2. 装配

钝边 0.5 mm，无毛刺，根部间隙为 1.5～2 mm，错边量≤0.5 mm。

3. 定位焊

对直径不超过 70 mm 的钢管，一般只须定位焊 2 处；对直径 70～300 mm 的钢管可定位焊 4～6 处；对直径超过 300 mm 的钢管可定位焊 6～8 处或以上。不论钢管直径大小，定位焊点要均匀对称布置，焊接时的起焊点应在两个定位焊点中间。

4. 操作要点、方法及注意事项

（1）操作要点

1）焊嘴与钢管轴线夹角约为 80°，如图 5—1—11 所示；与钢管切线的夹角约为 60°，如图 5—1—12 所示。

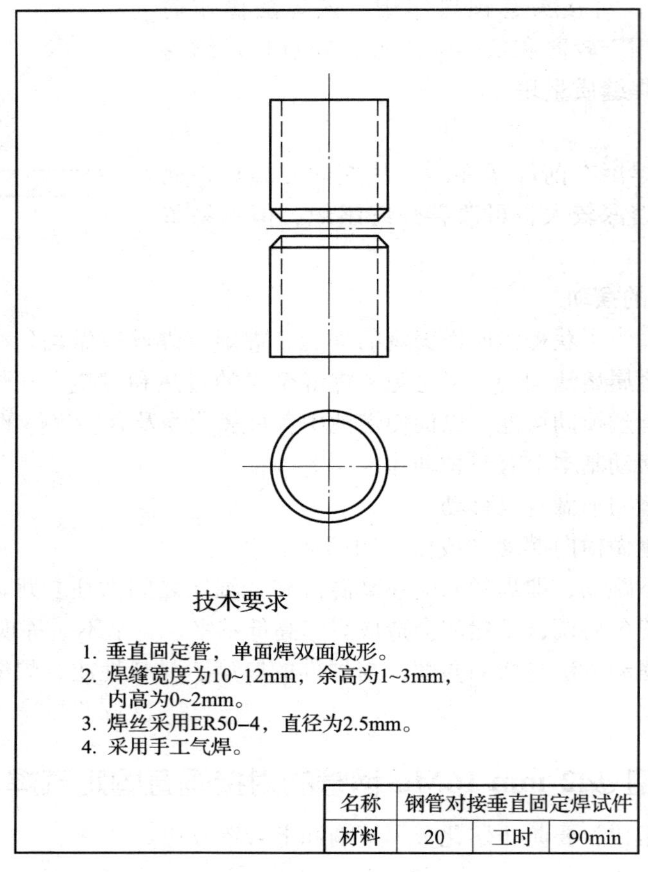

图 5—1—10　钢管对接垂直固定焊试件图

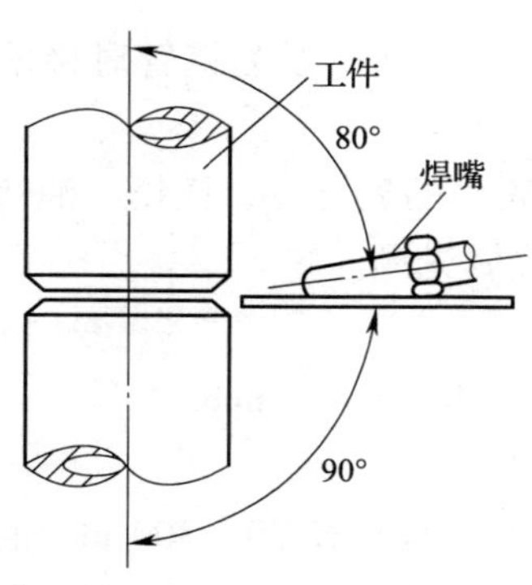

图 5—1—11　焊嘴、焊丝与钢管轴线的夹角

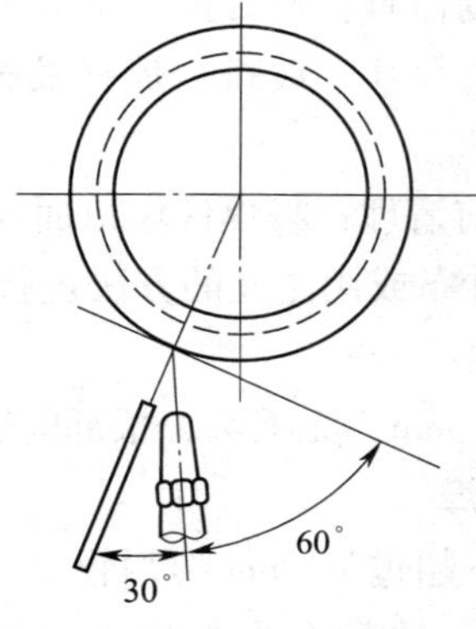

图 5—1—12　焊嘴、焊丝与钢管切线方向的夹角

2）焊丝与钢管轴线的夹角约为 90°。焊丝与钢管切线的夹角约为 30°。

（2）操作方法

对开有坡口的钢管采用左向焊法，应用斜环形运条方法，如图 5—1—13 所示。对于壁厚在 7 mm 以下的垂直钢管的横缝，可以做到单面焊双面成形一次焊成，可以大大提高工作效率。

起焊时，先将被焊处适当加热，然后将熔池烧穿，形成一个熔孔，如图 5—1—14 所示，这个熔孔一直保持到焊接结束。熔孔的大小以等于或稍大于焊丝直径为宜。

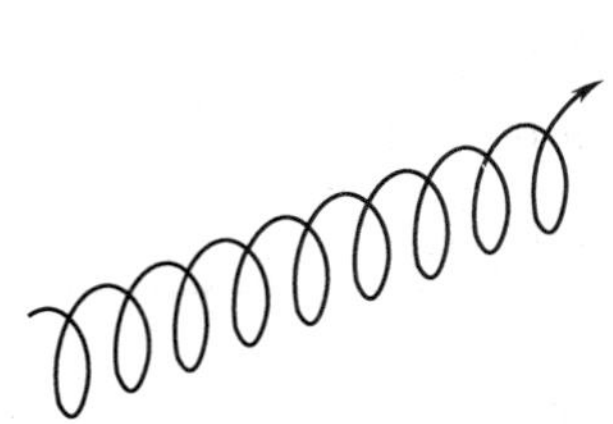

图 5—1—13　斜环形运条法

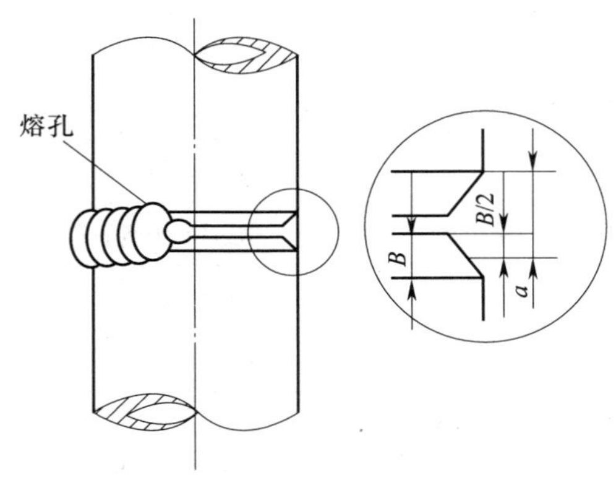

图 5—1—14　熔孔形状和运条图

熔孔形成后，开始填充焊丝。焊炬在熔池和熔孔处做轻微的前后摆动，以控制熔池温度。若熔池温度过高，为使熔池冷却，此时火焰不必离开熔池，可将火焰的高温区朝向熔孔，这时外焰仍然笼罩着熔池和近缝区，保护液态金属不被氧化。

(3) 注意事项

在整个焊接过程中，每一层焊缝应一次焊完，并且各层的起焊点互相错开 20 ~ 30 mm。每次焊接结束时，要填满熔池，火焰慢慢地离开熔池，防止产生气孔、夹渣等缺陷。

5. 质量检查内容和评分标准

钢管对接垂直固定气焊质量检查内容和评分标准见表 5—1—6。

表 5—1—6　　钢管对接垂直固定气焊质量检查内容和评分标准

钢管对接垂直固定焊		工时：90 min		总分		
项目	质量检查内容	质量检查要求	配分	评分标准	扣分	得分
焊前准备	各种设备、工具的安装和使用	正确使用和安装各种设备、工具	10	使用和安装方法不正确扣 1 ~ 10 分		
	焊接参数的选择	正确选择焊接参数	6	不正确不得分		
工件尺寸精度	焊缝边缘直线度	焊缝边缘直线度误差 ≤2 mm	6	每超差 1 mm 扣 3 分 超差严重不得分		
	焊件的尺寸精度	尺寸极限偏差为 ±2 mm	18	每超差 1 mm 扣 3 分 超差严重不得分		

续表

项目	质量检查内容	质量检查要求	配分	评分标准	扣分	得分
焊缝外观质量	焊缝表面平面度	焊缝表面平面度误差≤2 mm	9	每超差 1 mm 扣 3 分 超差严重不得分		
	焊缝宽度	C = (10 ± 1) mm	9	每超差 1 mm 扣 3 分		
		余高 h = (2 ± 1) mm	6	每超差 1 mm 扣 3 分		
		内高 = (1 ± 1) mm	6	每超差 1 mm 扣 3 分		
	错边量	错边量≤0.5 mm	6	超差不得分		
	未焊透	不允许	6	出现不得分		
	未熔合	不允许	6	出现不得分		
安全文明生产	文明生产有关规定	达到规定标准	6	违反有关规定扣 1 ~ 6 分		
	安全操作规程有关规定					
时间定额	90 min	按时完成	6	每超过时间定额的 5% 扣 1 分		
合计			100			
备注						

课后练习

一、填空题

1. 焊炬的握法是右手持________________，拇指位于________________处，食指位于______________处，以便随时调节气体流量，其他三指握住____________。

2. 火焰的点燃先将____________调节阀稍微打开，再打开____________调节阀，然后将焊嘴靠近火源点火。开始练习时，可能出现不易点燃或连续的"放炮"声，原因是因为______________过大或______________不纯，应稍微关小______________或放净不纯的____________后，重新点火。

3. 火焰正确的熄灭方法是：先顺时针方向旋转________________，直至完全关闭________________，再顺时针方向旋转______________，这样可避免______________和________________。

二、判断题

(　　) 1. 点火时，拿火源的手不要正对焊嘴，也不要将焊嘴指向他人，以防烧伤。

(　　) 2. 注意关闭阀门时以不漏气为准，不要关得太紧，以防磨损过快，缩短焊炬的使用寿命。

(　　) 3. 钢管的对接垂直固定焊要防止熔化金属下淌和上管壁咬边。

三、简答题

1. 什么是左向焊法？

2. 气焊时火焰的点燃、调节、熄灭操作方法是什么？

课题二 手工火焰钎焊

子课题 铝管搭接接头的手工火焰钎焊

1. 了解钎焊的基本原理。
2. 了解铝管的钎焊特点。
3. 熟悉钎料的编号、种类及要求。
4. 掌握铝管搭接接头的手工火焰钎焊操作。

一、钎焊的基本原理、铝管的钎焊特点

1. 钎焊的基本原理

钎焊与熔焊不同，在焊接过程中，钎焊是采用比焊件（铝管）熔点低的金属材料作钎料，将焊件（铝管）和钎料加热到高于钎料熔点，低于焊件（铝管）熔点的温度，所以，钎焊是利用毛细作用，使液态钎料填满固态母材之间的间隙，经母材（铝管）与钎料发生相互作用，然后冷却凝固，形成冶金结合的连接方法。

钎焊的基本原理就是在形成钎焊接头的过程中，最重要的过程是液态钎料能够填充接头间隙，并且与母材（铝管）发生相互作用和在随后钎缝冷却结晶的过程。

2. 铝管的钎焊特点

（1）铝对氧的亲和力极大，很容易形成一层致密、稳定且熔点很高的氧化膜（2 050℃），很难去除，它是钎焊的主要障碍之一。

（2）铝及其合金的熔点与钎料的熔点相差不大，如钎焊温度控制不当，会造成过度熔蚀，甚至引起母材熔化。一些热处理强化的铝合金，还可能因钎焊加热而引起失效或退火软化现象，导致钎焊接头性能降低。火焰钎焊时，因铝合金在加热中颜色不改变，温度判断比较困难，故要求操作技术高。

（3）钎料与母材之间存在电极电位差，影响接头的抗腐蚀性能。

（4）钎焊接头的耐热能力比较差，接头强度也比较低，钎焊前的表面清理以及焊件装配质量的要求比较高。

二、钎剂的分类及要求

钎焊时使用的熔剂称为钎焊焊剂，简称钎剂。在钎焊过程中，钎剂的主要作用是减小

钎料的表面张力，改善钎料对母材的润湿性，并消除钎料和母材表面的氧化物，保护焊件和液态钎料在钎焊过程中不被氧化。因此，对于大多数钎焊方法，钎剂是不可缺少的。

1．钎剂的分类

钎剂可分为软钎剂、硬钎剂、铝用钎剂和气体钎剂。

（1）软钎剂

软钎剂是指软钎焊用的钎剂，按其成分可分为有机软钎剂和无机软钎剂两类，按腐蚀性可分为非腐蚀性软钎剂（如松香，300℃下使用）和腐蚀性软钎剂（如氯化锌水溶液）两类。

（2）硬钎剂

硬钎剂是指硬钎焊用的钎剂，如硼砂、硼酸及其混合物等。这类钎剂黏度大，活性温度高，适用于在450～620℃间使用。

（3）铝用钎剂

铝用钎剂属于专用钎剂，铝及其合金熔点较低，化学活性很强，其表面氧化膜致密稳定，且熔点极高，适用于对难以清除氧化膜的金属材料进行钎焊。常用的铝用钎剂又可分为铝用软钎剂和铝用硬钎剂两类。

（4）气体钎剂

气体钎剂是一种特殊类型的钎剂，分为炉中钎剂和火焰钎剂，钎焊后无固体残渣，焊件也不用清洗。所有用作气体钎剂的化合物，其气化产物均有毒性，故使用时必须采用相应的安全措施，如三氧化硼。

2．对钎剂的基本要求

（1）钎剂在钎焊温度下应具有足够的润湿性，并能减小钎料的表面张力、净化钎焊金属表面。

（2）钎剂应能很好地熔解氧化物，或与氧化物形成易熔化合物。

（3）钎剂的熔点及最低活性温度应低于钎料熔点，但钎剂的蒸发温度要高于钎料熔点。

（4）钎剂及其残渣对钎料及母材的腐蚀性要小。

（5）在钎焊温度下，钎剂应有良好的流动性，使其容易均匀地在焊缝表面流动，但流动性不易过强，以免流失。

（6）钎剂及其分解物的密度尽可能小，以便于浮在焊缝表面。

（7）钎剂应形成一层均匀的覆盖层，以防止焊缝金属继续氧化。

（8）钎焊后，残留的钎剂及钎焊残渣应容易清除。

（9）钎剂应具有合理的经济性。

三、钎料的编号、种类及要求

1．钎料的编号

生产中常用的钎料牌号有两种，即原国家机械委编写的《焊接材料产品样本》（1987年版）中的钎料牌号以及冶金部颁布的钎料牌号。

《焊接材料产品样本》中钎料的牌号编制方法为：牌号前用“HL”表示焊料；牌号第一位数字表示钎料的化学组成类型，其系列按表5—2—1规定编排；牌号第二位、第三位数字表示同一类型钎料的不同牌号。例如，成分为 Ag45% －Cu30% －Zn25% 的银基钎料表示为“HL303”。

表 5—2—1　钎料的化学组成类型

牌号	化学组成类型	牌号	化学组成类型
HL1××	铜锌合金	HL5××	锌合金
HL2××	铜磷合金	HL6××	锡铅合金
HL3××	银合金	HL7××	镍合金
HL4××	铝合金		

冶金部颁布的钎料产品牌号编制方法：用“焊料”两字的第一个拼音字母“HL”加上两个基元素符号及除第一个基元素外的成分数字组成。例如，组成为 Ag45% －Cu30% －Zn25% 的银基钎料，其牌号表示为 HLAgCu30－25。

2. 钎料的种类

（1）铝用软钎料

按其熔化温度可分为三类：铝用低温软钎料，是在锡或锡铅合金中加入锌，以提高钎料与铝的作用能力；铝用中温软钎料主要是锌锡合金及锌镉合金；铝用高温软钎料主要是锌基合金。铝用软钎料的成分、性能和用途见表 5—2—2。

表 5—2—2　铝用软钎料的成分、性能和用途

牌号	名称	化学成分（%）	熔化温度（℃）	特性和用途
HL607	铝软钎料	Zn 9 Sn 31 Cd 9 Pb 51	150～210	润湿性和耐蚀性较好，熔点低，操作方便，广泛用于铝电缆接头的软钎焊，需配合 QJ203、QJ204 使用
HL501	锌锡钎料	Zn 58 Sn 40 Cu 2	200～350	润湿性和耐蚀性良好，主要用于铝芯导线加热后的刮擦钎焊，可不用钎剂，也可用于软钎焊铝及铝合金
HL502	锌镉钎料	Zn 60 Cd 40	265～335	有良好的润湿性和流动性，接头的力学性能和抗腐蚀性能均比锡铅好。适用于钎焊铝及铝合金、铝和铜等，配合 QJ203 使用
HL505	锌铝钎料	Zn 75 Al 25	430～500	有良好的润湿性、流动性和较好的抗腐蚀性，常用于钎焊纯铝，LF21 防锈铝，LY11、LY12 硬铝和 LD5 锻铝等铝合金

（2）铝基钎料

铝基钎料主要是铝与其他金属的共晶型合金。由于铝基钎料表面形成的氧化物难以除去，同时铝与铜、铁等很多金属都能形成脆性的金属化合物，所以铝基钎料目前主要用来钎焊铝及铝合金。其成分、性能及用途见表 5—2—3。

表 5—2—3　铝基钎料的成分、性能和用途

牌号	名称	化学成分（%）	熔化温度（℃）	特性及用途
HL400	铝硅钎料	Si 11.7 Al 余量	577～582	有良好的润湿性和流动性，抗腐蚀性能很好，钎料具有一定的塑性，可加工成薄片，是应用很广的一种钎料，广泛用于钎焊铝及铝合金
HL401	铝铜硅钎料	Si 5 Cu 28 Al 余量	525～535	具有较高的力学性能，在大气或水中抗腐蚀性能很好，熔点较低，操作容易，在火焰钎焊时应用甚广，用于铝及铝合金钎焊、修补铝铸件缺陷、LF21 铝合金散热器
HL402	铝铜硅钎料	Si 10 Cu 4 Al 余量	521～585	填充能力强，钎缝强度高，在大气中有良好的抗腐蚀性，可以加工成片和丝，广泛用于钎焊纯铝、LF21 防锈铝、LD2 锻铝等铝及铝合金
HL403	铝硅锌钎料	Si 10 Cu 4 Zn 10 Al 余量	516～560	熔点较低，强度较高，流动性好，但耐腐蚀性较差，常用于钎焊纯铝，LF21、LF2 和 LD2 等铝及铝合金

3. 对钎料的基本要求

钎焊过程中，焊件是依靠熔化的钎料凝固后连接的。因此，钎焊接头的质量在很大程度上取决于钎料。为了满足钎焊工艺的要求和得到高质量的钎焊接头，钎料应满足以下要求：

（1）钎料应有合适的熔化温度范围，至少应比母材的熔化温度范围低几十度。如二者的熔点过于接近，会导致不容易控制钎焊过程，甚至使母材的晶粒长大、过烧以及发生局部熔化。

（2）钎焊时，钎料应有良好的润湿性，以保证液态钎料能充分填满焊缝间隙。

（3）钎焊时，钎料与母材应有扩散作用，以保证它们之间形成牢固的结合。

（4）钎料应具有稳定和均匀的成分，并且在钎焊过程中，尽量减少出现元素的偏析和元素的损耗现象。

（5）钎焊接头应符合产品的技术要求，并且满足力学性能、物理化学性能和使用性能方面的要求。

（6）钎料的经济性要好，钎焊生产率高，并且尽量少含或不含稀有金属或贵重金属。

四、铝管搭接接头的手工火焰钎焊操作

1. 焊前准备

（1）试件材料：铝管管接头，如图 5—2—1 所示。

（2）钎料和钎剂：钎料采用 HL400，SAlSi－1 直径 2 mm，丝状；钎剂为 QJ201。

（3）焊接设备及工具：氧气瓶，减压器，乙炔瓶，焊炬（H01—6 型），橡胶软管。

（4）辅助器具：护目镜、点火枪、通针、钢丝刷等。

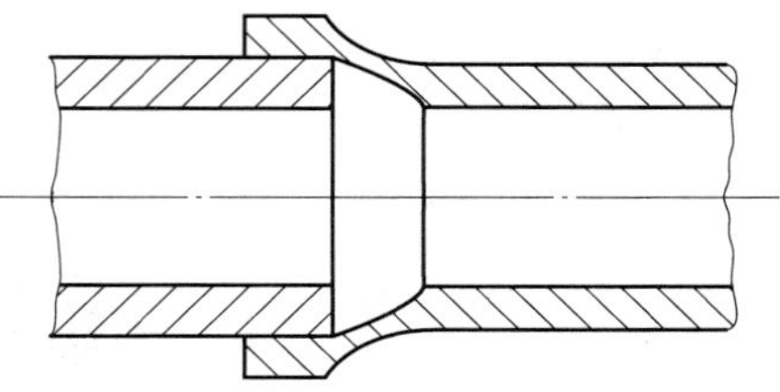

图 5—2—1　钎焊管接头形式示意图

2. 焊前清理

焊前必须严格清理焊件表面的氧化膜。清理的方法主要有机械清理法和化学清洗法。

（1）机械清理法

先用有机溶剂（丙酮或酒精）擦拭表面以除油，然后用细铜丝刷或不锈钢丝刷刷净（金属丝直径不宜大于 0.15 mm），刷到露出金属光泽为止。另外也可以用刮刀清理。一般不宜用砂轮打磨，因为砂粒留在金属表面，焊接时会产生缺陷。

（2）化学清洗法

化学清洗效率高，质量稳定，适用于清洗焊丝及尺寸不大、成批生产的工件。化学清洗法见表 5—2—4。

表 5—2—4　铝及铝合金的化学清洗法

工序	除油	碱洗			冲洗	中和光化			冲洗	干燥
		溶液	温度（℃）	时间（min）		溶液	时间（min）	温度（℃）		
纯铝	汽油、煤油、丙酮	6%～10% NaOH	40～60	≤20	流动清水	30% HNO_3	1～3	室温或 40～60	流动清水	风干或低温干燥
铝镁、铝锰合金等	除油剂	6%～10% NaOH	40～60	≤7	流动清水	30% HNO_3	1～3	室温或 40～60	流动清水	风干或低温干燥

工件和焊丝经过清理后，在存放过程中会重新产生氧化膜。特别是在潮湿环境以及在被酸、碱等蒸气污染的环境中，氧化膜生成更快，因此清理后存放时间应越短越好。在潮湿的环境下，一般应在清理后 4 h 内施焊。在干燥的空气中，一般存放时间不超过 24 h。清理后存放的时间过长，需要重新清理。并按要求在规定的时间之内进行钎焊。

3. 装配定位焊

清理好的管件按图样规定进行装配，采用搭接接头，以增强接头抗剪切的能力；同时，为了保证钎焊时钎料能充分均匀地填满间隙，提高接头的致密性和强度，应注意钎焊间隙不能过大或过小，要均匀一致。低碳钢管件的钎焊间隙为 0.05～0.1 mm。

将装配好的低碳钢管件置于专用工作台上，用中性焰进行定位钎焊。根据管径不同，定位钎焊 1 ~ 3 点。

4. 操作要点

(1) 预热

铝及铝合金导热性好，热量散失快，钎焊前必须预热，预热火焰应选用中性焰，焰芯距工件表面 15 ~ 20 mm，以增加加热面积。工件垂直固定在夹具上，预热时火焰以焊缝为中心边旋转边做上下运动，使铝管受热均匀。为了保证钎料渗透搭接长度，开始时预热范围可大些，超过焊缝长度，随着铝管温度的升高，预热火焰上下运动的范围可缩小，防止接头预热范围过大而造成钎料过多渗入使铝管内部形成焊瘤。预热过程中需用钎料蘸钎剂在待焊处少量试涂，防止因钎剂与火焰、焊件发生反应而失效，造成钎焊困难。当试涂的钎剂熔化变成液体状态且铝管变得白亮时，说明预热温度已达到要求（即钎焊温度在 550 ~ 580℃较为理想），可以加钎料了。

(2) 钎料的加入

钎料端头蘸好焊剂后紧贴焊缝和铝管圆根均匀向后拖，沿接头旋转，火焰指向接头搭接面的下方 2 ~ 5 mm 处。不允许直接加热钎料、钎剂，以免造成钎料、钎剂温度过高而与基本金属强烈地氧化，使基本金属被钎料侵蚀。由于铝及铝合金钎焊熔剂、钎料、基本金属的熔点很接近，钎焊时间一定要短，一旦钎剂熔化，钎料将迅速熔化，对于小型管可一次渗透焊缝，不可补充加热和横向摆动。钎焊过程中如发现金属表面有黑色物质时，说明此处不干净或钎剂失效，需重新填钎剂并不断用钎料端头刮擦，去除黑色物质，钎料渗入间隙后火焰必须由近渐远缓慢地离开焊缝。

(3) 钎焊后清洗

钎剂残渣大多数对钎焊接头起腐蚀作用，也妨碍对钎缝的检查，需清除干净。碳钢钎焊用的硼砂和硼酸钎剂残渣基本上不溶于水，很难去除，一般用喷砂去除。比较好的方法是将已钎焊的工件在热态下放入水中，使钎剂残渣开裂而易于去除。

5. 质量检查内容和评分标准

铝管搭接接头的手工火焰钎焊评分标准见表 5—2—5。

表 5—2—5　　铝管搭接接头的手工火焰钎焊评分标准

铝管搭接接头的手工焰钎焊		工时：90 min		总分		
项目	质量检查内容	质量检查要求	配分	评分标准	扣分	得分
焊前准备	各种设备、工具的安装和使用	正确使用和安装各种设备、工具	10	使用和安装方法不正确扣 1 ~ 10 分		
	焊接参数的选择	正确选择焊接参数	6	不正确不得分		
工件尺寸精度	焊缝边缘直线度	焊缝边缘直线度误差 ≤ 2 mm	6	每超差 1mm 扣 3 分超差严重不得分		
	焊件的尺寸	搭接的长度为管壁 3 倍厚，不小于 20 mm	18	每超差 1 mm 扣 3 分超差严重不得分		

续表

项目	质量检查内容	质量检查要求	配分	评分标准	扣分	得分
焊缝外观质量	焊缝表面平面度	焊缝表面平面度误差≤2 mm	9	每超差 1mm 扣 3 分超差严重不得分		
	母材发生熔蚀	不允许	9	每超差 1 mm 扣 3 分		
	钎料流失	不允许	6	每超差 1mm 扣 3 分		
		壁厚≤0.5 mm	6	超差不得分		
	错边量	不允许	6	出现不得分		
	钎缝表面不光滑	不允许	6	出现不得分		
	没形成圆角	不允许	6	出现不得分		
安全文明生产	安全操作规程有关规定	达到规定标准	6	违反有关规定扣 1~6 分		
	文明生产有关规定					
时间定额	90 min	按时完成	6	每超过时间定额的 5% 扣 1 分		
合计			100			
备注						

课后练习

一、填空题

1. 铝及铝合金硬钎焊须用__________保护，常用的__________和__________必须有较高的纯度，它们的露点必须低于__________℃。

2. 在潮湿的环境下，一般应在清理后__________内施焊。在干燥的空气中，一般存放时间不超过__________。清理后存放的时间过长，需要重新清理，并按要求在规定的时间之内进行钎焊。

3. 钎焊采用__________或__________焰。

二、判断题

(　　) 1. 铝及铝合金焊条在实际生产中使用极少。

(　　) 2. 铝及铝合金焊丝是根据化学成分来分类并确定型号的。

(　　) 3. 常用来焊接除铝镁合金以外的铝合金的通用焊丝牌号是 HS331。

三、选择题

1. 常用来焊接除铝镁合金以外的铝合金的通用焊丝是（　　）。

A. 纯铝焊丝　　B. 铝镁焊丝　　C. 铝硅焊丝　　D. 铝锰焊丝

2. 常用来焊接除铝镁合金以外的铝合金的通用焊丝型号是（　　）。

A. SAl－3　　B. SAiSi－1　　C. SAlMn　　D. SAlMg－5

3. 用来焊接铝镁合金的焊丝型号是（　　）。

A. SAl－3　　B. SAlSi－1　　C. SAlMn　　D. SAlMg－5

4. 焊接黄铜时，为了抑制（　　）的蒸发，可选用含硅量高的黄铜或硅青铜焊丝。

A. 铝　　B. 镁　　C. 锰　　D. 锌

5. 焊接黄铜时，为了抑制锌的蒸发，可选用含（　　）量高的黄铜或硅青铜焊丝。

A. 铝　　B. 镁　　C. 锰　　D. 硅

6. 铝气焊用熔剂的牌号是（　　）。

A. CJl01　　B. CJ201　　C. CJ301　　D. CJ401

四、简答题

1. 铝及铝合金管搭接接头的钎焊特点是什么？
2. 对钎剂的要求是什么？
3. 对钎料的要求是什么？

模块六 切割

课题一　等离子弧切割

子课题一　Q235A 钢板空气等离子弧直线切割

1. 了解等离子弧的形成和种类。
2. 了解等离子弧切割的基本原理。
3. 了解等离子弧切割的特点和分类。
4. 掌握 Q235A 钢板空气等离子弧直线切割。

等离子弧切割是一种常用的金属和非金属材料切割工艺。切割用等离子弧温度一般为 10 000 ~ 14 000℃，超过所有金属和非金属的熔点。切割时，等离子弧的高温能将被割材料迅速熔化，并随即用高速等离子气流将熔化的材料排除形成切口。与氧乙炔切割相比，等离子弧切割不是依靠氧化反应而是靠熔化来切割材料，因而比氧乙炔切割的适用范围大得多，能够切割绝大部分金属和非金属材料。

一、等离子弧的形成和种类

1. 等离子弧的形成

等离子弧是利用等离子枪将阴极（如钨极）和阳极之间的自由电弧经过机械压缩、热收缩和电磁收缩，形成的高温、高电离度、高能量密度及高焰流速度的电弧，确切地说，它是一种压缩电弧，是一种电弧放电的气体导电现象。

2. 等离子弧的种类

根据电源的接法和产生等离子弧的形式不同，等离子弧可以分为转移弧、非转移弧和联合弧三种形式，如图 6—1—1 所示。

（1）转移弧

电源的负极接电极，正极接焊件，转移弧是产生于电极与焊件之间的等离子弧。转移弧适用于切割金属材料。

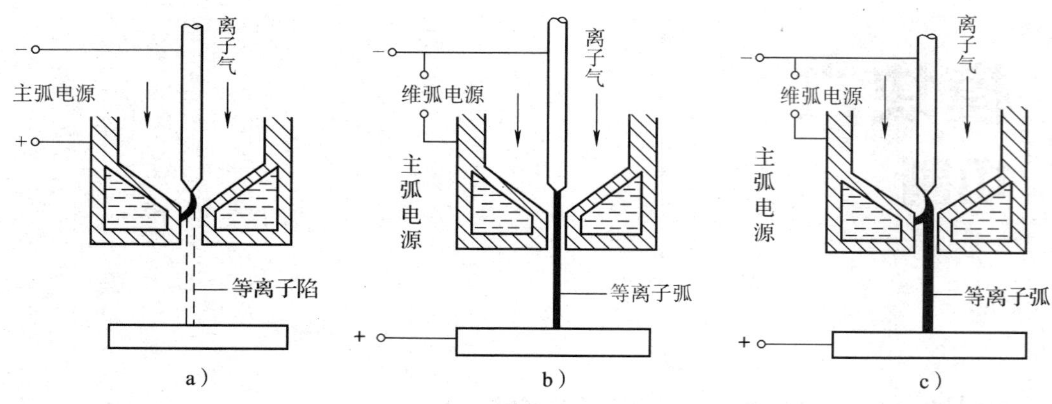

图 6—1—1　等离子弧的种类
a）转移弧　b）非转移弧　c）联合弧

（2）非转移弧

电极为阴极，喷嘴为阳极，非转移弧是产生于电极与喷嘴之间的等离子弧。非转移弧适用于切割非金属材料。

（3）联合弧

联合弧是转移弧和非转移弧同时存在的等离子弧，常用于微束等离子弧焊接和低压等离子弧喷涂。

二、等离子弧切割的基本原理

等离子弧切割是利用高速、高温和高能的等离子弧和等离子气流，来加热、熔化被切割材料，并借助内部或者外部的高速气流或水流将熔化材料排除，直至等离子气流束穿透背面而形成切口。等离子弧切割如图 6—1—2 所示。

三、等离子弧切割的特点

1. 优点

（1）切割速度快

切割厚度较小的金属时，切割速度快，生产率高。

（2）切割质量好

等离子弧温度高，挺直度好（扩散角约为 5°），焰流有很大的冲刷力。因此，切口光洁无挂渣，而且割件变形小。

（3）可以切割绝大多数金属和非金属

可以切割不锈钢、耐热钢、铝、铜、钛、铸铁等难熔金属材料，还可以切割花岗石、碳化硅等非金属材料。

（4）切割起始点无须预热

引弧后可即刻进入切割状态，不需要像气体火焰切割那样的预热过程。

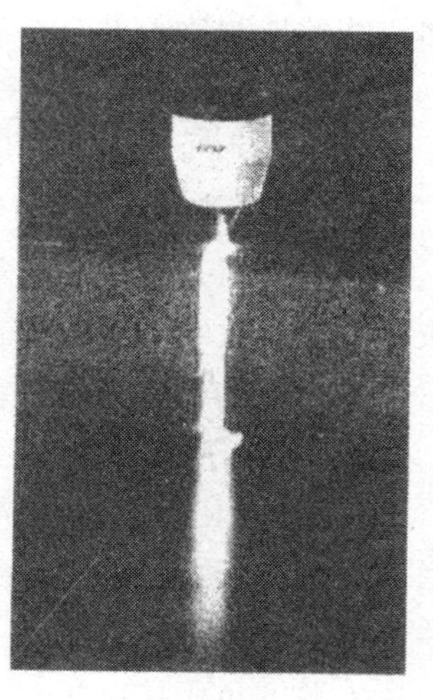

图 6—1—2　等离子弧切割

2. 缺点

(1) 工作卫生条件差

切割过程中产生弧光辐射、烟尘及噪声等，工作条件较差，应注意防护。

(2) 设备成本高，耗电量大

与氧乙炔切割相比，等离子弧切割设备贵，切割用电源空载电压高，不仅耗电量大，而且在割炬绝缘不好的情况下易对操作人员造成电击。

四、等离子弧切割的分类

按电弧压缩情况，分为一般等离子弧切割和水再压缩等离子弧切割两类；按所使用的工作气体，分为氩等离子弧、氮等离子弧、氧等离子弧和空气等离子弧切割。这里只介绍一般等离子弧切割、水再压缩等离子弧切割和空气等离子弧切割。

1. 一般等离子弧切割

如图 6—1—3 所示为一般等离子弧切割的原理。等离子弧切割采用转移弧或非转移弧，一般等离子弧切割不用保护气体，工作气体和切割气体从同一喷嘴内喷出。切割时，则同时喷出大气流气体以排除熔化金属。

2. 水再压缩等离子弧切割

水再压缩等离子弧利用水代替冷气流来压缩自由电弧，也称为水射流等离子弧切割，其原理如图 6—1—4 所示。

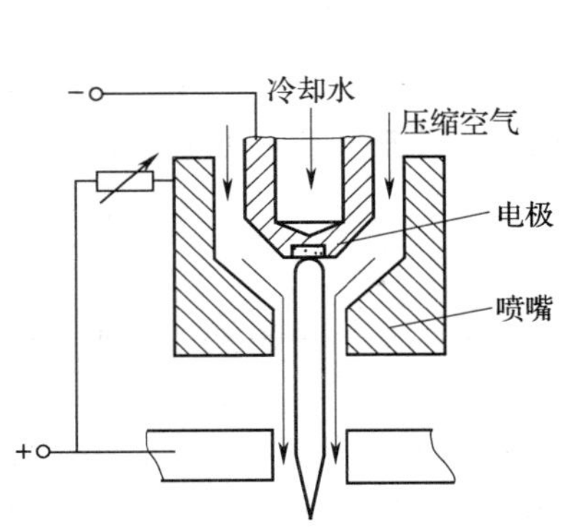

图 6—1—3 一般等离子弧切割的原理示意图

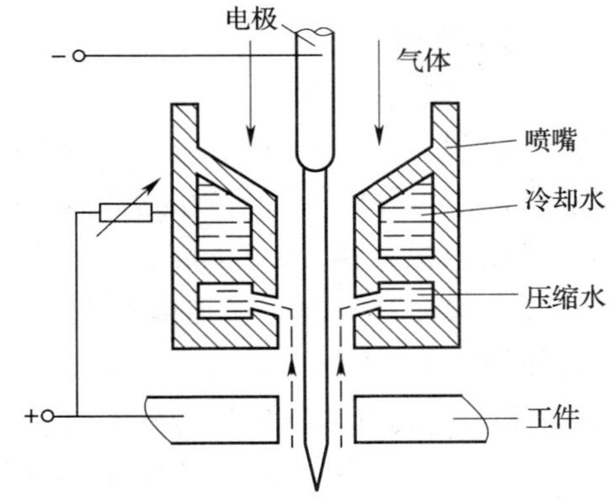

图 6—1—4 水再压缩等离子弧切割的原理示意图

由割炬喷出的除工作气体外，还伴随有高速流动的水流束，共同迅速地将熔化金属排除。高压高速水流在割炬中，一方面，对喷嘴起冷却作用，使切口平整和割后工件热变形减小；另一方面，对电弧起再压缩作用。喷出的水流一部分被电弧蒸发，分解成氧与氢，它们与工作气体共同形成切割气体，使等离子弧具有更高的能量；另一部分未被电弧蒸发、分解，但对电弧起着强烈的冷却作用，使等离子弧的能量更为集中，因而可增大切割速度。这种方法适用于水中切割工件，可大大降低切割噪声，减少烟尘和烟气。

3. 空气等离子弧切割

空气等离子弧切割是用压缩空气取代氩气、氮气等气体作为等离子气的一种切割方法，由于气体供应方便，所以空气等离子弧切割的成本较低，其原理如图 6—1—5 所示。

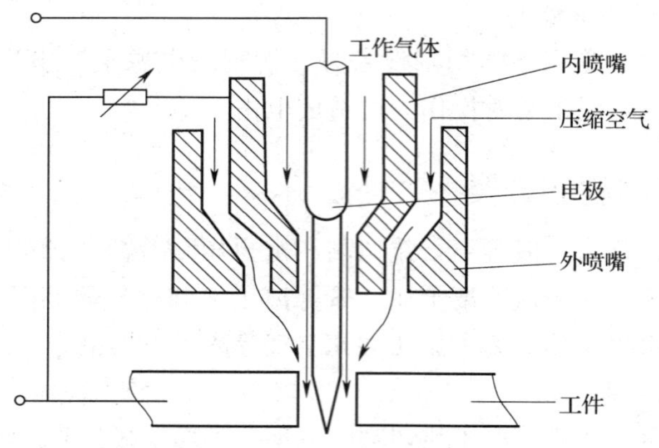

图 6—1—5 空气等离子弧切割的原理

空气压缩机提供的压缩空气直接通入喷嘴，压缩空气在电弧中加热后分解和电离，生成的氧气与切割金属产生化学放热反应，加快了切割速度；未分解的空气以高速冲刷切口处的熔化金属，随着割炬的移动形成切口。

五、Q235A 钢板空气等离子弧直线切割实训

1. 切割前准备

（1）试件材料：Q235A。

（2）试件尺寸：500 mm×200 mm×20 mm；在 Q235A 钢板上沿长度方向每隔 20 mm 划一切割线，作为等离子弧切割的运行轨迹。

（3）铈钨电极直径：5.5 mm。

（4）切割设备：等离子弧切割设备主要包括电源、控制箱、水路系统、气路系统及割炬等，其外部接线如图 6—1—6 所示。

1）电源。应具有陡降的外特性曲线。一般要求空载电压在 150 ~ 400 V 之间，切割电压在 80 V 以上。为保证等离子弧的稳定燃烧，一般采用直流电源，如 ZXG2 - 400。

2）控制箱。控制箱主要包括程序控制接触器、高频振荡器和电磁气阀等。控制箱完成下列过程的控制：接通电源输入回路→使水压开关动作→接通小气流→接通高频振荡器→引小电流弧→接通切割电流回路，同时断开小电流回路和高频电流回路→接通切割气流→进入正常切割过程。当停止切割时，全部控制线路复原。

3）割炬。割炬喷嘴的结构形式和几何尺寸对等离子弧的压缩和稳定有重要影响，喷嘴孔径与压缩孔道长度之比为 1:（1.5 ~ 1.8）时较为合适。

本课题切割设备为 LG - 400 - 1 型等离子弧切割机及空气压缩机、减压器和流量计等。

（5）切割前清理：清除钢板上的油污、锈蚀、水分及其他污物，使其导电性良好。

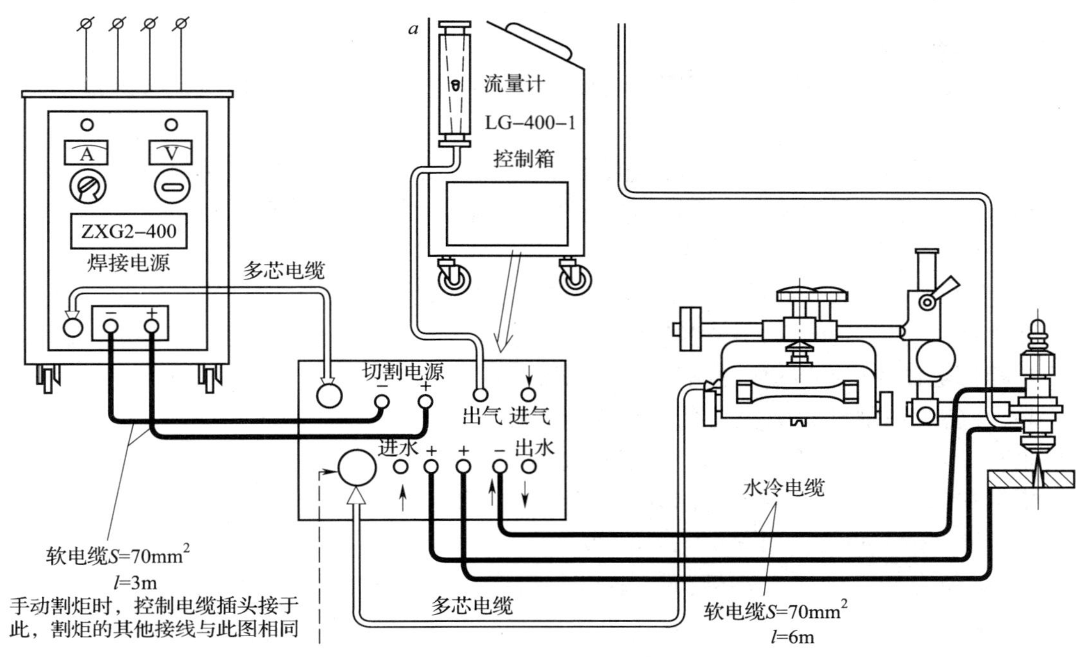

图 6—1—6　LG－400－1 型等离子弧切割机外部接线示意图

2. 切割参数

切割参数见表 6—1—1。

表 6—1—1　切割参数

电极直径	电极内缩量	喷嘴至割件距离	喷嘴直径	空载电压	切割电流	切割电压	气体流量	切割速度
5.5 mm	5 ~ 8 mm	6 ~ 8 mm	3 mm	160 V	320A	130 ~ 150 V	35 ~ 38 L/min	53 ~ 60 cm/min

3. 操作要点

(1) 切割机操作步骤

1）按切割机外部接线图（见图 6—1—6）连接气路、水路和电路。

2）把小车、割件安放在多柱支架上，如图 6—1—7 所示，使割件与电路正极连接牢固。

3）打开水路，检查是否有漏水现象；打开气路，调节非转移弧气流和转移弧气流的流量。

4）接通控制线路，检查电极同轴度是否最佳（方法同前文等离子弧平敷焊中钨极与喷嘴同轴度的调整）。

5）自动切割小车空车试验，并初步选定切割速度。

6）调节割炬位置和喷嘴到割件的距离，一般为 6 ~ 8 mm。

7）启动切割电源，查看空载电压是否正常，并初步选定工作电流（即旋钮所指示的刻度位置）。

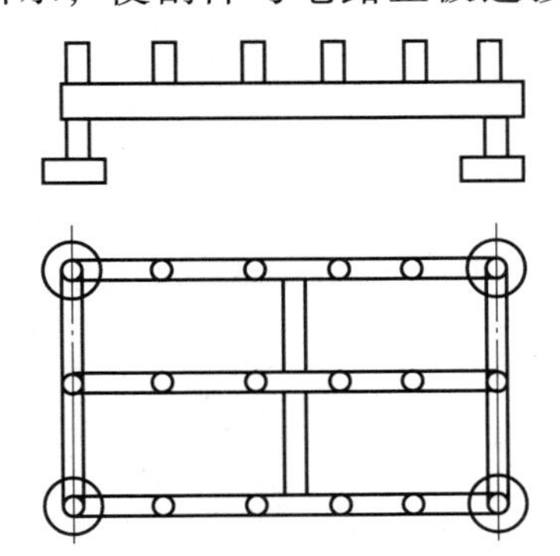
图 6—1—7　多柱支架

8）戴好面罩准备切割。

（2）切割操作

1）启动高频引弧，引弧后高频自动被切断，其红色焰流（非转移弧）接触被切割工件。

2）按动切割按钮，转移弧电流接通并自动接通切割气流并切断非转移弧电流。

3）起割应从割件边缘开始，将割件边缘切穿后，再移动割炬导入切割尺寸线。待电弧穿透割件，开动小车自动进行切割。

4）切割速度、气体流量和切割电流可进行适当调整。切割速度过快会在割口前端产生翻弧现象，切割不透；切割速度过慢，切口宽而不齐，而且因割透的割口前沿金属远离电弧，相对电弧变长而造成电弧不稳甚至熄弧，使切割中断。

5）在整个切割过程中，割炬应与割缝两侧平面保持垂直，以保证割口平直光洁。为了提高切割生产率，割炬在割缝所在平面内沿切割方向的反方向应倾斜一个角度（0°~45°），如图6—1—8所示。

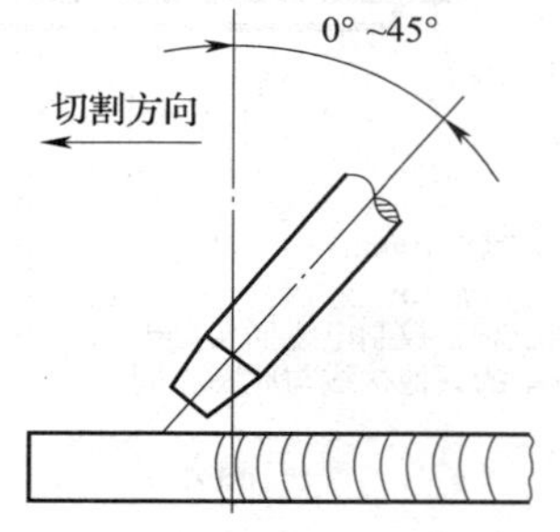

图6—1—8　切割时割炬的后倾角度

6）切割完毕，电路自动断开，小车自动停车，气路自动断开。

7）切断电源电路，关闭水路和气路。

4. 质量检查内容和评分标准

Q235A钢板空气等离子弧直线切割质量检查内容和评分标准见表6—1—2。

表6—1—2　Q235A钢板空气等离子弧直线切割质量检查内容和评分标准

Q235A钢板切割		工时：60 min		总分		
项目	质景检查内容	质量检查要求	配分	评分标准	扣分	得分
割前准备	各种设备、工具的安装和使用	正确使用和安装各种设备、工具	7	使用和安装方法不正确扣1~7分		
	切割参数的选择	正确选择切割参数	10	不正确不得分		
工件尺寸精度	切口边缘直线度	切口边缘直线度误差≤2 mm	6	每超差1 mm扣3分，超差严重不得分		
	割件的尺寸精度	尺寸极限偏差为±2 mm	15	每超差1 mm扣3分超差严重不得分		
	切割面垂直度	切割面垂直度误差为±1 mm	12	每超差1 mm扣3分超差严重不得分		
	切割面平面度	切割面平面度误差≤2 mm	6	超差1 mm扣3分超差严重不得分		
割缝外观质量	双弧	无	6	产生双弧不得分		
	上缘熔化		8	根据熔化程度扣1~8分		
	上缘呈现珠链状钢粒		6	出现缺陷不得分		
	下缘粘渣		6	根据粘渣程度扣1~6分		
	试件变形量	试件变形量小于2 mm	6	超差不得分		

续表

项目	质景检查内容	质量检查要求	配分	评分标准	扣分	得分
安全文明生产	安全操作规程有关规定	达到规定标准	6	违反有关规定扣1~6分		
	文明生产有关规定					
时间定额	60 min	按时完成	6	每超过时间定额的5%扣1分		
合计			100			
备注						

课后练习

一、填空题

1. 等离子弧是利用等离子枪将________（如钨极）和________之间的自由电弧经过________、________和________，形成的________、________、________及________的电弧，确切地说，它是一种________，是一种电弧放电的气体________现象。

2. 根据电源的接法和产生等离子弧的形式不同，等离子弧可以分为____________、____________和____________三种形式。

二、判断题

（　　）1. 等离子弧切割时，钨极内缩量极大地影响着电弧压缩效果及电极的烧损。

（　　）2. 等离子弧焊喷嘴孔径和孔道长度，应根据焊件金属材料的种类和厚度以及需用的焊接电流值来决定。

（　　）3. 等离子弧切割时，会产生大量的金属蒸气及有害气体。

（　　）4. 凡较长期使用等离子弧切割的工作场地，必须设置强迫抽风或设水工作台。

（　　）5. 等离子弧切割时，电源一定要接地，割炬的手把绝缘要可靠，最好将工作台与地面绝缘起来。

三、选择题

1. 中厚板以上的金属材料等离子弧切割时，均采用（　　）等离子弧。

A. 直接型　　B. 转移型　　C. 非转移型　　D. 联合型

2. 微束等离子弧焊接采用（　　）等离子弧。

A. 直接型　　B. 转移型　　C. 非转移型　　D. 联合型

3. 等离子弧切割要求电源具有（　　）外特性。

A. 水平　　B. 陡降　　C. 上升　　D. 多种

4. 等离子弧切割电源空载电压要求为（　　）。

A. 60～80 V　B. 80～100 V　C. 100～150 V　D. 150～400 V

四、简答题

等离子弧切割的特点是什么？

子课题二　不锈钢板空气等离子弧直线切割

1. 了解等离子弧切割设备。
2. 掌握不锈钢板空气等离子弧直线切割。

低碳钢和低合金钢的切割大部分采用氧乙炔火焰方法将金属有效分离，而不锈钢切割如果采用氧乙炔火焰方法，则会因含铬量高，在燃烧过程中生成熔点高的氧化物（Cr_2O_3）阻碍下层金属与氧气流接触，从而导致气割无法进行。针对这类金属的切割，目前广泛采用等离子切割，它是一种生产效率较高的机械化切割方法，具有切割速度快、切割试件切口质量好的特点。

一、等离子弧切割设备

等离子弧切割设备主要有切割电源、控制系统、割炬等。

1. 等离子弧切割电源

等离子弧切割与等离子弧焊接一样，一般都采用具有陡降外特性的直流电源，但是切割用电源输出的空载电压一般大于150 V，水再压缩空气等离子弧切割电源空载电压可高达400 V。根据不同电流等级和工作气体而选定空载电压，电流等级大，选用的切割电源空载电压高；双原子气体和空气作为工作气体，以及高压喷射水作为工作介质时，切割电源的空载电压要高一些，才能使引弧可靠和切割电弧稳定。

2. 等离子弧切割控制系统

等离子弧切割的过程中控制系统的程序包括：接通电源输入回路→使水压开关动作→接通小工作气流→接通高频振荡器→引燃小电流弧→接通切割电流回路，同时断开小电流回路和高频电流回路→接通切割气流→进入正常切割过程。当停止切割时，控制线路复原。等离子弧切割机外部接线示意图如图6—1—9所示。

3. 等离子弧切割割炬

等离子弧切割割炬一般由上枪体、下枪体和喷嘴三个部分组成。割炬的喷嘴孔直径应较小，有利于压缩等离子弧。割炬中工作气体的送入可以是轴向吹入、切线旋转吹入或者是轴向和切线旋转组合吹入。切线旋转吹入式送气对等离子弧的压缩效果更好，是最为常用的一种送气方式。气路系统的作用是防止钨极氧化、压缩电弧和保护喷嘴不被烧毁，一般气体压力应为0.25～0.35 MPa。水路由于等离子弧切割的割炬在10 000℃以上的高温下工作，为保持正常切割必须通水冷却，冷却水流量应大于2～3 L/min，水压为0.15～0.2 MPa。水管设置不宜太长，一般自来水即可满足要求，也可采用循环水。

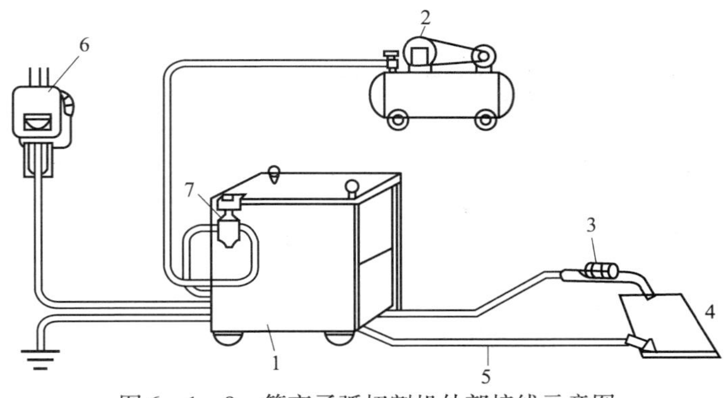

图 6—1—9　等离子弧切割机外部接线示意图

1—电源　2—空气压缩机　3—割炬　4—工件　5—接工件电缆　6—电源开关　7—过滤减压网

割炬中的电极可采用纯钨、钍钨、铈钨棒，端面形状与手工钨极氩弧焊焊接用电极相同，如图 6—1—10 所示。其中喷嘴是割炬的核心部分，其结构形式和几何尺寸对等离子弧的压缩和稳定有重要影响。当喷嘴孔径过小、孔道长度太长时，等离子弧不稳定，甚至不能引弧，且容易发生“双弧”。实践证明，喷嘴孔径与压缩孔道长度之比为 1:（1.5 ~1.8）时较为合适，即喷嘴孔径为 2.4 ~4.0 mm 时，配合压缩孔道长度为 4.0 ~7.5 mm。喷嘴由紫铜制成，壁厚一般为 1.5 ~2. 0 mm。

二、不锈钢板空气等离子弧直线切割

1. 切割前准备

（1）试件材料：12Cr18Ni9。

（2）试件尺寸：500 mm × 200 mm × 20 mm；在 12Cr18Ni9 钢板上沿长度方向每隔 20 mm 划一切割线，作为等离子弧切割的运行轨迹，如图 6—1—11 所示。

（3）铈钨电极：直径 5.5 mm。

（4）切割设备：等离子弧切割设备主要包括电源、控制箱、水路系统、气路系统及割炬等。

1）电源。应具有陡降的外特性曲线。一般要求空载电压在 150 ~400 V 之间，切割电压在 80 V 以上。为保证等离子弧的稳定燃烧，一般采用直流电源，如 ZXG2 -400。

2）控制箱。控制箱主要包括程序控制接触器、高频振荡器和电磁气阀等。

①等离子弧切割过程的控制。等离子弧切割过程的控制程序如图 6—1—12 所示。

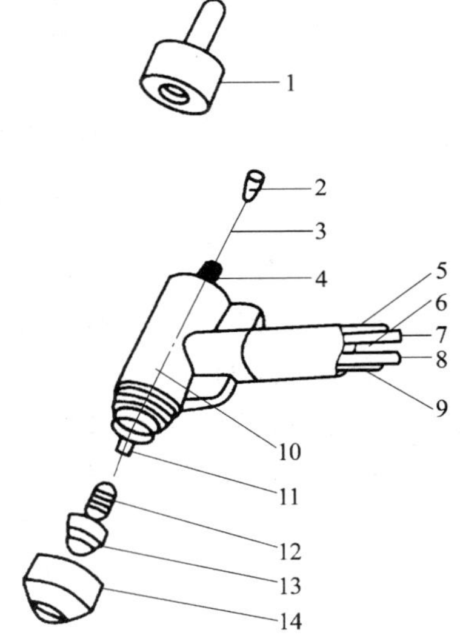

图 6—1—10　等离子弧割炬的构造示意图

1—割炬盖帽　2—电极夹头　3—电极
4、12—O 形环　5—工作气体进气管　6—冷却水排水管
7—切割电缆　8—小弧电缆　9—冷却水进水管
10—割炬体　11—对中块　13—水冷喷嘴　14—压帽

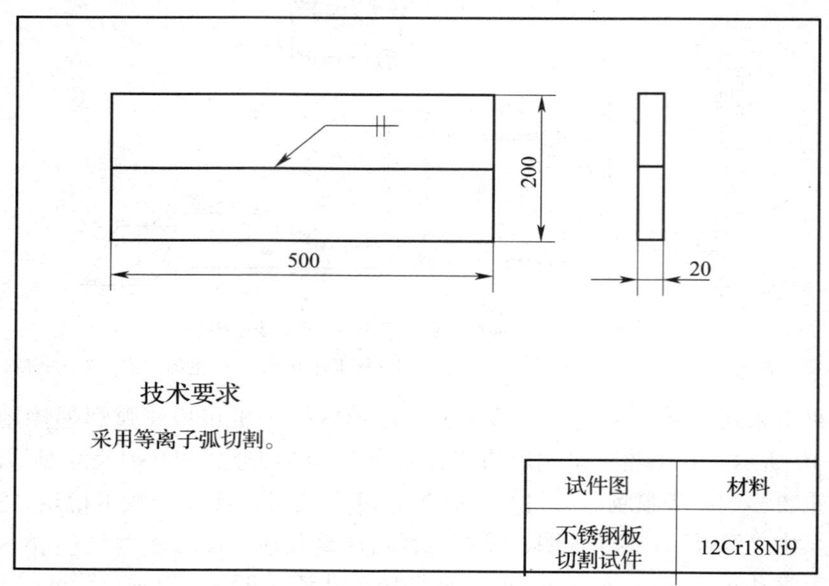

图 6—1—11　不锈钢板切割试件

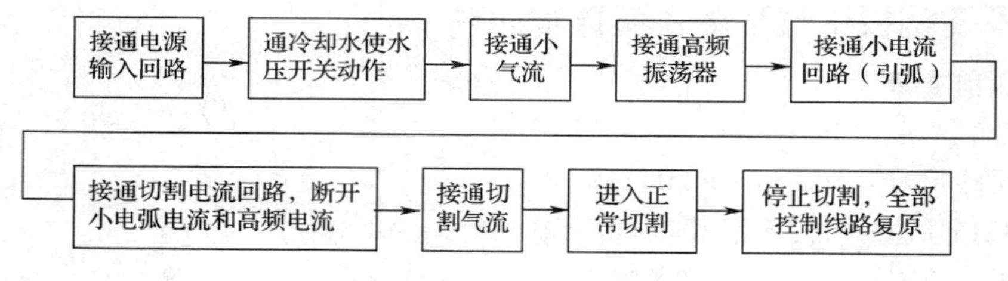

图 6—1—12　等离子弧切割过程的控制程序

②高频振荡器的作用。高频振荡器是用来引弧的。图 6—1—12 中小气流的作用是产生小电弧供电离气体。在钨极与喷嘴间加上一个较低电压，当把高频加在钨极和喷嘴之间时，便引燃了电极和喷嘴间的小电弧。由于电流很小（20 ~ 50 A），故喷嘴不至于烧毁。小电弧被小气流吹出喷嘴，形成一定长度的焰流，用来在工件上对准切割位置。当在电极与工件间通过大电流（同时接通大气流）后，小电弧便转变成高能量等离子弧，此时高频电路和小电弧电路全部断开，以免烧毁喷嘴。

3）割炬。割炬喷嘴的结构形式和几何尺寸对等离子弧的压缩和稳定有重要影响，喷嘴孔径与压缩孔道长度之比为 1:（1.5 ~ 1.8）时较为合适。

本次训练切割设备为 LG – 400 – 1 型等离子弧切割机及空气压缩机、减压器和流量计等。

（5）切割前清理：清除钢板上的油污、锈蚀、水分及其他污物，使其导电性良好。

2. 切割参数

切割参数见表 6—1—3。

表 6—1—3　　切割参数

电极直径	电极内缩量	喷嘴至割件距离	喷嘴直径	空载电压	切割电流	切割电压	气体流量	切割速度
5.5 mm	5 ~ 8 mm	6 ~ 8 mm	3 mm	160 V	320 A	130 ~ 150 V	35 ~ 38 L/min	53 ~ 60 cm/min

3. 操作要点

（1）切割机操作步骤

1）按切割机外部接线图连接气路、水路和电路。

2）把小车、割件安放在多柱支架上，如图 6—1—13 所示，使割件与电路正极连接牢固。

3）打开水路，检查是否有漏水现象；打开气路，调节非转移弧气流和转移弧气流的流量。

4）接通控制线路，检查电极同轴度是否最佳（方法同前文等离子弧平敷焊中钨极与喷嘴同轴度的调整）。

5）自动切割小车空车试验，并初步选定切割速度。

6）调节割炬位置和喷嘴到割件的距离，一般为 6 ~ 8 mm。

7）启动切割电源，查看空载电压是否正常，并初步选定工作电流（即旋钮所指示的刻度位置）。

8）戴好面罩准备切割。

（2）切割操作

1）启动高频引弧，引弧后高频自动切断，其白色焰流（非转移弧）接触被切割工件。

2）按动切割按钮，转移弧电流接通并自动接通切割气流并切断非转移弧电弧。

3）起割应从割件边沿开始，将割件边沿切穿后，再移动割炬导入切割尺寸线。

4）切割速度、气体流量和切割电流可进行适当调整。切割速度过快会在割口前端产生翻弧现象，切割不透；切割速度过慢，切口宽而不齐，而且因割透的割口前沿金属远离电弧，相对电弧变长而造成电弧不稳甚至熄弧，使切割中断。

5）在整个切割过程中，割炬应与割缝两侧平面保持垂直，以保证割口平直光洁。为了提高切割生产率，割炬在割缝所在平面内沿切割方向的反方向应倾斜一个角度（0° ~45°），如图 6—1—14 所示。

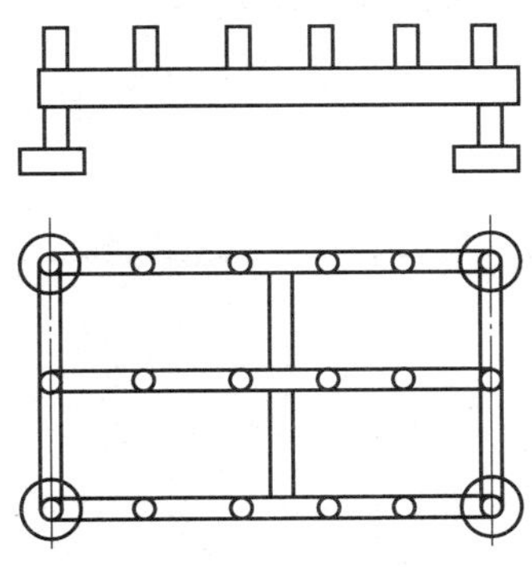

图 6—1—13　多柱支架

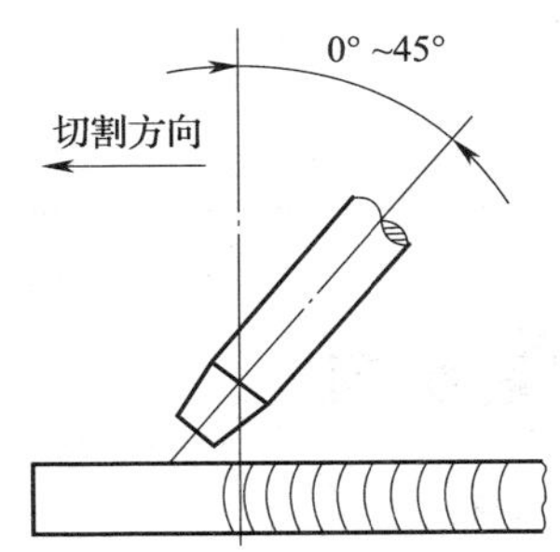

图 6—1—14　切割时割炬的后倾角度

6）切割完毕，电路自动断开，小车自动停车，气路自动断开。

7）切断电源电路，关闭水路和气路。

4. 质量检查内容和评分标准

质量检查内容和评分标准见表6—1—4。

表6—1—4　　12Cr18Ni9钢板切割质量检查内容和评分标准

不锈钢板切割		工时：60 min		总分		
项目	质景检查内容	质量检查要求	配分	评分标准	扣分	得分
割前准备	各种设备、工具的安装和使用	正确使用和安装各种设备、工具	7	使用和安装方法不正确扣1~7分		
	切割参数的选择	正确选择切割参数	10	不正确不得分		
工件尺寸精度	切口边缘直线度	切口边缘直线度误差≤2 mm	6	每超差1 mm扣3分，超差严重不得分		
	割件的尺寸精度	尺寸极限偏差为±2 mm	15	每超差1 mm扣3分超差严重不得分		
	切割面垂直度	切割面垂直度误差为±1 mm	12	每超差1 mm扣3分超差严重不得分		
	切割面平面度	切割面平面度误差≤2 mm	6	超差1 mm扣3分超差严重不得分		
割缝外观质量	双弧	无	6	产生双弧不得分		
	上缘熔化		8	根据熔化程度扣1~8分		
	上缘呈现珠链状钢粒		6	出现缺陷不得分		
	下缘粘渣		6	根据粘渣程度扣1~6分		
	试件变形量	试件变形量小于2 mm	6	超差不得分		
安全文明生产	安全操作规程有关规定	达到规定标准	6	违反有关规定扣1~6分		
	文明生产有关规定					
时间定额	60 min	按时完成	6	每超过时间定额的5%扣1分		
合计			100			
备注						

课后练习

一、填空题

1. 等离子弧切割与等离子弧焊接一样，一般都采用具有________外特性的直流电源，但是切割用电源输出的空载电压一般大于________V，水再压缩空气等离子弧切割电源空载电压可高达________ V。

2. 等离子弧切割设备主要包括__________、__________、__________、________及________等。

二、判断题

(　　) 1. 等离子弧切割需要陡降外特性的直流电源。

(　　) 2. 等离子弧切割电源的空载电压一般在 150 ~ 400 V 之间。

(　　) 3. 等离子弧切割时，用增加等离子弧工作电压来增加功率，往往比增加电流有更好的效果。

三、选择题

1. 等离子弧切割时，工作气体最多的是（　　）。

A. 氩气　　B. 氦气　　C. 氮气　　D. 氢气

2. 等离子弧切割不锈钢、铝等材料时，材料厚度可达（　　）mm 以上。

A. 50　　B. 100　　C. 200　　D. 300

3. 穿透型等离子弧焊采用（　　）。

A. 正接型弧　　B. 转移型弧　　C. 非转移型弧　　D. 联合型弧

四、简答题

等离子弧切割设备主要由哪些部分组成?

子课题三　厚板不锈钢法兰等离子弧切割

学习目标

1. 熟悉等离子弧切割参数。
2. 掌握等离子弧切割技术要点。
3. 熟悉等离子弧焊接与切割安全防护技术。
4. 掌握厚板不锈钢法兰等离子弧切割。

一、等离子弧切割参数

1. 切割电流

切割电流及电压决定了等离子弧功率及能量的大小。在增加切割电流的同时，应相应增大其他参数，若单纯增加电流，则切口变宽，喷嘴烧损会加剧，而且过大的切割电流会产生双弧现象，因此，应根据电极和喷嘴来选择合适的电流。一般切割电流可按下式选取：

$$I = (70 \sim 100)\ D$$

式中 I——切割电流，A；

D——喷嘴孔径，mm。

2. 空载电压

空载电压高易于引弧，特别是切割厚度大的板材时，空载电压相应要高。空载电压还与割炬结构、喷嘴至工件距离以及气体流量有关。

3. 切割速度

提高切割速度会使切口区域受热减小、切口变窄，甚至不能切透工件；但切割速度过慢，会导致切口表面粗糙，甚至在切口底部会形成熔瘤，致使清渣困难。因此，应该在保证切透的前提下，尽可能选择快的切割速度。

4. 气体流量

气体流量要与喷嘴孔径相适应。气体流量大，有利于压缩电弧，能量更为集中，同时工作电压也随之提高，可提高切割速度和切割质量。但气体流量过大，会使电弧散失一定的热量，降低切割能力。

5. 电极内缩量

指电极端头至喷嘴内表面的距离，但由于不易测量，在已知喷嘴孔道长度的条件下，电极端头至喷嘴外表面的距离，一般取 8 ~ 11 mm 为宜。

6. 喷嘴距工件距离

在电极内缩量一定时，对于一般厚度的工件，喷嘴距工件的距离为 6 ~ 8 mm；当切割厚度更大的工件时，可增大到 10 ~ 15 mm。

二、等离子弧切割技术要点

非转移型等离子弧切割和氧—乙炔焰切割在技术上比较相似，但转移型等离子弧切割则需要与被割工件构成电源回路，在操作中如果割炬和工件距离过大就要断弧，因此，操作过程中割炬就不如氧—乙炔焰切割那样自由，同时还由于割炬结构较大，切割时的可见性差，也会给等离子弧切割操作带来一定困难。但经过一段操作实践，熟悉起切方法、切割速度、喷嘴到工件的距离和割炬的角度等技术要点，掌握好等离子弧切割操作技术也并不困难。

1. 起切方法

切割前，应把切割工件表面的起切点清理好，使其导电良好。切割时应从工件边缘开始，待工件边缘切穿后再移动割炬。若不允许从板的边缘起切（切割内孔），则应根据切割板厚，在板上钻出直径为 8 ~ 15 mm 的小孔作为起切点。

2. 切割速度

如前所述，切割速度过大或过小都不能获得质量满意的切口。一般是在保证切透的前提下，切割速度应尽量大一些。另外在起切时要适时掌握好割炬移动速度，起切时工件是冷的，割炬应停留一段时间，使切割件充分预热，待切穿后才开始移动割炬。但停留时间过长，会使起切处切口过宽，甚至因阳极斑点已向前离去而使电弧拉得过长而熄灭。待电弧已稳定燃烧、工件已切透时，焊炬应立即向前移动。

3. 喷嘴到工件的距离

在整个切割过程中，喷嘴到工件的距离最好保持恒定，该距离波动会像切割速度掌握不均匀一样，使切口不平整。

4. 割炬的角度

在整个切割过程中，割炬应与欲形成的切口平面保持一致，否则切口平面发生偏斜且不光洁，底面会形成熔瘤。为了提高切割质量和生产率，可将割炬在切口所在的平面向切割的相反方向倾斜45°，切割薄板时，此后倾角可大些。采用大功率切割厚板时，后倾角不能太大。

三、等离子弧焊接与切割安全防护技术

1. 防电击

等离子弧焊接和切割所用电源的空载电压较高，尤其在手工操作时，有被电击的危险。因此，电源在使用时必须可靠接地，焊炬或割炬体与手触摸部分必须可靠绝缘。可以采用较低电压引燃非转移弧后，再接通较高电压的转移弧回路。如果启动开关装在手把上，必须对外露开关套上绝缘橡胶套管，避免手直接接触开关。尽可能采用自动操作方法。

2. 防电弧光辐射

电弧光辐射强度大，它主要由紫外线辐射、可见光辐射与红外线辐射组成。等离子弧较其他电弧的光辐射强度更大，尤其是紫外线强度，故对皮肤损伤严重。操作者在焊接或切割时必须戴上良好的面罩、手套，最好加上吸收紫外线的镜片。自动操作时，可在操作者与操作区之间设置防护屏。等离子弧切割时，可采用水中切割方法，利用水来吸收光辐射。

3. 防灰尘与烟气

等离子弧焊接和切割过程中伴有大量汽化的金属蒸气、臭氧、氮化物等。尤其切割时，由于气体流量大，致使工作场地上的灰尘大量扬起，这些烟气与灰尘对操作者的呼吸道、肺等产生严重影响。因此切割时，在栅格工作台下方可以安装排风装置，也可以采取水中切割方法。

4. 防噪声

等离子弧会产生高强度、高频率的噪声，尤其采用大功率等离子弧切割时，其噪声更大，这对操作者的听觉系统和神经系统非常有害，其噪声能量集中在2 000 ~8 000 Hz范围内。要求操作者戴耳塞，在可能的条件下，尽量采用自动化切割，使操作者在隔音良好的操作室内工作，也可以采取水中切割方法，利用水来吸收噪声。

5. 防高频

等离子弧焊接和切割采用高频振荡器引弧，由于高频电场对人体有一定的危害，因此引弧频率选择在20 ~60 kHz较为合适。同时还要求工件接地可靠，转移弧引燃后，应立即可靠地切断高频振荡器电源。

四、厚板不锈钢法兰等离子弧切割实训

1. 切割前准备

（1）试件材料：1Cr18Ni9Ti。

（2）试件尺寸：外径231 mm，内径48 mm，厚度20 mm，如图6—1—15所示。

（3）铈钨电极：直径5.5 mm。

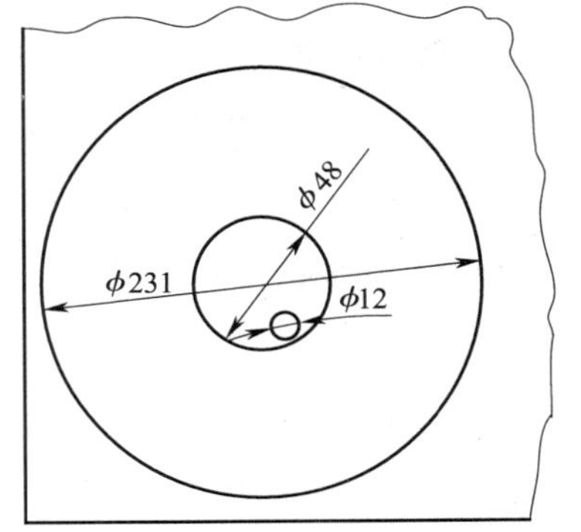

图6—1—15　不锈钢切割试件尺寸

（4）切割设备：主要有 LG－400－1 型等离子弧切割机及空气压缩机、减压器和流量计等。

（5）切割前清理：清除钢板上的油污、锈蚀、水分及其他污物，使其导电性良好。

2. 切割参数

切割参数见表 6—1—5。

表 6—1—5　　切割参数

电极直径	电极内缩量	喷嘴至割件距离	喷嘴直径	空载电压	切割电流	切割电压	气体流量	切割速度
5.5 mm	5～8 mm	6～8 mm	3 mm	160 V	320 A	130～150 V	35～38 L/min	53～60 cm/min

3. 操作要点

（1）将 LG－400－1 型等离子弧切割机安装好。由于采用手工切割，故把连接小车控制电缆多芯插头断开，将手动切割的控制电缆多芯插头接通。

（2）检查切割机安装接线无误后，再进行水、电、气以及高频引弧等的检测，检测完毕即可准备切割。

（3）按图样设计尺寸，在不锈钢板上先划好线，划线时留出切口余量，按经验公式 $b=\delta/5+8$ 计算（其中 b 为切口宽；δ 为被切工件厚度，单位为 mm）。在离法兰内圆距切割线一定距离打一个 ϕ12 mm 的孔，此孔为切割法兰内圆时的起弧孔。

（4）将已划好线的钢板放在多柱支架上，注意放平。

（5）先切割法兰的内圆。接通电源，手持割炬，使割炬喷嘴距离工件 6～8 mm，将割炬上的开关扳向前，这时电路被接通，切割机各部分动作程序与自动切割相同。电弧由小电弧到大电弧，最后进入正常切割；起弧从起弧孔开始。

停止切割时，将拨动开关再推向前，随后再拨回，即可停止切割。

（6）切割完法兰内圆后再切割其外圆，切割方法同前述一样，但是引弧时，可不必打孔，而从被切工件的边缘起割，如图 6—1—16 所示。

（7）切割完毕，关掉电源开关和气源，关闭冷却水和总电源开关。

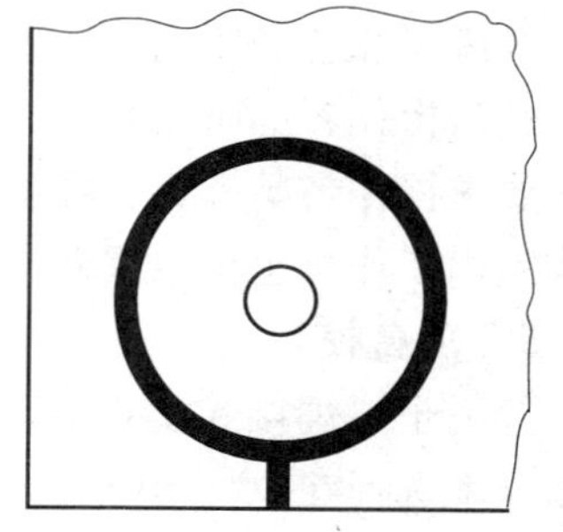

图 6—1—16　切割法兰外圆示意图

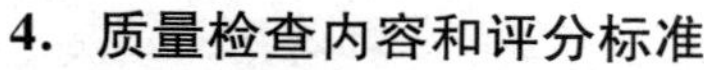

4. 质量检查内容和评分标准

质量检查内容和评分标准见表 6—1—6。

表 6—1—6　　厚板不锈钢法兰切割质量检查内容和评分标准

厚板不锈钢法兰切割		工时：60 min		总分		
项目	质量检查内容	质量检查要求	配分	评分标准	扣分	得分
割前准备	各种设备、工具的安装和使用	正确使用和安装各种设备、工具	7	使用和安装方法不正确扣 1～7 分		
	切割参数的选择	正确选择切割参数	10	不正确不得分		

续表

项目	质量检查内容	质量检查要求	配分	评分标准	扣分	得分
工件尺寸精度	切口边缘直线度	切口边缘直线度误差≤2 mm	6	每超差 1 mm 扣 3 分，超差严重不得分		
	割件的尺寸精度	尺寸极限偏差为 ±2 mm	15	每超差 1 mm 扣 3 分，超差严重不得分		
	切割面垂直度	切割面垂直度误差为 ±1 mm	12	每超差 1 mm 扣 3 分，超差严重不得分		
	切割面平面度	切割面平面度误差≤2 mm	6	超差 1 mm 扣 3 分，超差严重不得分		
割缝外观质量	双弧	无	6	产生双弧不得分		
	上缘熔化		8	根据熔化程度扣 1 ~8 分		
	上缘呈现珠链状钢粒		6	出现缺陷不得分		
	下缘粘渣		6	根据粘渣程度扣 1 ~6 分		
	试件变形量	试件变形量小于 2 mm	6	超差不得分		
安全文明生产	安全操作规程有关规定	达到规定标准	6	违反有关规定扣 1 ~6 分		
	文明生产有关规定					
时间定额	60 min	按时完成	6	每超过时间定额的 5% 扣 1 分		
合计			100			
备注						

课后练习

一、填空题

1. 电极端头至喷嘴外表面的距离，一般取________ mm 为宜。

2. 等离子弧切割参数主要包括____________、____________、________、________、________、________及________等。

3. 对于一般厚度的工件，喷嘴距工件的距离为________ mm；当切割厚度更大的工件时，可增大到________ mm。

二、判断题

(　　) 1. 等离子弧切割时，毛刺的形式主要与气体流量和切割速度有关。

(　　) 2. 等离子弧切割时，钨极内缩量极大地影响着电弧压缩效果及电极的烧损。

(　　) 3. 穿透型等离子弧焊最适用于焊接 3 ~ 8 mm 厚的不锈钢、2 ~ 6 mm 厚的低碳钢或低合金钢的不开坡口焊件。

(　　) 4. 凡较长期使用等离子弧切割的工作场地，必须设置强迫抽风或设水工作台。

(　　) 5. 等离子弧焊喷嘴孔径和孔道长度，应根据焊件金属材料的种类和厚度以及需用的焊接电流值来决定。

(　　) 6. 穿透型等离子弧焊时，离子气流量主要影响电弧的穿透能力，焊接电流和焊接速度主要影响焊缝宽度。

(　　) 7. 在焊接电流一定时，穿透型等离子弧焊要增加等离子气流量就要相应地减小焊接速度。

(　　) 8. 等离子弧切割时，会产生大量的金属蒸气及有害气体。

三、简答题

1. 简述等离子弧切割主要工艺参数。
2. 简述等离子弧焊接与切割安全防护技术的内容。

课题二　激光切割

子课题　不锈钢板直线激光切割

学习目标

1. 了解激光切割的原理、分类、特点及应用。
2. 了解激光切割的设备。
3. 熟悉激光切割参数。

一、激光切割的原理、分类、特点及应用

1. 激光切割的原理

激光切割是利用高功率密度的激光束扫描割件表面，在极短的时间内将材料加热到几千至上万摄氏度，使材料熔化或气化、烧蚀或达到燃点，随着气化物的溢出和熔融物质被高压气体吹走，便形成切口。激光切割主要采用二氧化碳激光切割，二氧化碳激光切割是用聚焦镜将二氧化碳激光束聚焦在割件表面使材料熔化，同时用与激光束同轴的压缩气体吹走被熔化的材料，并使激光束与割件沿一定轨迹作相对运动，从而形成一定形状的切口。激光切割的原理如图 6—2—1 所示。

2. 激光切割的分类

激光切割可分为激光熔化切割、激光气化切割、激光氧气切割、激光划片与控制断裂四类。

（1）激光熔化切割

激光熔化切割与激光深熔焊相类似，利用激光进行加热，使金属材料熔化，然后通过与激光束同轴的喷嘴喷出非氧化性气体（Ar、He、N_2等），借助喷射气流将液态金属吹除，形成切口。

激光熔化切割主要用于不易氧化的材料或活性金属的切割，如不锈钢、钛及钛合金、铝及铝合金等材料。

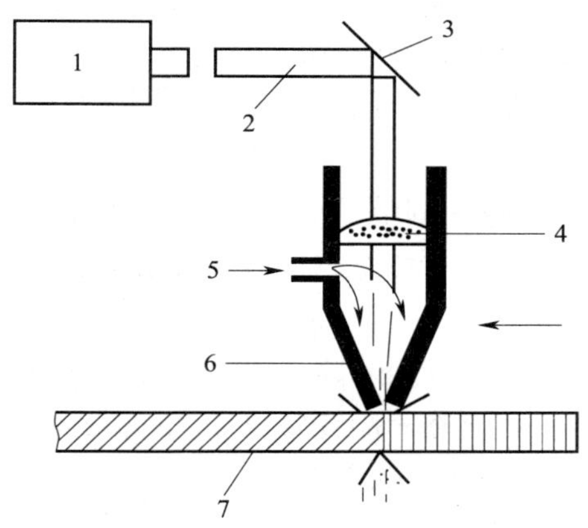

图6—2—1　激光切割的原理
1—激光器　2—激光束　3—反射镜
4—聚焦镜　5—辅助气体　6—喷嘴　7—割件

（2）激光气化切割

利用高功率密度的激光束加热割件表面，使温度迅速上升，在非常短的时间内达到材料的沸点，材料开始迅速气化，一部分材料化为蒸气散发；另一部分作为液态、固态颗粒喷出物从切口底部被吹走，形成切口。材料的气化热一般很大，所以激光气化切割时需要很大的功率和功率密度，是激光熔化切割的10倍。

激光气化切割多用于极薄金属材料和非金属材料（如纸、布、木材、塑料和橡胶等）的切割。

（3）激光氧气切割

激光氧气切割的原理类似于氧乙炔切割。利用激光束作为预热热源，用氧气等活性气体作为切割气体。喷出的气体一方面与切割金属作用，发生氧化反应，放出大量的氧化热，加热下一层金属，使金属继续氧化；另一方面把熔融氧化物和熔化物从反应区吹出，形成切口。由于切割过程中的氧化反应产生了大量的热，所以激光氧气切割所需要的能量只是激光熔化切割的1/2，而切割速度远远大于激光气化切割和激光熔化切割。

激光氧气切割适用于能被氧化的材料，如铁基合金，以及钛、铝等有色金属。

（4）激光划片与控制断裂

激光划片是利用高能量密度的激光束在脆性材料表面进行扫描，使材料受热蒸发出一条小槽，或者一系列小孔，然后施加一定压力，脆性材料就会沿小槽或小孔处裂开。控制断裂是利用激光束加热刻槽的同时，由于加热引起热梯度，在脆性材料中产生局部热应力，使材料沿小槽断开。激光划片与控制断裂适用于脆性材料的切割。

3．激光切割的特点

（1）优点

1）切割质量好。激光束光斑小，能量集中，基本没有工件热变形，而且切口窄（切口宽度一般为0.10～0.20 mm）、切割面光滑、无毛刺和挂渣，完全避免了材料冲剪时形成的塌边，切口一般不需要二次加工。

2）切割速度快，精度高。激光束犹如一把利刀，它的光斑小，能量集中，切割速度可达10 m/min，比线切割的速度快得多。

3）不损伤工件。激光切割属于非接触式切割，激光切割头不会与材料表面相接触，保证不会划伤工件。切割时噪声小、污染小。

4）不受割件的材料硬度和形状影响。激光可以对不锈钢、铝合金、硬质合金等材料进行加工，不管什么样的硬度，都可以进行切割。激光切割加工柔性好，可以加工出任意图形，可以切割中、小厚度管材及其他异形型材。

5）可以对非金属材料进行切割加工。包括塑料、木材、PVC、皮革、纺织品、有机玻璃等。

6）节省材料、降低成本。可以整板编排，实施套裁切割，省工节料。

7）提高新产品开发速度。产品图样设计完成后，马上可以进行激光加工，在最短的时间内得到新产品的实物。

（2）缺点

1）受激光器功率和设备体积的限制，激光切割只能切割中、小厚度的板材和管材，而且随着厚度的增加，切割速度明显下降。

2）激光切割设备价格高，一次性投资大。

4. 激光切割的应用

激光切割的应用领域非常广泛，例如，汽车制造领域中，在汽车样车和小批量生产中大量使用三维激光切割机；对普通铝、不锈钢等薄板、带材，应用激光切割，其切割速度已达 10 m/min，不仅大幅度缩短了生产准备周期，并且使车间生产实现了柔性化；在航空航天领域，激光切割主要用于特种航空材料的切割，如钛合金、铝合金、镍合金、铬合金、氧化铍及复合材料等，用激光切割加工的航空航天零部件有发动机火焰筒、钛合金薄壁机匣、飞机框架、钛合金蒙皮、机翼长桁、尾翼壁板、直升机主旋翼、航天飞机陶瓷隔热瓦等。激光切割技术在非金属材料领域也有着较为广泛的应用，不仅可以切割硬度高、脆性大的材料，如氮化硅、陶瓷、石英等，还能切割柔性材料，如布料、纸张、塑料板、橡胶等，如用激光进行服装剪裁，可节约衣料 10% ~12%，提高生产率 3 倍以上。

二、激光切割的设备

激光切割机大都采用二氧化碳激光切割设备，主要由激光器、激光导光系统、数控运动系统、割炬等组成。

1. 激光器

激光器有固体激光器和气体激光器两种，这里以二氧化碳气体激光器为例介绍其组成和工作原理。二氧化碳激光器主要是一个产生激光的混合气体循环流动的管子，它是在高压电流激励下产生激光的元件，当在电极加上高压电流时，放电管中产生辉光放电释放出激光。

2. 激光导光系统

激光导光系统主要由反射镜和可调聚焦镜组成，反射镜主要作用是激光束的传导，把激光束平行传送到需要加工的位置，这是一个光路飞行的过程；聚焦镜主要是为了实现激光束能量的集中，把光能集中垂直传送到割件表面。

(1) 反射镜

一般由金属制作（金属导热性能优良，且不易损坏），表面电镀一层对激光具有强反射性的金属物质，如金、银、钼、铜等，其中金的反射效果最好。

(2) 聚焦镜

使激光束透过镜片并聚焦，能使激光束的能量聚集到一点，聚焦的点越小，能量就越集中。

3. 数控运动系统

利用计算机对整个激光切割设备进行控制和调节，如控制激光器输出的功率、对激光加工质量进行监控等；对整个切割参数和加工参数进行控制，控制工作台的运动，并调节割炬的移动方向。割炬与工件的相对移动有三种情况：

(1) 割炬不动，工作台带动工件运动，主要用于尺寸较小的工件。

(2) 工件不动，割炬移动。

(3) 割炬和工作台同时运动。

数控运动系统是激光切割设备的重要组成部分，是控制的核心，其作用是确保加工的质量和精度。

4. 割炬

割炬主要包括枪体、反射镜、聚焦镜和喷嘴等零件。激光割炬的结构如图6—2—2所示。

激光切割时，割炬必须满足下列要求：

(1) 割炬能够喷射出足够的气流。

(2) 割炬内气体的喷射方向必须和反射镜的光轴同轴。

(3) 割炬的透镜焦距能够方便地调节。

(4) 切割时，能保证金属蒸气和切割金属的飞溅物不会损伤反射镜。

激光切割时，割炬喷嘴用于向切割区喷射辅助气体，其结构、形状对切割效率和切割质量有一定影响。喷孔形状的选择一般由割件的材质和厚度、辅助气压等决定。

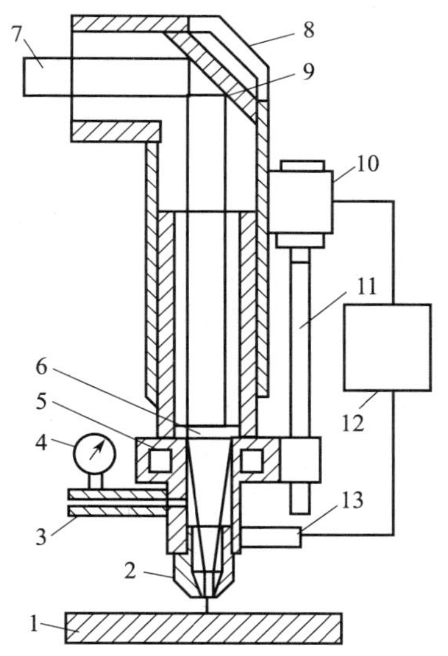

图6—2—2　激光割炬的结构

1—工件　2—喷嘴　3—氧气进气管　4—氧气压力表　5—聚焦镜冷却水套　6—聚焦镜　7—激光束　8—反射镜冷却水套　9—反射镜　10—伺服电动机　11—滚珠丝杠　12—放大控制及驱动电器　13—位置传感器

三、激光切割参数

激光切割的主要参数有激光切割功率与切割速度、透镜焦距和焦点位置、喷嘴的形状和喷嘴到工件表面的距离、辅助气体种类和压力等。

1. 激光切割功率与切割速度

切割速度是一个重要的切割参数。切割时需要根据激光器功率、喷气压力和工件厚度确定切割速度，它随激光器功率和喷气压力增大而增大，而随工件厚度增大而减小。例如，切割6 mm 碳钢板时切割速度为2.5 m/min，切割12 mm 碳钢板时切割速度为0.8 m/min。

2. 喷嘴形状

如图6—2—3 所示为常见的激光氧气切割用喷嘴的形状。

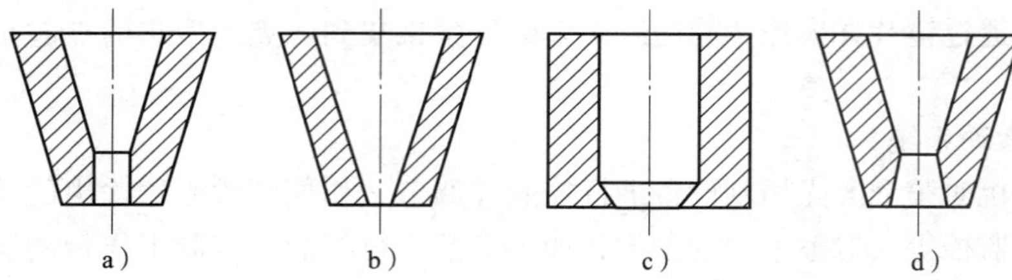

图6—2—3　常见的激光氧气切割用喷嘴的形状
a）收缩准值形　b）收缩形　c）准值收缩形　d）收缩扩张形

3. 喷嘴到工件表面的距离

喷嘴离工件表面太近，影响对溅散熔渣的吹除能力，但喷嘴离工件表面太远，也会造成不必要的能量损失。为保证切割的稳定性，一般控制喷嘴端面至工件表面的距离为0.5 ~2 mm。

4. 辅助气体的种类和气体压力

用氧气作为辅助气体切割低碳钢时，利用剧烈的氧化反应产生大量的热量，提高切割速度和增大切割厚度，并且可以获得无挂渣的切口；切割不锈钢时，常使用氧气和氮气的混合气体，比单用氧气时切口质量好。

气体压力增大，排渣能力增强，可使切割速度增大；但压力过大，切割面反而会粗糙。

激光切割的主要参数及特点见表6—2—1。

表6—2—1　激光切割的主要参数及特点

工件材料	工件厚度/（mm）	激光器功率/（W）	切割速度（cm/min）	切割气体	特点及应用
99%刚玉陶瓷	0.7	8	30		控制断裂
晶体石英	0.81	3	60		
铁氧体片	0.2	2.5	114		
蓝宝石	1.2	12	7		
石英管	—	500	400 件/h	—	切割石英管时省料、切割质量好，适用于制造卤素灯管
布料	—	20 ~250	500 ~300	空气	切割布料时省料、切割质量好、效率高，可自锁边，可用于制造打字机色带、伞面、服装等
玻璃管	12.7	20 000	460	空气	切割玻璃管时切割质量好，无刃具磨损
橡木	16	300	28	空气	切割木料时切割质量好、切口边缘整齐、节省材料，可用于家具制造
松木	50	200	12.5	空气	
硼环氧树脂板	8.1	15 000	16	空气	切割硼环氧树脂板时效率高，无刃具磨损，可用于飞机零部件制造

续表

工件材料	工件厚度/（mm）	激光器功率/（W）	切割速度（cm/min）	切割气体	特点及应用
低碳钢	1.5 3 1.0 6.0 16.25 35	300 300 1 000 1 000 4 000 4 000	300 200 900 100 114 50	氧气	切割质量好、省工省料，可代替铣、冲、剪，用于仪表板、换热器、汽车零件的制造
30CrMnSi	1.5 3.0 6.0	500 500 500	200 120 50	氧气	可代替铣、冲、剪，切割效率高、切割质量好，可用于飞机零部件制造
不锈钢	0.5 2.0 3.175 1.0 1.57 6.0 4.8 6.3 12	250 250 500 1 000 1 000 1 000 2 000 2 000 2 000	450 25 180 800 456 80 400 150 40	氧气	无切割变形、省工省料，可用于飞机零部件、直升飞机旋翼等制造
钛合金	3.0 8.0 10.0 40.0	250 250 250 250	1 300 300 280 50	氧气	切割速度快、切割质量好，可代替铣削、磨削和化学腐刻等，省工、切割效率高，可用于飞机零部件制造
钛蒙皮铝蜂窝板	30.0	350	500	氧气	无切割变形、工件表面无损伤，切割速度快，可用于航空构件制造
双面涂塑钢板	0.5～2.0	350	300	氧气	省工省料，切割时不破坏表面涂塑层，可用于空调制造

四、不锈钢板直线激光切割

1. 开机

（1）打开稳压电源总开关，将输出电压切换到稳压模式。

（2）接通机床总电源开关。

（3）接通机床控制电源（钥匙开关）。

（4）待系统自检完成，机床各轴回参考点。

（5）启动冷水机组，检查水温、水压（正常水压为 0.5 MPa）。冷水机组上电 3 min

后，压缩机启动，风扇转动，开始制冷降温。

（6）打开高纯度二氧化碳、氦气、氮气及普通纯度氮气、氧气瓶，检查气瓶压力，启动空压机、冷干机。

（7）待冷水机降至设定温度（设定为21℃），再打开激光器总电源，开低压。

（8）当激光器面板出现“HV READY”字样时，上高压。

（9）当激光器操作面板出现“HV START”字样时，激光器红色指示灯亮，数控系统右上角先前显示的“LASER H－ VOLTAGE NOT READY”报警消失，表明高压正常，激光器进入待命工作状态。

（10）切割前确认材料种类、材料厚度、材料尺寸，务必检查所有切割头是否正确。

（11）调整板材，使其边缘和机床 X 轴和 Y 轴平行，避免切割头在板材范围外工作。

（12）进入编辑方式，调入代码文件。将 Z 轴移动到切割起点，模拟要执行的程序，确保不会出现超出软限位警报。

（13）待以上各项正常，才能切换到执行状态，进行切割。

如切割过程中出现挂渣、返渣或其他异常情况，应立刻暂停，查明原因，问题解决后再继续切割，以免损坏设备。

2. 切割

检查焦点、气压、割嘴、割嘴到板面距离、功率、速度等，符合要求后开始切割。

3. 关机

切割工作完毕，按以下顺序关机：

（1）关激光器高压。

（2）关激光器低压。

（3）断开激光器总电源。

（4）关冷水机组。

（5）断开机床控制电源（钥匙开关），断开机床总电源开关。

（6）关冷干机。

（7）关空压机。

（8）关闭气瓶气阀。

（9）断开稳压电源。

4. 检验

切割结束后，检验切割件的尺寸精度和切口质量，应符合要求。良好的切割质量应当是切口表面光洁、宽度窄、横断面呈矩形、无熔渣或挂渣（熔瘤）、表面硬度不妨碍割后的机械加工。

5. 注意事项

（1）随着激光焊接与切割的推广应用，必须重视采取防护措施。激光器必须用密闭罩封闭起来。否则激光可从多处露出，在操作室内可从各种反射面看到激光束，这是有害的因素，必须采取将激光器严密封闭起来的措施。

（2）激光器外壳应装设安全联锁装置。维修和保养激光器时，工作人员在调试光路或检修时，可能受到激光的照射而造成眼睛和皮肤的损伤，激光器装设安全联锁装置，可以保证盖子打开、外壳移动时免受伤害。此外，还必须安装钥匙开关，严格控制汽油器的开启。必须强调加强个人防护措施。

课后练习

一、填空题

1. 激光切割可分为________切割、________切割、________切割、________四类。

2. 激光切割机大都采用二氧化碳激光切割设备，主要由________、________系统、________系统、________等组成。

3. 激光切割的主要参数有________与________、________和________、________和________、________和________等。

二、简答题

1. 简述激光切割的原理和特点。

2. 激光切割参数有哪些?

课题三　手工气割

子课题一　30 mm 厚 Q235 钢板直线气割

学习目标

1. 熟悉手工氧乙炔气割的工艺要求。
2. 掌握 30 mm 厚 Q235 钢板直线气割。

金属材料的切割方法较多，针对不同的金属材料可以采用不同切割方法。对于厚度不大的板材可进行剪切，对于直径不大的棒料可以进行车削加工，但对于厚度较大的板材，就很难采用上述方法进行，一般采用氧乙炔火焰气割。

一、手工氧乙炔气割的工艺要求

1. 气割前的准备

（1）将割件垫平并除去工件表面的污垢和油漆，除掉氧化皮，不允许在距水泥地面很近的位置气割，因为水泥地面遇高温会崩裂，这样做不仅会损坏地面，也不利于熔渣吹除。

（2）仔细检查气割系统的设备及工具是否正常，工作场地是否符合安全要求。若使用射吸式割炬，应先将乙炔胶管拔下，检查割炬是否具有射吸力，若无射吸力，不得使用。然后，调整切割氧气流（风线）为笔直而清晰的圆柱体，如切割氧气流（即风线）形状不规则，应用通针修整割嘴内表面。

2. 回火的原因及处理

(1) 回火的定义

在气割工作中有时会发生气体火焰进入喷嘴内逆向燃烧或自行熄灭的现象，这种现象称为回火。回火有回烧和逆火两种情况。

1）回烧。回烧是指火焰通过焊（割）炬再进入软管甚至到调压器。这种回火可能烧毁焊（割）炬、管路以及引起燃气瓶的爆炸。

2）逆火。逆火是指火焰向喷嘴孔逆行，并瞬时自行熄灭，同时伴有爆鸣声。

(2) 回火的原因

发生回火的根本原因是混合气体从焊（割）炬的喷嘴孔内喷出的速度小于混合气体燃烧的速度，即喷得慢，烧得快，因此，火焰就进入了焊（割）炬。

一般，影响混合气体喷射速度有以下原因：输送气体的软管太长、太细，或者是曲折太多，这些都使气体在软管内流动时所受阻力增大，因此就降低了气体的流速；气焊（气割）时间过长或者是因为焊（割）嘴太靠近焊（割）件，此时焊（割）嘴温度升高，使焊（割）炬内的气体压力也随着增高，这样，就增大了混合气体流动的阻力，降低了气体的流速；焊（割）嘴端面黏附了许多飞溅出来的熔化金属微粒，这些微粒阻塞了喷射孔，使混合气体不能通畅地流出；输送气体的软管内壁或焊（割）炬内部的气体通道上黏附了固体炭质微粒或其他物质，这也会增加气体的流动阻力，降低气体的流速。

(3) 回火的处理

气割过程中，若发现回火时，应先关闭切割氧调节阀，再关闭乙炔调节阀和预热氧调节阀，经几分钟后，打开预热氧调节阀，吹除混合气管内的炭粒和剩余的回火气体，然后重新点燃焊（割）炬继续焊接（切割）。

3. 进行氧气切割的条件

(1) 金属在氧气中的燃点应低于熔点

这是进行氧气切割的最基本条件，否则将出现熔割现象。如果燃点高于熔点，金属在燃烧前已经熔化，以至于切割无法进行。铜、铝的燃点比熔点高，所以不能用普通的氧气切割。

(2) 金属气割时形成氧化物熔渣的熔点应低于金属本身的熔点

也就是说生成的熔渣应是液态的，且流动性要好，容易被吹走，否则氧化物会先凝固而不易被吹除，这样就会阻碍下层金属与切割氧射流接触，而使切割困难。

(3) 金属在切割氧射流中的剧烈燃烧反应是放热反应

放热反应的结果是上层金属燃烧产生很大的热量，以对下层金属未切割部分进行预热，金属燃烧产生的热量占 70%，预热火焰产生的热量占 30%，所以金属氧化生成热的作用是相当大的。相反，如果金属燃烧是吸热反应，下层金属的未切割部分得不到预热，这样就不能达到金属的燃点，使切割不能继续进行。

(4) 金属的导热性不能太好

如果金属的导热性太好，则预热火焰和燃烧反应所产生的热会被传导散失，使预热困难而达不到金属的燃点，切割将无法进行或中途停止。铜具有较高的导热性，因而会使切割困难。

（5）提高淬硬性和阻碍切割的元素含量要小

割件中阻碍切割的杂质，如碳、硅等元素含量要小。含碳量增高，金属熔点降低，而燃点升高，这样会使切割无法进行；二氧化硅黏度大，流动性差，切割氧不能将其吹除。同时，提高钢的淬硬性的杂质，如钨、钼等元素含量也要小，因为淬硬性强的材料气割时，表面容易产生微小裂纹。

二、30 mm 厚 Q235 钢板直线气割

1. 气割前准备

（1）试件材料：Q235。

（2）试件尺寸：450 mm×300 mm×30 mm，如图 6—3—1 所示。

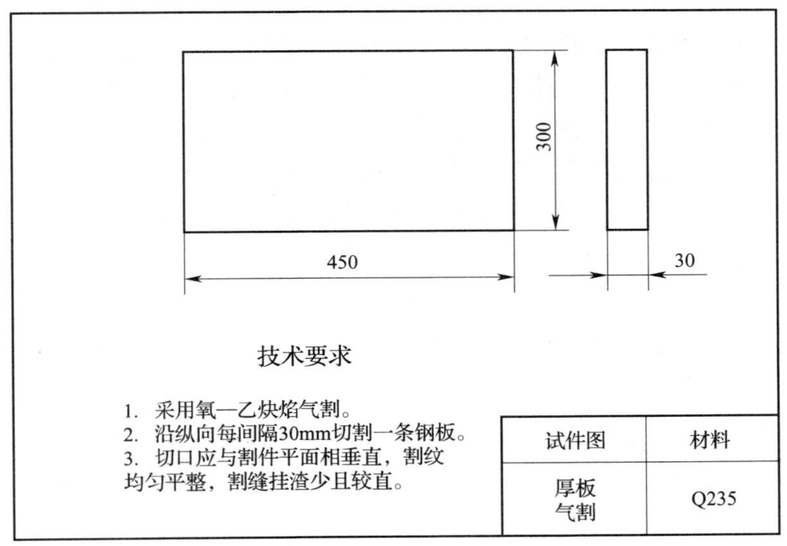

图 6—3—1 厚板气割试件图

（3）气割设备及工具：氧气瓶、减压器、乙炔瓶、割炬（G01－100 型）、环形（或梅花形）割嘴、橡胶软管。

（4）辅助器具：护目镜、点火枪、通针、钢丝刷等。

2. 气割前清理

用钢丝刷等工具将试件表面的铁锈、鳞皮和脏物等仔细清理干净，然后将割件用耐火砖垫空，便于切割。

3. 点火

点火前应先检查割炬的射吸能力。将割炬的氧气接通，扭开预热氧气调节阀手轮，用左手拇指轻触乙炔气接头，当手指感到有吸力，则说明割炬射吸性能良好，可以使用。

点火时，先稍打开预热氧阀，再打开乙炔气阀，开始点火。手要避开火焰，防止烧伤，将火焰调成中性焰或轻微氧化焰。然后打开割炬上的切割氧开关，并增大氧气流量，使切割氧流的形状（即风线形状）成为笔直而清晰的圆柱体，并有一定的长度。否则，应关闭

割炬上所有的阀门，用通针进行修整或者调整内外嘴的同轴度。预热火焰和风线调整好后，关闭割炬上的切割氧开关，准备起割。

4. 操作要点

(1) 起割

要注意气割姿势，一般采用以下操作姿势。双脚呈外八字形蹲在工件的一旁，右臂靠住右膝盖，左臂悬空在两脚中间，以便移动割炬。右手握住割炬手柄，并以右手的拇指和食指控制预热氧阀门，便于调整预热火焰和回火时及时切断预热氧气。左手的拇指和食指握住切割氧气阀门，同时起掌握方向的作用，其余三个手指平稳地托住混合管。操作时上身不要弯得太低，呼吸有节奏，眼睛应注视工件、割嘴和割线。

开始切割时，先预热钢板的边缘，待边缘呈现亮红色时，将火焰局部移出边缘线以外，同时慢慢打开切割氧气阀门。当看到被预热的红点在氧气流中被吹掉时，进一步开大切割氧气阀门，看到割件背面飞出鲜红的氧化金属渣时，证明割件已被割透，此时应根据割件的厚度以适当的速度从右向左移动进行切割。对于中厚钢板，应由割件边缘棱角处开始预热，要准确控制割嘴与割件间的垂直度，如图 6—3—2 所示。将割件预热到切割温度时，逐渐开大切割氧压力，并将割嘴稍向气割方向倾斜5°～10°，如图6—3—3 所示。当割件边缘全部割透时，再加大切割氧流，并使割嘴垂直于割件，进入正常气割过程。

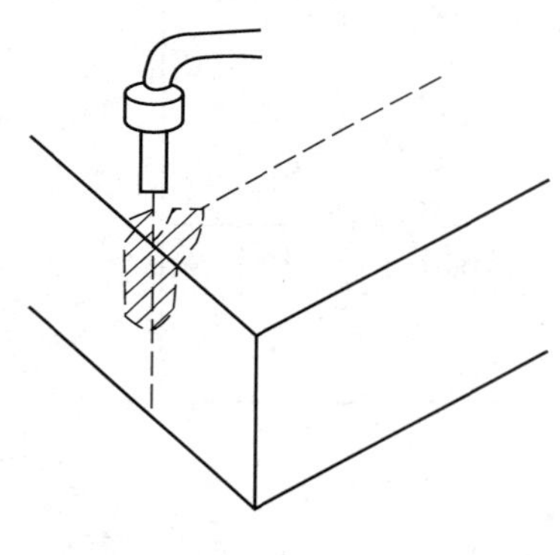

图 6—3—2　预热位置

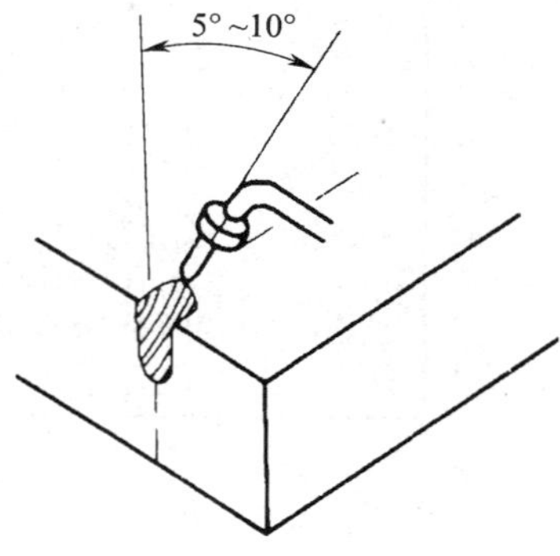

图 6—3—3　起割

(2) 起割后

为了保证割缝的质量，在整个气割过程中，割炬移动速度要均匀，割嘴离割件表面的距离要保持一定。若身体需更换位置，应先关闭切割氧气阀门，待身体的位置移好后，再将割嘴对准待割处，适当加热，然后慢慢打开切割氧气阀门，继续向前切割。

在气割过程中，有时因割嘴过热或氧化铁渣的飞溅，使割嘴堵塞或乙炔供应不足时，出现鸣爆和回火现象。此时，必须迅速地关闭预热氧气和切割氧气阀门，切断氧气供给，防止出现回火。如果仍然听到割炬里还有“嘶嘶”的响声，则说明火焰没有完全熄灭，此时，应迅速关闭乙炔阀门，或者拔下割炬上的乙炔软管，将回火的火焰排出。以上处理正常后，要重新检查割炬的射吸力，然后才允许重新点燃割炬工作。

在中厚钢板的正常气割过程中，割嘴要始终垂直于割件作横向月牙形或“之”字形摆动，如图6—3—4所示。移动速度要慢，并且应连续进行，尽量不中断气割，避免割件温度下降。

（3）气割过程临近终点

割嘴应沿气割方向的反方向倾斜一个角度，以便钢板的下部提前割透，使割缝在收尾处整齐美观。当到达终点时，应迅速关闭切割氧气阀门并将割炬抬起，再关闭乙炔阀门，最后关闭预热氧阀门。松开减压器调节螺钉，将氧气放出。停割后，要仔细清除割缝边缘的挂渣，便于以后的加工。结束工作时，应将减压器卸下并将乙炔供气阀门关闭。中厚钢板如果遇到割不透时，允许停焊，并从割线的另一端重新起割。

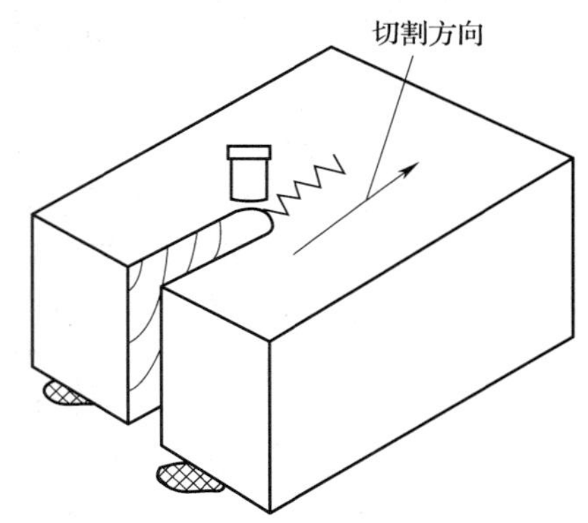

图 6—3—4　割嘴沿切割方向横向摆动示意图

5. 质量检查内容和评分标准

质量检查内容和评分标准见表 6—3—1。

表 6—3—1　　中厚钢板气割质量检查内容和评分标准

实训名称：中厚钢板气割		工时：90 min		总分		
项目	质量检查内容	质量检查要求	配分	评分标准	扣分	得分
割前准备	各种设备、工具的安装和使用	正确使用和安装各种设备、工具	5	使用和安装方法不正确扣1～5分		
	气割参数的选择	正确选择气割参数	3	不正确不得分		
工件尺寸精度	切口边缘直线度	切口边缘直线度误差≤2 mm	6	每超差 1 mm 扣 3 分超差严重不得分		
	割件的尺寸精度	尺寸极限偏差为 ±2 mm	22	每超差 1 mm 扣 3 分超差严重不得分		
	内孔尺寸 ϕ100 mm 及圆度 外圆弧尺寸 R90 mm 及圆度 内圆弧尺寸 R24 mm 及圆度	内孔直径极限偏差为 ±1 mm 圆弧半径极限偏差为 ±1 mm 圆度公差为 1 mm	22	每超差 1 mm 扣 3 分超差严重不得分		
切口外观质量	切割面平面度	切割面平面度误差≤2 mm	6	每超差 1 mm 扣 3 分超差严重不得分		
	缺口		6	每处扣 3 分		
	内凹		5	出现缺陷不得分		
	倾斜	倾斜角度≤2°	5	超差不得分		
	上缘熔化		5	根据熔化程度扣 1～5 分		
	上缘呈现珠链状钢粒		5	出现缺陷不得分		
	下缘粘渣		5	根据粘渣程度扣 1～5 分		

续表

项目	质量检查内容	质量检查要求	配分	评分标准	扣分	得分
安全文明生产	安全操作规程有关规定	达到规定标准	5	违反有关规定扣1~5分		
	文明生产有关规定					
时间定额	90 min	按时完成		每超过时间定额的5%扣1分		
合计			100			
备注						

课后练习

一、填空题

1. 将割件________并除去工件表面的________和________，除掉________，不允许在距________很近的位置气割，因为水泥地面遇高温会________，这样做不仅会________，也不利于________吹除。

2. 在气割工作中有时会发生气体火焰进入________或自行________的现象，这种现象称为回火。回火有________和________两种情况。

二、判断题

(　　) 1. 气割后拖量是指切割面上切割氧流轨迹的始点与终点在水平方向的距离。

(　　) 2. 被切割金属材料的燃点高于熔点是保证切割过程顺利进行的最基本条件。

(　　) 3. 气割结束时，应先关闭乙炔和预热氧调节阀再关闭切割氧调节阀。

三、选择题

1. 气割时切割速度过快会造成（　　）。

A. 割缝边缘熔化　　B. 后拖量较小　　C. 后拖量较大　　D. 无影响

2. 气割时后拖量过大主要是由于（　　）引起的。

A. 切割速度过快　　B 切割速度过慢　　C. 氧气压力太高

3. 瓶阀冻结时可用（　　）热水解冻，严禁火烤。

A. 100℃　　B. 80℃　　C. 40℃　　D. 20℃

四、简答题

1. 什么是回火？

2. 简述进行氧气切割所需的条件。

子课题二　16 mm 厚 Q235 钢板法兰气割

学习目标

1. 了解氧乙炔气割参数。
2. 熟悉气割顺序的确定。
3. 掌握手工气割故障产生的原因和排除方法。
4. 掌握 16 mm 厚 Q235 钢板法兰气割的操作。

一、氧乙炔气割参数

气割参数的选择是否正确，直接影响到切割效率和切口质量。气割的主要参数有预热火焰能率、气割速度、割嘴与割件的倾斜角度、割嘴与工件表面的距离、割嘴型号和切割氧压力等。

1. 预热火焰能率

预热火焰能率是影响气割质量的重要参数，气割时一般选择中性焰或轻微氧化焰，碳化焰因为有游离碳的存在，会使切口边缘渗碳，所以不能采用。预热火焰能率要随板厚的增大而增大，即割件越厚预热火焰能率越大。

2. 气割速度

气割速度与割件厚度和使用的割嘴规格有关，割件越厚，气割速度越慢；割件越薄，气割速度越快。

气割速度合适与否，主要根据切口的后拖量来判断。所谓后拖量，就是指在氧气切割的过程中，在切割面上的切割氧流轨迹的始点与终点在水平面上的距离，如图 6—3—5 所示为气割速度对后拖量的影响。

3. 割嘴与割件的倾斜角度

割嘴与割件的倾斜角度直接影响气割速度和后拖量，割嘴倾斜角的大小主要根据工件厚度而定，如图 6—3—6 所示，当气割厚度为 6 ~ 30 mm 的钢板时，割嘴应垂直于割件；气割厚度小于 6 mm 的钢板时，割嘴应后倾 5° ~ 10°；当气割厚度大于 30 mm 的钢板时，开始气割时割嘴应后倾 5° ~ 10°，逐渐将割炬直立，中间的气割过程中应垂直于割件，快要割完时割嘴逐渐前倾 5° ~ 10°，直至切割结束。

4. 割嘴与割件的距离

割嘴与割件的距离应根据预热火焰能率及工件的厚度而定，气割时不能用焰心预热，以防止渗碳及飞溅物堵塞割嘴，导致回火。因此，割嘴与割件的距离应为 3 ~ 5 mm，这样加热条件最好，渗碳的可能性较小。对于较厚割件，预热火焰能率应较大，割嘴与割件的距离应大一些。

5. 割嘴型号和切割氧压力

割件越厚，割炬规格、割嘴规格、切割氧压力越应增大。当气割较薄工件时，切割氧

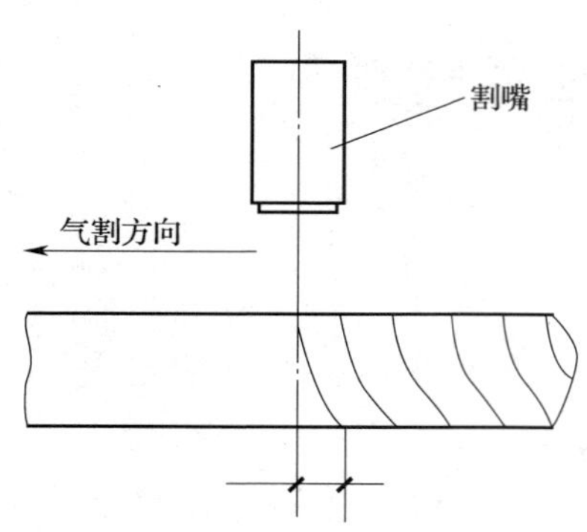

图 6—3—5　气割速度对后拖量的影响

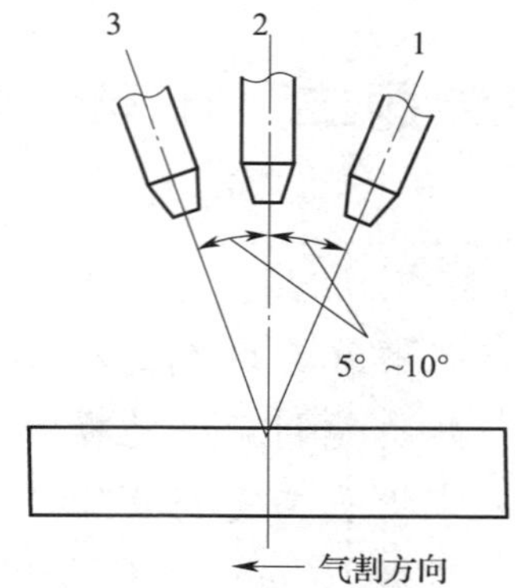

图 6—3—6　割嘴的倾斜角

1—割嘴沿切割相反方向倾斜
2—割嘴垂直　3—割嘴沿切割方向倾斜

压力可适当降低，但如果切割氧压力过低，会使气割过程中氧化反应减慢，使氧化物熔渣吹不掉，甚至使切口割不透；若切割氧压力过高，则切口过宽，这样会浪费氧气，同时会使切口表面粗糙。

二、气割顺序

正确的气割顺序应以尽量减少气割件的变形，维护操作者的安全，气割时操作顺手等原则来考虑。

1. 在同一割件上既有直线又有曲线时，则先割直线后割曲线。
2. 同一割件上有边缘切割线，还有内部切割线时，则先割边缘后割中间。
3. 由割线围成的同一图形中既有大块，又有小块和孔时，应先割小块，后割大块，最后割孔。
4. 同一割件上有垂直形割缝时，应先割底边，后割垂直边。
5. 同一割件上有直缝，且直缝上又需开槽时，则先割直缝，后割槽。
6. 割圆弧时，先定好圆中心，割时应保持圆心不变动。
7. 割件断开的位置最后切割，此时操作者要特别小心，注意安全。

三、手工气割故障产生的原因和排除方法

手工气割过程中，经常出现一些故障，致使气割工作不能正常进行。因此，掌握这些故障产生的原因和排除方法，对提高气割质量是很重要的。经常出现故障的原因和排除方法见表 6—3—2。

表 6—3—2　　手工气割故障产生的原因和排除方法

故障性质		产生原因	排除方法
火焰故障	不起燃	气割设备漏气或堵塞使割炬中无燃烧气体，或由于压力表失灵，而氧压过大	（1）修理漏气和堵塞的地方 （2）更换压力表并重新点火
	燃烧不良	软管或预热割嘴堵塞，造成气体不足	疏通堵塞处，保证气路通畅

续表

故障性质		产生原因	排除方法
火焰故障	混合气体引燃时突然熄灭	氧气压力太低或减压气冻结，或割嘴孔严重损坏	（1）提高氧气压力 （2）用温水解冻 （3）更换割嘴或用通针清理嘴孔
	回火或割嘴被烧	由于氧气压力太低或割炬离割件太近	（1）控制氧气压力要足够大 （2）停火将割炬头部浸入水中冷却降温，抬高割嘴到割件表面距离
切割氧流分散不集中		切割氧流通孔堵塞，切割氧流喷射速度过低	（1）清理割嘴通孔使其畅通 （2）提高氧气供给压力

四、16 mm 厚 Q235 钢板法兰气割操作

1．气割前准备

（1）试件材料：Q235。

（2）试件尺寸：如图 6—3—7 所示。

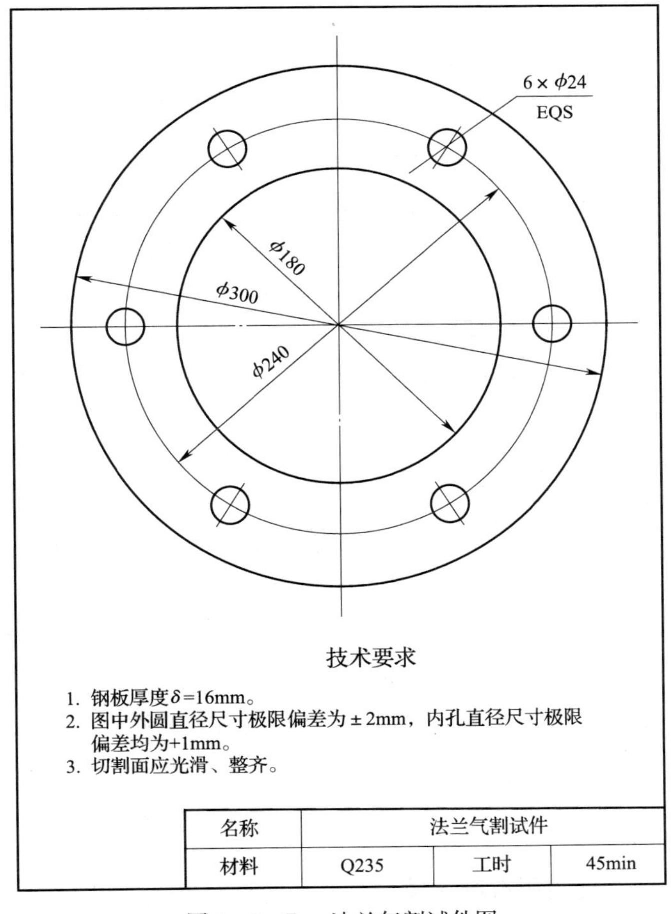

图 6—3—7　法兰气割试件图

（3）气割设备及工具：氧气瓶、减压器、乙炔瓶、割炬（G01－100 型）、号环形（或梅花形）割嘴、橡胶软管。

（4）辅助器具：护目镜、点火枪、通针、钢丝刷等。

2. 气割前清理

用钢丝刷等工具将试件表面的铁锈、鳞皮和脏物等仔细清理干净，然后将割件用耐火砖垫空，便于切割。

3. 气割工艺

为了提高法兰气割的效率，保证气割质量，凡直径在 50 mm 以上的圆弧圆孔及法兰均采用切割圆规，如图 6—3—8 所示。

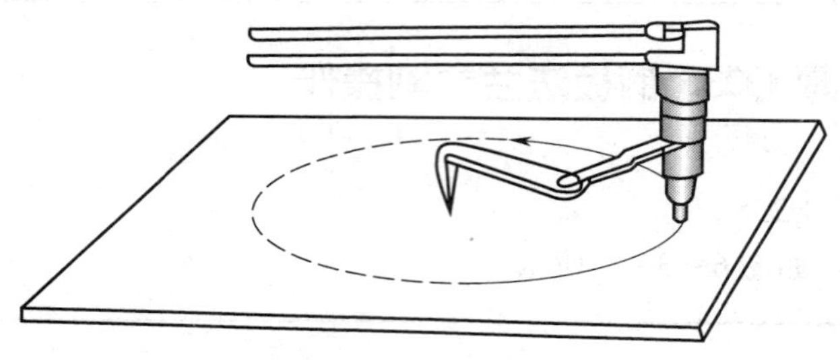

图 6—3—8　切割圆规

手工气割法兰时，一般先切割外圆，然后再切割内圆。切割外圆时，在钢板边缘处起割，然后将割嘴沿圆周旋转一圈，法兰即从钢板上割下，注意割嘴垂直于钢板；气割内圆时，应先在内圆上开气割孔，此时预热火焰能率应调大一些，或调成弱氧化焰，以加快预热速度，当达到燃点温度时，应将割嘴后倾 20°左右，开启高压切割氧调节阀，割件被割穿，随着割炬移动，逐渐将割嘴修正为与割件垂直，割嘴沿圆周旋转一圈时将内圆切下。注意切割速度要均匀，不要忽快忽慢。若割圆的半径在 500 mm 以上，在切割过程中操作者的位置要稍作移动，此时要注意保持割炬平稳。

4. 操作要点

（1）准备好气割场地，将气割工具及气体储存设备安装好。将法兰的下方垫空并垫牢，并注意支垫物不能放在切割线下方。

（2）检查氧气、乙炔是否充足，利用划规按图样划出切割线，并确定法兰圆心，用样冲在圆心处打好定位眼。根据割圆半径定好切割圆规针尖与割嘴中心孔距离，把切割圆规针尖插在定位眼处。

（3）正确选择气割参数，并点燃割炬。

（4）切割时，调节好预热火焰，把割嘴套在钢套内，利用课题分析中提到的方法，割嘴始终垂直于法兰表面。气割过程中应使割嘴下端向圆心方向稍微靠近一些，以免钢套脱落，并保持割嘴离割件表面的高度始终一致，防止呈现马蹄状切割面。割炬随着切割圆规的固定轨迹沿切割线匀速移动进行切割。

（5）气割结束后，关闭所有的调节阀。利用敲渣锤仔细清理气割熔渣，检查气割质量。并将废料、熔渣清理干净，将工具摆放整齐。

5. 质量检查内容和评分标准

质量检查内容和评分标准见表 6—3—3。

表 6—3—3　　法兰气割质量检查内容和评分标准

<table>
<tr><td colspan="2">实训名称：法兰气割</td><td colspan="2">工时：45 min</td><td>总分</td><td colspan="2"></td></tr>
<tr><td>项目</td><td>质量检查内容</td><td>质量检查要求</td><td>配分</td><td>评分标准</td><td>扣分</td><td>得分</td></tr>
<tr><td rowspan="2">割前准备</td><td>各种设备、工具的安装和使用</td><td>正确使用和安装各种设备、工具</td><td>5</td><td>使用和安装方法不正确扣 1 ~ 5 分</td><td></td><td></td></tr>
<tr><td>气割参数的选择</td><td>正确选择气割参数</td><td>3</td><td>不正确不得分</td><td></td><td></td></tr>
<tr><td rowspan="3">工件尺寸精度</td><td>外圆尺寸 φ300 mm</td><td>外圆直径尺寸极限偏差为 ±2 mm</td><td>20</td><td rowspan="3">每超差 1 mm 扣 3 分
超差严重不得分</td><td></td><td></td></tr>
<tr><td>内孔尺寸 φ180 mm</td><td>内孔直径尺寸极限偏差为 +1 mm</td><td>20</td><td></td><td></td></tr>
<tr><td>圆度</td><td>圆度公差为 1 mm</td><td>10</td><td></td><td></td></tr>
<tr><td rowspan="7">切口外观质量</td><td>切割面平面度</td><td>切割面平面度误差≤1 mm</td><td>6</td><td>每超差 1 mm 扣 3 分
超差严重不得分</td><td></td><td></td></tr>
<tr><td>缺口</td><td></td><td>6</td><td>每处扣 3 分</td><td></td><td></td></tr>
<tr><td>内凹</td><td></td><td>5</td><td>出现缺陷不得分</td><td></td><td></td></tr>
<tr><td>切割面倾斜</td><td>倾斜角度≤2°</td><td>5</td><td>超差不得分</td><td></td><td></td></tr>
<tr><td>上缘熔化</td><td></td><td>5</td><td>出现缺陷不得分</td><td></td><td></td></tr>
<tr><td>上缘呈现珠链状钢粒</td><td></td><td>5</td><td>出现缺陷不得分</td><td></td><td></td></tr>
<tr><td>下缘粘渣</td><td></td><td>5</td><td>出现缺陷不得分</td><td></td><td></td></tr>
<tr><td rowspan="2">安全文明生产</td><td>安全操作规程有关规定</td><td rowspan="2">达到规定标准</td><td rowspan="2">5</td><td rowspan="2">违反有关规定扣 1 ~ 5 分</td><td rowspan="2"></td><td rowspan="2"></td></tr>
<tr><td>文明生产有关规定</td></tr>
<tr><td>时间定额</td><td>45 min</td><td>按时完成</td><td></td><td>每超过时间定额的 5%
扣 1 分</td><td></td><td></td></tr>
<tr><td>合计</td><td></td><td></td><td>100</td><td></td><td></td><td></td></tr>
<tr><td>备注</td><td colspan="6"></td></tr>
</table>

课后练习

一、填空题

1. 气割的主要参数有________、________、________、________、________和________等。

2. 割圆弧时，先________，割时应保持________。

3. 同一割件上有直缝，且直缝上又需开槽时，则先割________，后________。

4. 由割线围成的同一图形中既有大块，又有小块和孔时，应先割________，后割

________，最后________。

5．在同一割件上既有直线又有曲线时，则先割________，后割________。

二、判断题

（　　）1．为保证工件能够切透，切割氧的压力越大越好。

（　　）2．若焊炬和割炬无射吸能力则不能使用。

（　　）3．为防止水泥爆炸，不要直接在水泥地上进行切割。

（　　）4．焊嘴和割嘴温度过高时，只能暂停使用而不能放入水中冷却。

三、选择题

1．气割时切割氧的压力有一定的范围，压力过低会使气割过程氧化反应减慢，同时在割缝（　　），甚至不能将割件的全部厚度割穿。

A．正面形成黏渣　　B．正面边缘熔化　　C．背面形成黏渣　　D．背面边缘熔化

2．气割时割嘴的倾角大小主要根据割件厚度而定，当割件厚度 > 30 mm 时，在起割时，采用前倾 5°～10°，割穿后应采用垂直方向，停割时应采用（　　）。

A．前倾 15°～20°　　B．垂直方向

C．后倾 10°～15°　　D．后倾 5°～10°

3．在气割约 20 mm 中厚板时，火焰要长些，割嘴离割件表面的距离（　　）。

A．应减小　　B．可不变　　C．应略小些　　D．可增大

4．由于气割（　　），并能在各种位置上进行切割和在钢板上切割各种外形复杂的零件，因此广泛用于钢板下料，开焊接坡口等。

A．效率高、成本低、设备复杂　　B．效率高、成本低、设备简单

C．效率低、成本低、设备复杂　　D．效率低、成本高、设备简单

四、简答题

气割的主要参数有哪些？

模块七 职业技能鉴定焊工中级考核模拟试卷

理论知识考核模拟试卷一

一、单项选择题（第1题～第80题。选择一个正确的答案，将相应的字母填入题内的括号中。每题1分，满分80分。）

1. 金属发生同素异构转变时与金属结晶一样，是在（　　）下进行的。

A. 冷却　　B. 加热　　C. 恒温　　D. 常温

2. 各种不同热处理方法的加热温度都是参考（　　）选定的。

A. 晶体结构　　B. 应力状态

C. 结晶温度　　D. $Fe-Fe_3C$ 相图

3.（　　）方法虽然很多，但任何一种热处理工艺都是由加热、保温和冷却三个阶段所组成的。

A. 化学处理　　B. 氮化处理　　C. 热处理　　D. 机械处理

4. 热处理之所以能使钢的性能发生变化，其根本原因是由于铁有同素异构转变，从而使钢在加热和冷却过程中，其内部发生了（　　）变化的结果。

A. 性能与工艺　　B. 组织与结构

C. 形式与强度　　D. 塑性与韧性

5. 粒状珠光体与片状珠光体相比（　　）。

A. 粒状珠光体强硬度比片状珠光体低，而塑性较高

B. 粒状珠光体强硬度比片状珠光体高，而塑性较低

C. 粒状珠光体强硬度比片状珠光体高，塑性也较高

D. 粒状珠光体强硬度比片状珠光体低，塑性也较低

6. 为了消除合金铸锭及铸件在结晶过程中形成的枝晶偏析，采用的退火方法为（　　）。

A. 完全退火　　B. 等温退火　　C. 球化退火　　D. 扩散退火

7. 对于过共析钢，要消除严重的网状二次渗碳体，以利于（　　），则必须进行正火。

A. 等温退火　　B. 扩散退火　　C. 完全退火　　D. 球化退火

8. 中温回火的温度是（　　）。

A. 150～250℃　　B. 350～500℃　　C. 500～650℃　　D. 250～350℃

9. 回火时，决定钢的组织和性能的主要因素是回火温度，回火温度可根据（　　）的力学性能来选择。

A. 设计方案　　B. 施工任务　　C. 工件要求　　D. 加工速度

10. 电动势是衡量（　　）将非电能转换成电能本领的物理量。

A. 电容　B. 电流　C. 电源　D. 电感

11.（　　）的热量，除了与导体的电阻及通电时间成正比外，还与电流强度的平方成正比。

A. 电功率　B. 电流流过导体产生

C. 电阻　D. 电容

12. 在串联电路中，电压的分配与电阻成正比，即阻值越大的电阻所分配到的（　　）。

A. 电流越大，反之电压越小　B. 电势越低，反之电压越小

C. 电压越大，反之电压越小　D. 电势越高，反之电压越小

13. 在并联电路中，（　　）的分配与电阻成反比关系。

A. 电容　B. 电压　C. 电感　D. 电流

14.（　　）B 与它垂直方向的某一截面积 S 的乘积称为磁通。

A. 磁极强度　B. 磁铁强度　C. 磁阻强度　D. 磁感应强度

15. 磁感应强度是定量描述（　　）中各点的强弱和方向的物理量。

A. 电场　B. 光场　C. 热场　D. 磁场

16.（　　）是互不交叉的闭合曲线，在磁体外部磁力线方向是由 N 极指向 S 极。

A. 磁力线　B. 电磁力　C. 牵引力　D. 拘束力

17.（　　）工作时其初次级的电流与初次级电压或匝数的关系是与初次级电压或匝数成反比。

A. 变压器　B. 电抗器　C. 电阻器　D. 电容器

18. BX2－500 型弧焊变压器的结构，它实际上是一种带有（　　）的单相变压器。

A. 电抗器　B. 电磁铁　C. 双绕组　D. 电容器

19. 维持电弧放电的电压一般为（　　）。

A. 10～50 V　B. 50～100 V　C. 100～200 V　D. 220～380 V

20. 手工电弧焊时，由于使用电流受到限制，故其静特性曲线无（　　）特性区。

A. 陡降　B. 上升　C. 缓降　D. 水平

21. 手弧焊时与电流在焊条上产生的电阻热大小有关的因素是（　　）。

A. 焊件厚度　B. 药皮类型　C. 焊接种类　D. 电流密度

22. 仰焊时不利于熔滴过渡的作用力是（　　）。

A. 重力　B. 表面张力　C. 电磁力　D. 气体吹力

23.（　　）是焊接化学冶金过程的特点之一。

A. 温度低及温度梯度小　B. 温度高及温度梯度大

C. 温度低及温度梯度大　D. 温度高及温度梯度小

24. 当熔渣的碱度为（　　）时，称为酸性渣。

A. <1.5　B. 1.8　C. 1.6　D. 1.7

25. 焊接热影响区中，且有过热组织或大晶粒的区域是（　　）。

A. 焊缝区　B. 熔合区　C. 过热区　D. 正火区

26. 粗丝二氧化碳气体保护焊的焊丝直径为（　　）。

A. 小于1.2 mm　　B. 1.2 mm　　C. ≥1.6 mm　　D. 1.2～1.5 mm

27. 当二氧化碳气体保护焊采用细焊丝，小电流、低电弧电压施焊时，所出现的熔滴过渡形式是（　　）过渡。

A. 粗滴　　B. 短路　　C. 喷射　　D. 颗粒

28. 二氧化碳气体保护焊时，用得最多的脱氧剂是（　　）。

A. Cr、Fe　　B. C、Si　　C. Fe、C　　D. Si、Mn

29. 二氧化碳加氧气混合气体保护电弧焊时，二氧化碳加氧气混合气体中氧气的比例是（　　）。

A. 5%　　B. 55%～60%　　C. 50%～55%　　D. 20%～25%

30. 我国目前常用的二氧化碳气体保护半自动焊送丝机构的形式是（　　）。

A. 推丝式　　B. 拉丝式　　C. 推拉式　　D. 以上都不是

31. 在NBC－250中，用（　　）表示二氧化碳保护焊。

A. Z　　B. B　　C. N　　D. C

32.（　　）二氧化碳气体保护焊时使用的电源特性是平硬外特性。

A. 板极　　B. 焊条　　C. 粗丝　　D. 细丝

33. 二氧化碳气体保护焊时用于焊丝直径为0.5～0.8 mm的半自动焊炬是（　　）。

A. 拉丝式焊炬　　B. 推丝式焊炬　　C. 细丝气冷焊炬　　D. 粗丝水冷焊炬

34. 贮存二氧化碳气体的气瓶容量为（　　）L。

A. 10　　B. 25　　C. 40　　D. 45

35. 二氧化碳气体保护焊时应（　　）。

A. 先通气后引弧　　B. 先引弧后通气

C. 先停气后熄弧　　D. 先停电后停送丝

36. 二氧化碳气体保护焊时，所用二氧化碳气体的纯度不得低于（　　）。

A. 80%　　B. 99%　　C. 99.5%　　D. 95%

37. 用二氧化碳气体保护焊焊接10 mm厚的板材立焊时，宜选用的焊丝直径是（　　）。

A. 0.8 mm　　B. 1.0～1.6 mm　　C. 0.6～1.6 mm　　D. 1.8 mm

38. 钨板交流氩弧焊比一般焊接电弧（　　）。

A. 容易引燃　　B. 稳定性差

C. 有“阴极破碎”作用　　D. 热量分散

39.（　　）的特点是可采用高密度电流。

A. 钨极氩弧焊　　B. 手弧焊　　C. 熔化极氩弧焊　　D. 气焊

40. 同等条件下，氦弧焊的焊接速度几乎可（　　）于氩弧焊。

A. 1倍　　B. 2倍　　C. 3倍　　D. 4倍

41. 对自由电弧的弧柱进行强迫“压缩”，就能获得导电截面收缩得比较小、能量更加集中、弧柱中气体几乎可达到全部等离子体状态的电弧，就叫（　　）。

A. 等离子弧　　B. 自由电弧　　C. 等离子体　　D. 直流电弧

42. 等离子弧焊接是利用等离子焊炬产生的（　　）来熔化金属的焊接方法。

A. 高温钨极氩弧　　B. 高温手工电弧

C．高温气刨碳弧　　D．高温等离子弧

43．等离子弧钨极内缩的原因是避免产生（　　）缺陷。

A．气孔　　B．裂纹　　C．夹钨　　D．咬边

44．（　　）的优点之一是可以焊接极薄件的金属构件。

A．钨极氩弧焊　　B．微束等离子弧焊

C．熔化极惰性气体保护焊　　D．二氧化碳气体保护焊

45．等离子弧焊时，为了保证等离子弧燃烧稳定，必须（　　）。

A．选用较大的焊接电流　　B．选用很高的空载电压

C．离子气流量　　D．焊接电流与离子气流量相匹配

46．利用电流通过液体熔渣所产生的电阻热来进行焊接的方法称为（　　）。

A．电阻焊　　B．电弧焊　　C．埋弧焊　　D．电渣焊

47．电渣焊时，熔入焊缝中的基体金属只占（　　）。

A．10%～20%　　B．25%～35%　　C．30%～40%　　D．45%～55%

48．有关压焊概念正确的是（　　）。

A．对焊件施加压力但不能加热　　B．对焊件施加压力且加热

C．对焊件施加压力，加热或不加热　　D．以上都对

49．18MnMoNb 焊前预热温度为（　　）。

A．<50℃　　B．50～100℃　　C．100～150℃　　D．≥150℃

50．常用普低钢焊后热处理的温度一般在（　　）。

A．300～400℃　　B．400～500℃　　C．600～650℃　　D．900～1 000℃

51．坡口的选择原则正确的是（　　）。

A．防止焊穿　　B．焊条类型　　C．母材的强度　　D．保证焊透

52．金属的焊接性是指金属材料对（　　）的适应性。

A．焊接加工　　B．工艺因素　　C．使用性能　　D．化学成分

53．18MnMoNb 钢焊接装配点固前应局部预热到（　　）。

A．150～200℃　　B．250～300℃　　C．350～400℃　　D．450～500℃

54．采用（　　）焊接珠光体耐热钢时，焊前不需预热。

A．氩弧焊　　B．埋弧焊

C．手弧焊　　D．二氧化碳焊

55．选择耐热钢焊条主要是根据化学成分，而不根据（　　）。

A．抗氧化性能　　B．常温力学性能　　C．高温强度　　D．抗裂纹性能

56．不锈钢产生晶间腐蚀的危险温度区是（　　）。

A．100～200℃　　B．250～350℃　　C．450～850℃　　D．550～950℃

57．焊接灰铸铁时最常见的裂纹是（　　）。

A．热应力裂纹　　B．热裂纹　　C．层状撕裂　　D．再热裂纹

58．二氧化碳气体保护焊焊接灰铸铁时，应用的焊丝牌号是（　　）。

A．H08Mn2Si　　B．H08A

C．H08MnA　　D．H08 或 H08MnA

59. 球墨铸铁焊接时主要问题是白口现象严重和（　　）产生淬硬组织。

A. 接头　B. 焊缝　C. 熔合区　D. 热影响区

60. 铜和铜合金焊缝中形成气孔的气体是（　　）。

A. 氮　B. 氢　C. 一氧化碳　D. 二氧化碳

61. 紫铜手弧焊时，电源应采用（　　）。

A. 直流反接　B. 直流正接

C. 交流电　D. 交流或直流反接

62. 物体受外力作用而产生变形，当外力去除后，物体（　　），这种变形称塑性变形。

A. 不改变原来的形状和尺寸　B. 不改变形状和尺寸

C. 恢复到原来的形状和尺寸　D. 不能恢复到原来的形状和尺寸

63. 焊接热过程是一个（　　）的过程，以致在焊接过程中出现应力和变形，焊后便导致焊接结构产生残余应力和残余变形。

A. 均匀加热　B. 不均匀加热

C. 压缩变形　D. 塑性变形

64. 为了减小焊件的残余变形选择合理的焊接顺序的原则之一是（　　）。

A. 对称焊　B. 先焊收缩量大的焊缝

C. 尽可能考虑焊缝长短　D. 先焊受力大的焊缝

65. 焊接时常见的焊缝内部缺陷有（　　）等。

A. 弧坑、夹渣、夹钨、裂纹、未熔合和未焊透

B. 气孔、咬边、夹钨、裂纹、未熔合和未焊透

C. 气孔、夹渣、焊瘤、裂纹、未熔合和未焊透

D. 气孔、夹渣、夹钨、裂纹、未熔合和未焊透

66. 造成（　　）的主要原因是由于焊接时选用了大的焊接电流，电弧过长及角度不当。

A. 咬边　B. 凹坑　C. 气孔　D. 焊瘤

67. 平焊时防止产生焊瘤的主要措施是（　　）。

A. 焊接速度不宜过慢　B. 坡口间隙加大

C. 拉长电弧　D. 坡口钝边小些

68. 造成凹坑的主要原因是（　　），在收弧时未填满弧坑。

A. 电弧过短及角度太小　B. 电弧过短及角度不当

C. 电弧过长及角度不当　D. 电弧过长及角度太大

69. 补焊铸铁裂纹时应在裂纹前端延长线上（　　）范围钻止裂孔为宜。

A. 10 ~ 20 mm　B. 20 ~ 30 mm

C. 30 ~ 40 mm　D. 40 ~ 50 mm

70. 下列试验方法中属于破坏性试验的是（　　）。

A. 氨气检验　B. 弯曲试验

C. 水压试验　D. 磁粉试验

71. 弯曲试验是测定焊接接头的（　　）。

A. 弹性　B. 塑性　C. 疲劳　D. 硬度

72. 煤油试验原理是利用煤油的（　　），渗透性强，具有透过极小缺陷的贯穿性能力。

A. 黏度大，表面张力小　　B. 黏度小，表面张力小
C. 黏度小，表面张力大　　D. 黏度大，表面张力大

73. 在磁粉探伤过程中，根据被吸附铁粉的形状、数量、厚薄程度即可判断缺陷的（　　）。

A. 深处数量　　B. 内部夹渣
C. 表面部位　　D. 大小和位置

74.（　　）用来探测大厚度焊件焊缝内部缺陷。

A. 着色检验　　B. 荧光检验
C. 磁粉检验　　D. 超声波检验

75. 大型龙门刨床（例如 B236）最大刨削长度可达（　　）。

A. 20 m　　B. 25 m　　C. 30 m　　D. 35 m

76. 不属于粗加工的加工方法是（　　）。

A. 粗车　　B. 粗磨　　C. 粗铣　　D. 粗刨

77. 金属切削加工中的切削用量要素有（　　）。

A. 2 个　　B. 3 个　　C. 4 个　　D. 5 个

78. CG2－150 型仿形气割机是一种（　　）的半自动气割机。

A. 一般效率　　B. 低效率　　C. 高效率　　D. 中等效率

79. 一个工厂的技术资料、文件管理水平，在一定程度上反映了这个工厂的（　　）。

A. 技术水平　　B. 生产水平　　C. 精神文明水平　　D. 厂长管理水平

80. 编制工艺过程的步骤之一是进行（　　）。

A. 产品的工艺过程研讨　　B. 产品的工艺过程试验
C. 产品的工艺过程鉴定　　D. 产品的工艺过程分析

二、判断题（第 81 题～第 100 题。将判断结果填入括号中。正确的填“√”，错误的填“×”。每题 1 分，满分 20 分。）

（　　）81. 相平衡是指合金中几个相共存而且不发生变化的现象。
（　　）82. 铁磁材料对磁通的阻力称为磁阻。
（　　）83. 某元素的逸出功越小，则其产生电子发射越容易。
（　　）84. 焊缝中心形成的热裂纹往往是区域偏析的结果。
（　　）85. 低碳钢焊缝二次结晶后的组织为铁素体加珠光体。
（　　）86. 焊接时，二氧化碳气流保护层遭到破坏易产生氮气孔。
（　　）87. 氩弧焊是以氩气作为保护气体的一种气体保护电弧焊方法。
（　　）88. 熔化极氩弧焊时，薄板高速焊和全位置焊一般采用喷射过渡。
（　　）89. 焊接电流过大，可能形成烧穿。
（　　）90. 低合金钢焊后消氢处理温度一般为 200～350℃。
（　　）91. 焊件上的残余应力都是压应力。
（　　）92. 在焊接时由于温度变化而引起组织变化所产生的应力是组织应力。
（　　）93. 焊接钢时，往熔池中添加一些铜，不会促使焊缝产生热裂纹。

(　　) 94. 焊条药皮熔化后形成的熔渣覆盖在焊缝表面，会增大焊缝产生气孔的倾向。

(　　) 95. 硬度试验的目的是测量焊缝和热影响区金属材料的硬度，可间接判断材料的焊接性。

(　　) 96. 通常宏观金相检验的试样，焊缝表面应保持原状。

(　　) 97. 积屑瘤不容易在高速精加工时形成。

(　　) 98. 气焊主要适宜于厚板结构的焊接。

(　　) 99. 对焊接零件表面及焊缝边缘的铁锈、毛刺、油污等，必须彻底清除干净的范围是 30 ~ 50 mm。

(　　) 100. 生产条件和工艺过程一定，劳动量是一常数，但工作时间随参与工作的工人数而变动。

理论知识考核模拟试卷二

一、单项选择题（第1题~第80题。选择一个正确的答案，将相应的字母填入题内的括号中。每题1分，满分80分。）

1. 在（　　）℃的面心立方晶格的铁称为γ－Fe。

A. 低于910　　B. 低于727　　C. 910～1 390　　D. 727～1 390

2. 珠光体是铁素体和渗碳体的机械混合物，碳的质量分数为（　　）左右。

A. 0.25%　　B. 0.6%　　C. 2.11%　　D. 0.8%

3. 低碳钢的（　　）为珠光体＋铁素体。

A. 高温组织　　B. 室温组织

C. 中温组织　　D. A_1线以上组织

4. 将亚共析钢加热到A_3以上30～70℃，在此温度下保持一定时间，然后快速冷却，使奥氏体来不及分解和合金元素来不及扩散而形成（　　）组织，称为淬火。

A. 珠光体　　B. 渗碳体　　C. 马氏体　　D. 铁素体

5.（　　）就是把经过淬火的钢加热至低于A_1的某一温度，经过充分保温后，以一定的速度冷却的一种热处理工艺。

A. 正火　　B. 淬火　　C. 退火　　D. 回火

6. 合金钢中，合金元素的质量分数的总和（　　）的钢称为高合金钢。

A. >5%　　B. >10%　　C. >8%　　D. >7%

7. 珠光体耐热钢是以铬钼为基础的具有高温强度和抗氧化性的（　　）。

A. 优质碳素结构钢　　B. 高合金钢

C. 低合金钢　　D. 中合金钢

8. 在一段无源电路中，电流的大小与电压成正比，而与（　　），这就是部分电路欧姆定律。

A. 电阻率成正比　　B. 电阻值成反比

C. 电阻值成正比　　D. 电阻率成反比

9. 变压器是利用电磁感应原理工作，无论是升压或降压，变压器（　　）而不能改变交流电的频率。

A. 只能改变电压　　B. 只能改变电流

C. 不能改变电流　　D. 只能改变电位

10. Nb是（　　）的元素符号，Ti是（　　）的元素符号。

A. 铌，铜　　B. 镍，铜　　C. 铌，钛　　D. 氮，钛

11. 焊接场地应保持必要的通道，人行通道宽度应不小于（　　）m。

A. 3　　B. 2.5　　C. 1.5　　D. 2

12. 施焊前，焊工应对面罩进行安全检查，（　　）是安全检查重要内容之一。

A. 隔热能力　　B. 护目镜片深浅是否合适

C. 耐腐蚀性能　　D. 反光性能

13. 焊接前焊工应对所使用的角向磨光机进行安全检查，但（　　）不必检查。

A. 角向磨光机内部绝缘电阻值　　B. 有没有漏电现象

C. 输入电源线的绝缘是否完好　　D. 砂轮片是否有裂纹、破损

14. 下列选项中，（　　）不是焊条药皮的组成物。

A. 稳弧剂　　B. 脱氮剂　　C. 造渣剂　　D. 造气剂

15. 水平固定管对接组装时，按规范和焊工技艺确定组对间隙，而且一般应（　　）。

A. 上大下小　　B. 左小右大　　C. 左大右小　　D. 上小下大

16. 大径管（ϕ159 mm 以上）对接件定位焊，一般在坡口内点固（　　）处。

A. 1　　B. 2　　C. 4　　D. 3

17. 采用碱性焊条，焊前应在坡口及两侧各（　　）mm 范围内，将锈、水、油污等清理干净。

A. 5 ~ 10　　B. 25 ~ 30　　C. 15 ~ 20　　D. 35 ~ 40

18. （　　）是一种自动埋弧焊常用的引弧方法。

A. 焊丝回抽引弧法　　B. 高压脉冲引弧法

C. 高频高压引弧法　　D. 摩擦式引弧法

19. 氩气瓶外表漆成（　　）色并标有深绿色“氩”字。

A. 白　　B. 银灰　　C. 铝白　　D. 天蓝

20. CO_2气瓶瓶体表面漆成（　　）色，并漆有“液态二氧化碳”黑色字样。

A. 银灰　　B. 铝白　　C. 白　　D. 棕

21. 厚度 12 mm 钢板对接，焊条电弧焊立焊，单面焊双面成形时，预置反变形量一般为（　　）。

A. 3° ~ 4°　　B. 1° ~ 2°　　C. 5° ~ 6°　　D. 7° ~ 8°

22. 焊条电弧焊立焊操作时，发现椭圆形熔池下部边缘由比较平直轮廓变成鼓肚变圆时，表示熔池温度已稍高或过高，应立即灭弧，降低熔池温度，以避免产生（　　）。

A. 裂纹　　B. 烧穿　　C. 焊瘤　　D. 咬边

23. 与焊条电弧焊相比，（　　）不是自动埋弧焊的优点。

A. 对气孔敏感小　　B. 生产率高

C. 节约焊接材料和电能　　D. 焊工劳动条件好

24. 与焊条电弧焊相比，（　　）不是自动埋弧焊的缺点。

A. 焊工劳动强度大　　B. 对气孔敏感性较大

C. 辅助准备工作量大　　D. 不适合焊接薄板

25. 焊接速度过高时会产生（　　）等缺陷。

A. 气孔　　B. 热裂纹　　C. 焊瘤　　D. 烧穿

26. 埋弧自动焊对于厚度（　　）mm 以下的板材，可以不开坡口（采用 I 形坡口），只需采用双面焊接，背面不用清根，也能达到全焊透的要求。

A. 30　　B. 24　　C. 12　　D. 18

27. 板材对接要求全焊透，采用 I 形坡口埋弧自动焊双面焊，要求后焊的正面焊道的

熔深（焊道厚度）达到板厚的（　　）。

A. 30% ~40%　　B. 60% ~70%　　C. 50% ~60%　　D. 40% ~50%

28. 埋弧自动焊负载持续率通常为（　　）。

A. 50%　　B. 100%　　C. 60%　　D. 35%

29. 钨极氩弧焊焊低碳钢和低合金钢时应采用（　　）。

A. 直流正接　　B. 交流电源　　C. 逆变电源　　D. 直流反接

30. （　　）不是钨极氩弧焊选择钨极直径的主要依据。

A. 焊接位置　　B. 焊接电流大小

C. 焊件厚度　　D. 电源种类与极性

31. 钨极氩弧焊的氩气流量一般可按经验公式确定，即氩气流量（L/min）等于喷嘴直径（mm）的（　　）倍。

A. 1.8 ~2.2　　B. 0.8 ~1.2　　C. 2.8 ~3.2　　D. 3.8 ~4.2

32. 易燃物品距离钨极氩弧焊场所不得小于（　　）m。

A. 15　　B. 13　　C. 5　　D. 20

33. CO_2气体保护焊有许多优点，但（　　）不是CO_2焊的优点。

A. 生产率高，成本低

B. 焊缝含氢量少，抗裂性能和力学性能好

C. 设备简单，容易维护和修理

D. 焊接变形和应力小

34. CO_2焊用于焊接低碳钢和低合金高强度钢时，主要采用通过焊丝的（　　）脱氧方法。

A. 碳锰联合　　B. 碳硅联合　　C. 铝硅联合　　D. 硅锰联合

35. 粗丝CO_2焊中，熔滴过渡往往是以（　　）的形式出现。

A. 喷射过渡　　B. 粗滴过渡　　C. 短路过渡　　D. 射流过渡

36. 中厚板T形接头船形焊位置（即T形接头平焊位置）半自动CO_2焊时，焊接方向通常采用（　　）。

A. 立向下焊　　B. 右焊法　　C. 左焊法　　D. 立向上焊

37. CO_2气瓶使用CO_2气体电热预热器时，其电压应采用（　　）V。

A. 220　　B. 36　　C. 60　　D. 110

38. 电阻对焊常用于（　　）的焊接。

A. 带蒙皮的骨架结构（如汽车驾驶室）等

B. 要求气密的薄壁容器

C. 重要的受力对接件

D. 受力要求不高的对接件

39. 缝焊主要用于要求气密的薄壁容器，焊件厚度一般不超过（　　）mm。

A. 6　　B. 2　　C. 4　　D. 5

40. （　　）不是电阻焊电源变压器的特点。

A. 二次侧电压高　　B. 功率可调节

C. 二次侧电压低　　D. 焊接电流大

41. 等离子弧切割基本原理是利用等离子弧把被切割的材料局部（　　），并同时用高速气流吹走。

A. 熔化及燃烧　　B. 熔化及蒸发　　C. 溶解及氧化　　D. 氧化及燃烧

42. 等离子弧切割不锈钢、铝等厚度可达（　　）mm 以上。

A. 400　　B. 300　　C. 200　　D. 250

43. 等离子弧切割气体的作用不是（　　）。

A. 冷却手把

B. 防止钨极氧化烧损

C. 作为等离子弧介质，并压缩电弧

D. 形成隔热层，保护喷嘴不被烧坏

44. 钨极内缩量是等离子弧切割一个很重要的参数，它极大地影响着电弧压缩效果及（　　）。

A. 电极的烧损　　B. 切割毛刺的产生

C. 等离子弧功率的充分利用　　D. 切割速度

45. 焊接角焊缝应采用（　　）。

A. 穿透型等离子弧焊　　B. 熔化型等离子弧焊

C. 微束型等离子弧焊　　D. 熔透型等离子弧焊

46. 高温停留时间是焊接热循环的一个主要参数，通常用在加热温度（　　）℃以上停留的时间表示。

A. 1 000　　B. 1 200　　C. 1 100　　D. 1 300

47.（　　）不是影响焊接热循环的因素。

A. 预热和层间温度　　B. 焊接位置

C. 母材导热性能　　D. 焊接参数

48. 钢焊缝中夹杂物主要有氧化物和（　　）两种。

A. 硫化物　　B. 碳化物　　C. 氮化物　　D. 磷化物

49.（　　）不是钢焊缝金属中氧的主要来源。

A. 母材和焊丝中的氧　　B. 焊条药皮和埋弧焊剂中的氧化物

C. 空气中的氧气　　D. CO_2气体保护焊时的 CO_2气

50.（　　）不是钢电弧焊时氢的来源。

A. 焊条药皮和埋弧焊剂中的水分　　B. 焊条药皮中的有机物

C. 母材和焊丝中的氢　　D. 工件和焊丝表面的油污

51.（　　）不是热轧低碳钢焊接热影响区的组成部分。

A. 过热区　　B. 再结晶区　　C. 部分相变区　　D. 正火区

52.（　　）不是调质状态的调质钢焊接热影响区的组成部分。

A. 淬火区　　B. 退火区　　C. 回火软化区　　D. 部分淬火区

53.（　　）不是焊接变形造成的危害。

A. 引起焊接裂纹

B. 降低整体结构组对装配质量

C. 降低结构形状尺寸精度和美观

D. 矫正变形要降低生产率，增加制造成本

54. 刚性固定法防止焊接变形不适用于（　　）。

A. 薄板的焊接　　B. 容易裂的金属材料和结构的焊接

C. 奥氏体不锈钢结构的焊接　　D. 低碳钢结构的焊接

55. 火焰矫正焊接变形时，最高加热温度不宜超过（　　）℃。

A. 800　　B. 1 100　　C. 900　　D. 1 300

56. （　　）不是减小焊接应力的措施。

A. 采用合理的焊接顺序和方向　　B. 采用较大的焊接线能量

C. 预热　　D. 采有较小的焊接线能量

57. 国际焊接学会的碳当量计算公式只考虑了（　　）对焊接性的影响，而没有考虑其他因素对焊接性的影响。

A. 化学成分　　B. 焊接工艺条件

C. 构件类型　　D. 构件使用要求

58. 低合金高强度钢按热处理状态分类，30CrMnSiA 钢属于（　　）。

A. 正火钢　　B. 热轧钢

C. 中碳调质钢　　D. 非热处理强化钢

59. 焊后正火处理加热温度在 Ac_3 点以上 30 ~ 50℃，保温时间按厚度每毫米（　　）min 计算。

A. 4 ~ 5　　B. 2 ~ 3　　C. 3 ~ 4　　D. 1 ~ 2

60. 16Mn 钢属于（　　）钢。

A. Q275　　B. Q295　　C. Q390　　D. Q345

61. 16Mn 钢焊接时，焊条应选用（　　）。

A. E4303　　B. E4315　　C. E6015 - D1　　D. E5015

62. 板厚 16 mm 以下的 16Mn 钢焊接环境温度（　　）℃以下预热 100 ~ 150℃。

A. -10　　B. 0　　C. -5　　D. 5

63. 15MnTi 钢是（　　）状态下使用的钢种。

A. 热轧　　B. 正火　　C. 回火　　D. 退火

64. （　　）是珠光体耐热钢的主要合金元素。

A. Cr 和 Ni　　B. Mn 和 Mo　　C. Cr 和 Mo　　D. Ni 和 Mo

65. 珠光体耐热钢焊条是根据母材的（　　）来选择的。

A. 力学性能　　B. 高温强度

C. 化学成分　　D. 高温抗氧化性能

66. 低温压力容器用钢 16MnDR 的最低使用温度为（　　）℃。

A. -20　　B. -60　　C. -40　　D. -80

67. 牌号为 W707 的焊条是（　　）焊条。

A. 结构钢　　B. 低温钢

C. 奥氏体不锈钢　　D. 珠光体耐热钢

68.（　　）不是奥氏体不锈钢焊接时防止热裂纹的措施。

A. 严格限制焊缝中硫、磷等杂质元素的质量分数

B. 选用酸性焊条

C. 选用双相组织的焊条

D. 适当增大焊缝成形系数

69. 为了防止奥氏体不锈钢焊接热裂纹，希望焊缝金属组织是奥氏体—铁素体双相组织，其中铁素体的质量分数应控制在（　　）左右。

A. 1%　　B. 10%　　C. 5%　　D. 15%

70.（　　）不是奥氏体不锈钢的焊接工艺特点。

A. 采用小线能量，小电流快速焊

B. 焊前预热

C. 要快速冷却

D. 一般不进行消除焊接残余应力的焊后热处理

71. 奥氏体不锈钢的焊接电流（A），一般取焊条直径（mm）的（　　）倍。

A. 15～20　　B. 35～40　　C. 25～30　　D. 45～50

72. 牌号为 A137 的焊条是（　　）。

A. 碳钢焊条　　B. 奥氏体不锈钢焊条

C. 珠光体耐热钢焊条　　D. 低合金钢焊条

73. 适当增大焊缝成形系数，可以防止（　　）。

A. 热裂纹　　B. 再热裂纹　　C. 未焊透　　D. 咬边

74. 焊接接头冷却到（　　）时产生的焊接裂纹属于冷裂纹。

A. 液相线附近　　B. 固相线附近　　C. A_3线附近　　D. 较低温度

75. 工件表面锈皮未清除干净会引起（　　）。

A. 热裂纹　　B. 冷裂纹　　C. 咬边　　D. 再热裂纹

76.（　　）不是防止未熔合的措施。

A. 按规定参数严格烘干焊条、焊剂

B. 认真清理坡口和焊缝上的脏物

C. 焊条角度和运条要合适

D. 防止电弧偏吹

77. 下列缺陷一般除（　　）外，均需进行返修。

A. 焊缝表面有裂纹

B. 深度不大于 0.5 mm、连续长度不大于 100 mm 的咬边

C. 焊缝内部有超过图样和标准规定的缺陷

D. 焊缝表面有气孔、夹渣

78. 弯曲试验的目的是测定焊接接头的（　　）。

A. 强度　　B. 硬度　　C. 刚度　　D. 塑性

79. 在射线探伤胶片上多呈略带曲折的、波浪状的黑色细条纹，有时也呈直线状，轮

廓较分明，两端较尖细中部稍宽，不大有分枝，两端黑度较浅的缺陷是（　　）。

A. 气孔　　B. 裂纹　　C. 夹渣　　D. 未熔合

80. 射线探伤焊缝质量评定时的条状夹渣是指长宽比大于（　　）的夹渣。

A. 3　　B. 5　　C. 4　　D. 6

二、判断题（第 81 题 ~ 第 100 题。将判断结果填入括号中。正确的填“√”，错误的填“×”。每题 1 分，满分 20 分。）

（　　）81. 超声波探伤较射线探伤具有较高的灵敏度、探伤周期短、成本低、安全等优点。

（　　）82. 低合金结构钢焊接时的主要问题是冷裂纹和粗晶区脆化。

（　　）83. 珠光体耐热钢焊前局部预热必须保证预热宽度，焊缝两侧各大于所焊壁厚的 4 倍，且至少不小于 250 mm。

（　　）84. 点焊的焊接参数不包括焊件厚度，也不包括点焊顺序。

（　　）85. CO_2焊时，当焊接电流逐渐增大时，熔深、熔宽和余高都相应地增加。

（　　）86. 氩气瓶工作压力为 12 MPa。

（　　）87. 等离子弧切割工作气体氮气纯度应不低于 99.95%。

（　　）88. CO_2焊时，只要焊丝选择恰当，产生CO_2气孔的可能性就很小。

（　　）89. 板材对接要求全焊透，采用 I 形坡口双面埋弧自动焊工艺，在进行后焊的正面焊道焊接时，若熔池背面为暗红色，表示熔深符合要求。

（　　）90. CO_2焊时，氮气孔产生主要是因保护气层遭到破坏，大量空气侵入焊接区。

（　　）91. 紫外线对眼睛的伤害与照射时间成反比，与电弧至眼睛的距离平方成正比。

（　　）92. 对于潮湿而触电危险性又较大环境，我国规定安全电压为 24 V。

（　　）93. 埋弧自动焊焊丝伸出长度太短时，容易烧坏导电嘴。

（　　）94. 直流电压表使用时，电压表并联在被测电路上，电压表量程由表内串联的倍压电阻决定。

（　　）95. 金属材料随着温度的变化而膨胀、收缩的特性称为热膨胀性。

（　　）96. 钍钨极是一种理想的不熔化极氩弧焊的电极材料，也是我国目前建议尽量采用的钨极。

（　　）97. 焊接残余应力按产生原因分有四种，在这四种残余应力中以热应力和氢致集中应力为主。

（　　）98. 职业道德首先要从爱岗敬业、忠于职守的职业行为规范开始。

（　　）99. 当零件图中尺寸数字前面有字母 M 时，表示数字是直径的尺寸。

（　　）100. 劳动者通过劳动，在改善自己生活的同时，也是为建设国家而劳动。

理论知识考核模拟试卷三

一、单项选择题（第1题～第80题。选择一个正确的答案，将相应的字母填入题内的括号中。每题1分，满分80分。）

1. 凡是已制定好的焊工工艺文件，焊工在生产中（　　）。

A. 必须严格执行　　B. 必要时进行修改
C. 可以灵活运用　　D. 根据实际进行发挥

2. 在机械制图中图形中当采用的是细点画线时，则表示的是（　　）。

A. 剖面线　　B. 轴线
C. 断裂处的界线　　D. 视图和剖视的分界线

3. （　　）是铁素体和渗碳体的机械混合物，碳的质量分数为0.8%左右。

A. 奥氏体　　B. 珠光体　　C. 莱氏体　　D. 马氏体

4. 钢和铸铁都是铁碳合金，碳的质量分数（　　）的铁碳合金称为铸铁。

A. 小于2.11%　　B. 小于0.8%
C. 等于2.11%～6.67%　　D. 大于6.67%

5. 低碳钢的室温组织为珠光体加（　　）。

A. 渗碳体　　B. 铁素体　　C. 奥氏体　　D. 莱氏体

6. 将钢加热到A_3或A_{cm}以上50～70℃，保温后在静止的空气中冷却的热处理方法称为（　　）。

A. 淬火　　B. 正火　　C. 回火　　D. 退火

7. 某些钢在淬火后再进行（　　）的复合热处理工艺称为调质处理。

A. 低温回火　　B. 中温回火　　C. 室温回火　　D. 高温回火

8. 塑性的常用指标不包括（　　）。

A. δ　　B. ψ　　C. α　　D. A_k

9. 碳钢中除含有（　　）元素外，还有少量的硅、锰、硫、磷等杂质。

A. 铬、碳　　B. 铁、碳　　C. 钼、碳　　D. 镍、碳

10. 合金钢按（　　）总量进行分类是合金钢分类方法之一。

A. 碳、铬　　B. 碳元素　　C. 合金元素　　D. 碳、锰

11. 对电源没有接地中线的低压电网中的用电器，将用电器的（　　）用导体线作接地连接以保护人身安全，叫保护接地，接地电阻一般要小于4 Ω。

A. 外壳　　B. 内部　　C. 输入端　　D. 铁芯

12. 把直流电转换为交流电称为逆变，例如利用电感和电容组成振荡电路，通过（　　）将直流电转换为交流电。

A. 整流过程　　B. 自耦　　C. 变压过程　　D. 振荡过程

13. 变压器一次电源额定电压U_1与二次额定空载电压U_{20}之比等于（　　）。

A. 一次绕组匝数与二次绕组匝数之和

B. 一次绕组匝数与二次绕组匝数之比

C. 二次绕组匝数与一次绕组匝数之比

D. 一次绕组匝数与二次绕阻匝数之差

14. Mn 是（　　）的元素符号，Si 是（　　）的元素符号。

A. 硅，锰　　B. 锰，硅　　C. 钼，硫　　D. 镁，钛

15. 对于潮湿而触电危险性又较大的环境，我国规定安全电压为（　　）。

A. 2.5 V　　B. 36 V　　C. 24 V　　D. 12 V

16.（　　）的来源是由金属及非金属物质在过热条件下产生的高温蒸气经氧化、冷凝而形成的。

A. 金属飞溅　　B. 电弧辐射　　C. 有毒气体　　D. 焊接烟尘

17. 焊接前，焊工应对设备进行安全检查，但（　　）不属于设备安全检查的内容。

A. 焊条是否烘干　　B. 机壳保护接地或接零是否可靠

C. 焊接电缆的绝缘是否完好　　D. 电焊钳的绝缘是否完好

18. 电焊钳在使用前应进行检查，但（　　）不在检查之内。

A. 热膨胀性能　　B. 绝缘性能

C. 夹持焊条要牢固　　D. 装换焊条要方便

19. 施焊前，焊工应对面罩进行安全检查，（　　）是安全检查的重要内容之一。

A. 隔热能力　　B. 反光性能

C. 护目镜片深浅是否合适　　D. 耐腐蚀性能

20. 氩弧焊要求氩气纯度应达到（　　）。

A. 99.5%　　B. 99.99%　　C. 99.95%　　D. 99.9%

21. 水平固定管对接组装时，按规范和焊工技艺确定组对间隙，而且一般应（　　）。

A. 左大右小　　B. 左小右大　　C. 上小下大　　D. 上大下小

22. 管件对接的定位焊缝长度一般为 10 ~ 15 mm，厚度一般为（　　）mm。

A. 2 ~ 3　　B. 1　　C. 4　　D. 5

23.（　　）是一种自动埋弧焊常用的引弧方法。

A. 高频高压引弧法　　B. 尖焊丝引弧法

C. 不接触引弧法　　D. 高压脉冲引弧法

24. 手工钨极氩弧焊设备中没有（　　）。

A. 行走机构　　B. 水路系统

C. 气路系统　　D. 引弧和稳弧装置

25. 氩弧焊机供气系统没有（　　）。

A. 减压器　　B. 气体流量计　　C. 电磁气阀　　D. 干燥器

26. 焊条电弧焊立焊操作时，发现椭圆形熔池下部边缘由比较平直轮廓变成鼓肚变圆时，表示熔池温度已稍高或过高，应立即灭弧，降低熔池温度，以避免产生（　　）。

A. 裂纹　　B. 焊瘤　　C. 咬边　　D. 烧穿

27. 与焊条电弧焊相比，（　　）不是自动埋弧焊的缺点。

A. 焊接材料和电能消耗大　　B. 对气孔敏感性较大

C. 形状不规则的焊缝不能焊　　D. 辅助准备工作量大

28.（　　）不是埋弧自动焊最主要的参数。

A. 焊接速度　　B. 焊接电流

C. 电流种类与极性　　D. 电弧电压

29. 焊接速度过高时会产生（　　）等缺陷。

A. 焊瘤　　B. 热裂纹　　C. 烧穿　　D. 气孔

30. 埋弧自动焊对于厚度（　　）mm 以下的板材，可以不开坡口（采用 I 形坡口），只需采用双面焊接，背面不用清根，也能达到全焊透的要求。

A. 12　　B. 24　　C. 18　　D. 30

31. 板材对接要求全焊透，采用 I 形坡口埋弧自动焊双面焊，要求后焊的正面焊道的熔深（焊道厚度）达到板厚的（　　）。

A. 30% ~40%　　B. 40% ~50%　　C. 60% ~70%　　D. 50% ~60%

32. 板材对接要求全焊透，采有 I 形坡口双面埋弧自动焊工艺，在进行后焊的正面焊道焊接时，若熔池背面为（　　）色，表示熔深符合要求。

A. 看不见颜色　　B. 红　　C. 暗红　　D. 白亮

33. 埋弧自动焊负载持续率通常为（　　）。

A. 60%　　B. 100%　　C. 85%　　D. 75%

34. 与其他电弧焊相比，（　　）不是手工钨极氩弧焊的优点。

A. 保护效果好，焊缝质量高　　B. 易控制熔池尺寸

C. 生产率高　　D. 可焊接的材料范围广

35.（　　）不是钨极氩弧焊选择钨极直径的主要依据。

A. 焊工操作技术　　B. 焊接电流大小

C. 电源种类与极性　　D. 焊件厚度

36. CO_2气体保护焊有一些不足之处，但（　　）不是 CO_2焊的缺点。

A. 焊接变形大　　B. 焊缝表面成形较差

C. 氧化性强　　D. 飞溅较大

37. 目前 CO_2焊适用于（　　）的焊接。

A. 不锈钢　　B. 低合金钢　　C. 镍及镍合金　　D. 钛及钛合金

38.（　　）不是 CO_2焊时选择电弧电压的根据。

A. 焊丝直径　　B. 焊接电流

C. 坡口形式　　D. 熔滴过渡形式

39. CO_2焊时，焊丝伸出长度通常取决于焊丝直径，约以焊丝直径的（　　）倍为宜。

A. 10　　B. 5　　C. 3　　D. 20

40. 自由电弧一般经过三种“压缩效应”成为等离子弧，但（　　）不是这三种压缩效应中的一种。

A. 蒸气压缩效应　　B. 热收缩效应　　C. 机械压缩效应　　D. 磁收缩效应

41. 目前等离子弧所采用的电源，绝大多数为（　　）。

A. 陡降外特性的交流电源　　B. 陡降外特性的整流电源

C. 逆变交流电源　　D. 方波交流电源

42. 等离子弧切割大厚度割件时的工作气体常用（　　）。

A. 氮气　　B. 氩气

C. 氮 + 氢混合气体　　D. 氢气

43. 等离子弧切割基本原理是利用等离子弧把被切割的材料局部（　　），并同时用高速气流吹走。

A. 熔化及蒸发　　B. 熔化及燃烧　　C. 氧化和燃烧　　D. 氧化和蒸发

44. 等离子弧切割不锈钢、铝等厚度可达（　　）mm 以上。

A. 200　　B. 100　　C. 300　　D. 400

45. 冷却速度是焊接热循环的一个重要参数，通常用起关键作用的（　　）时间表示。

A. 从 1 300℃冷却到 1 100℃的　　B. 从 1 100℃冷却到 800℃的

C. 从 500℃冷却到 300℃的　　D. 从 800℃冷却到 500℃的

46.（　　）不是影响焊接热循环的因素。

A. 预热和层间温度　　B. 焊接方法

C. 焊接参数　　D. 焊后热处理

47.（　　）不是焊接熔池一次结晶的特点。

A. 熔池体积小，冷却速度快　　B. 熔池各处同时开始结晶

C. 熔池是在运动状态下结晶　　D. 熔池液态金属温度高

48. 钢焊缝中夹杂物主要有氧化物和（　　）两种。

A. 氮化物　　B. 硫化物　　C. 碳化物　　D. 磷化物

49.（　　）不是钢焊缝金属中氧的主要来源。

A. 母材和焊丝中的氧　　B. 焊条药皮和埋弧焊剂中的氧化物

C. 空气中的氧气　　D. CO_2气体保护焊时的CO_2气

50. 钢焊缝金属中的硫会引起（　　）。

A. 未熔合　　B. 冷裂纹　　C. 低温脆性　　D. 热裂纹

51. 刚性固定法防止焊接变形不适用于（　　）。

A. 薄板的焊接

B. 低碳钢结构的焊接

C. 容易裂的金属材料和结构的焊接

D. 奥氏体不锈钢结构的焊接

52. 火焰矫正焊接变形时，加热用火焰一般采用（　　）。

A. 碳化焰　　B. 氧化焰　　C. 轻微氧化焰　　D. 中性焰

53. 焊接残余应力按产生原因分有四种，在这四种残余应力中以（　　）为主。

A. 热应力和相变应力　　B. 热应力和拘束应力

C. 热应力和氢致集中应力　　D. 相变应力和氢致集中应力

54. 对于（　　），焊后可以不必采取消除残余应力的措施。

A. 塑性较差的高强钢焊接结构

B. 刚性拘束度大的厚壁压力容器结构

C. 低碳钢、16Mn 等一般性焊接结构

D. 存在较大的三向拉伸残余应力的结构

55. (　　) 不是减小焊接应力的措施。

A. 采用较大的焊接线能量　　B. 采用较小的焊接线能量

C. 采用合理的焊接顺序和方向　　D. 锤击焊缝金属

56. 碳当量 (　　) 时，钢的淬硬冷裂倾向不大，焊接性优良。

A. 小于 0.55%　　B. 小于 0.40%　　C. 小于 0.65%　　D. 小于 0.75%

57. 焊后正火处理加热温度在 (　　) 点以上 30～50℃，保温时间按厚度每毫米 1～2 min 计算。

A. Ac_3　　B. Ac_1　　C. A_1　　D. A_{cm}

58. (　　) 不是厚板窄间隙焊的优点。

A. 热输入量小

B. 焊接材料和能源消耗低

C. 不易产生夹渣

D. 热影响区窄宜用于焊接性较差的低合金结构钢

59. 15MnV 钢属于 (　　) 钢。

A. Q345　　B. Q390　　C. Q490　　D. Q420

60. 15MnTi 钢是 (　　) 状态下使用的钢种。

A. 正火　　B. 退火　　C. 热轧　　D. 调质

61. 18MnMoNb 钢的焊接性较差，焊前需要预热，预热温度为 (　　) ℃。

A. 100～130　　B. 180～250　　C. 150～180　　D. 130～150

62. 18MnMoNb 钢焊条电弧焊或埋弧自动焊焊后，要进行回火或消除应力热处理，其加热温度为 (　　) ℃。

A. 600～650　　B. 500～550　　C. 550～600　　D. 450～500

63. 在高温、高压蒸汽的运行条件下，碳钢的最高工作温度为 (　　) ℃。

A. 750　　B. 450　　C. 550　　D. 650

64. 珠光体耐热钢最高使用温度一般为 (　　) ℃。

A. 300～400　　B. 500～600　　C. 400～500　　D. 600～700

65. (　　) 不是珠光体耐热钢焊后热处理的目的。

A. 改善接头组织，提高组织稳定性

B. 防止延迟裂纹

C. 防止热裂纹

D. 消除焊接残余应力

66. 低温压力容器用钢 16MnDR 的最低使用温度为 (　　) ℃。

A. －20　　B. －80　　C. －60　　D. －40

67. 低温钢 9Ni 钢的最低使用温度为 (　　) ℃。

A. －40　　B. －70　　C. －196　　D. －100

68. 不锈钢铬的质量分数均大于 (　　)。

A. 12% B. 23% C. 18% D. 25%

69. 奥氏体不锈钢焊接时，如果焊接材料选用不当或焊接工艺不合理时，会产生（ ）等问题。

A. 接头软化和热裂纹
B. 降低接头抗晶间腐蚀能力和冷裂纹
C. 降低接头抗晶间腐蚀能力和热裂纹
D. 降低接头抗晶间腐蚀能力和再热裂纹

70. （ ）不是奥氏体不锈钢焊接时防止热裂纹的措施。

A. 严格限制焊缝中硫、磷等杂质的质量分数
B. 选用双相组织的焊条
C. 选用酸性焊条
D. 采用小线能量，多层多道焊

71. 奥氏体不锈钢的焊接电流（A），一般取焊条直径（mm）的（ ）倍。

A. 35 ~ 40 B. 25 ~ 30 C. 45 ~ 50 D. 50 ~ 55

72. （ ）不是奥氏体不锈钢合适的焊接方法。

A. 焊条电弧焊 B. 钨极氩弧焊 C. 电渣焊 D. 埋弧自动焊

73. 在焊接过程中，焊缝和热影响区金属冷却到（ ）附近的高温区产生的裂纹属于热裂纹。

A. 固相线 B. A_{cm}线 C. A_3线 D. 液相线

74. 按规定参数烘干焊条、焊剂是防止（ ）的措施之一。

A. 夹渣 B. 热裂纹 C. 气孔 D. 再热裂纹

75. 工件表面锈皮未清除干净会引起（ ）。

A. 气孔 B. 再热裂纹 C. 咬边 D. 弧坑

76. （ ）不是防止气孔的措施。

A. 清除坡口及两侧的锈、油、水 B. 采用小线能量
C. 采用短弧焊 D. 按规定参数烘干焊条、焊剂

77. （ ）不是防止未熔合的措施。

A. 焊条角度和运条要合适
B. 认真清理坡口和焊缝上的脏物
C. 按规定参数严格烘干焊条、焊剂
D. 稍大的焊接电流，焊接速度不过快

78. 对碳钢的化学分析，（ ）不是经常分析的元素。

A. C B. Mn C. Fe D. S

79. （ ）不是超声波探伤的缺点。

A. 要求探伤零件表面粗糙度较高 B. 对缺陷尺寸判断不够准确
C. 近表面缺陷不易发现 D. 判断缺陷性质直观性差

80. 在射线探伤胶片上呈单独黑点，外形不太规则，带有棱角，黑度较均匀的缺陷是（ ）。

A. 点状夹渣　　B. 气孔　　C. 夹钨　　D. 裂纹

二、判断题（第 81 题～第 100 题。将判断结果填入括号中。正确的填“√”，错误的填“×”。每题 1 分，满分 20 分。）

（　）81. 16Mn 钢焊接时，一般不必预热，板厚 16 mm 以下的 16Mn 钢，只有当环境温度在 -10℃以下，才需预热 100～150℃。

（　）82. 为了使用方便，钨极的一端常涂有颜色，以便识别，铈钨极为红色。

（　）83. 钨极氩弧焊的钨极端部形状采用锥形尖端效果最好，电弧稳定，焊缝成形良好。

（　）84. 弯曲试验的目的是测定焊接接头的塑性。

（　）85. 点焊主要用于带蒙皮的骨架结构（如汽车驾驶室）、铁丝网布和钢筋交叉点等。

（　）86. 细丝 CO_2焊时，熔滴过渡一般都是有短路的粗滴过渡。

（　）87. 电阻焊因焊件电阻小，焊接电流大，故变压器容量皆大于 50 kW。

（　）88. CO_2焊时，氮气孔产生主要是因保护气层遭到破坏，大量空气侵入焊接区。

（　）89. 与焊条电弧焊相比，自动埋弧焊对气孔敏感性小，不易产生气孔。

（　）90. 冷轧低碳钢焊接热影响区由过热区、正火区和部分相变区三部分组成。

（　）91. 低碳钢 20 g 钢板对接时，焊条应选用 E4303。

（　）92. 不等厚度材料点焊时，为防止熔核偏移造成焊点强度大大下降，一般规定工件厚度比不应超过 1∶5。

（　）93. 易燃物品距钨极氩弧焊场所不得小于 5 m。

（　）94. 焊机型号和钨极牌号不是手工钨极氩弧焊的焊接参数。

（　）95. CO_2气瓶使用 CO_2气体电热预热器时，其电压应采用 220 V。

（　）96. 薄板点焊前焊件表面必须清理，清理时最好用化学方法清理，以免机械清理造成表面划伤。

（　）97. 穿透型等离子弧焊焊接铜即可用氮气作为保护气体。

（　）98. CO_2焊只要焊丝选择恰当，产生氧气孔的可能性很小。

（　）99. 从事职业活动的人们自觉遵守职业道德有利于推动社会主义物质文明建设和精神文明建设。

（　）100. 采用碱性焊条，焊前应在坡口及两侧各 15～20 mm 范围内，将锈、水、油污等清理干净。

技能操作考核模拟试卷一

一、1Cr18Ni9Ti 钢板 V 形坡口对接立位手工钨极氩弧焊

考核要求：

1. 定位焊在试件背面两端 20 mm 范围内。
2. 根部要焊透，单面焊双面成形。
3. 焊缝的空间位置不许超出立焊位置范围。
4. 试件一经固定开始焊接，不得任意移动试件。
5. 坡口处的油污、氧化膜等清理干净，焊丝除锈。
6. 不许破坏焊缝原始表面。
7. 时间为 40 min。

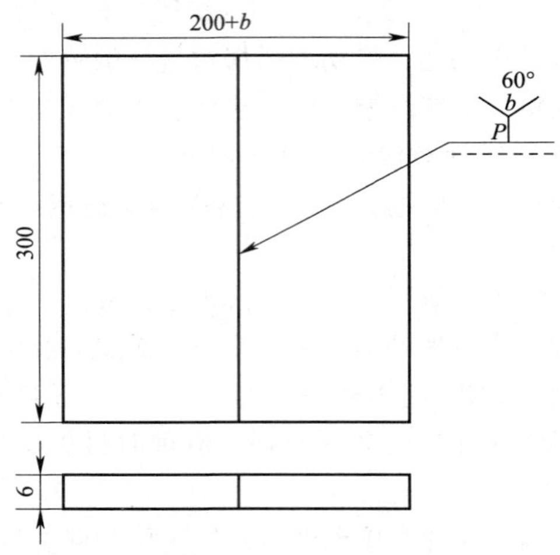

技术要求

1. 单面焊双面成形。
2. 间隙、反变形自定。
3. 试件离地面高度自定。

二、16Mn 钢板搭接仰位 CO_2 焊

考核要求：

1. 定位焊在试件背面两端 20 mm 范围内。
2. 具有一定的熔深。
3. 焊缝的空间位置不许超出仰焊位置的范围。
4. 试件一经固定开始焊接，不得任意移动试件。
5. 坡口处的油污、氧化膜等清理干净，焊丝除锈。
6. 搭接长度符合要求。
7. 不许破坏焊缝原始表面。
8. 时间为 40 min。

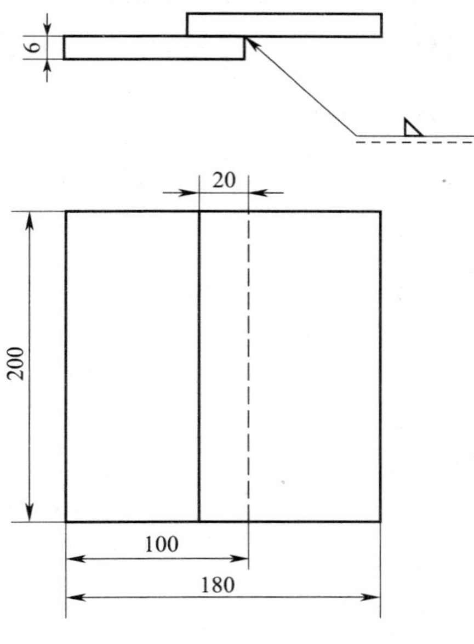

技术要求

1. 焊脚尺寸 $K=6\pm1$。
2. 间隙、反变形自定。
3. 试件离地面高度自定。

成绩表

序号	试题名称	配分	得分	权重	最后得分	备注
1	1Cr18Ni9Ti 钢板 V 形坡口对接立位手工钨极氩弧焊	60%				
2	16Mn 钢板搭接仰位 CO_2 焊	40%				
合计		100%				

1Cr18Ni9Ti 钢板 V 形坡口对接立位手工钨极氩弧焊评分标准

序号	考核内容	考核要点	配分	评分标准	检测结果	扣分	得分
1	焊前准备	劳保着装及工具准备齐全，并符合要求，参数设置、设备调试正确	5	工具及劳保着装不符合要求，参数设置、设备调试不正确有一项扣 1 分			
2	焊接操作	试件固定的空间位置符合要求	10	试件固定的空间位置超出规定范围不得分			

续表

序号	考核内容	考核要点	配分	评分标准	检测结果	扣分	得分
3	焊缝外观	两面焊缝表面不允许有焊瘤、气孔、烧穿等缺陷	10	出现任何一种缺陷不得分			
		焊缝咬边深度≤0.5 mm，两侧咬边总长度不超过焊缝有效长度的15%	8	1. 咬边深度≤0.5 mm (1) 累计长度每5 mm扣1分 (2) 累计长度超过焊缝有效长度的15%不得分 2. 咬边深度>0.5 mm不得分			
		未焊透深度≤0.15δ且≤1.5 mm，总长度不超过焊缝有效长度的10%（氩弧焊打底的试件不允许未焊透）	8	1. 未焊透深度≤0.15δ且≤1.5 mm，累计长度超过焊缝有效长度的10%不得分 2. 未焊透深度超标不得分			
		背面凹坑深度≤0.25δ且≤1 mm；除仰焊位置的板状试件不作规定外，总长度不超过焊缝有效长度的10%	4	1. 背面凹坑深度≤0.25δ且≤1 mm，背面凹坑长度每5 mm扣1分 2. 背面凹坑深度>1 mm时不得分			
		双面焊缝余高0～3 mm，焊缝宽度比坡口每侧增宽0.5～2.5 mm，宽度误差≤3 mm	10	每种尺寸超差一处扣2分，扣满10分为止			
		错边≤10%δ	5	超差不得分			
		焊后角变形误差≤3°	5	超差不得分			
4	内部质量	X射线探伤	30	Ⅰ级片不扣分；Ⅱ级片扣10分；Ⅲ级片不得分			
5	其他	安全文明生产	5	设备、工具复位，试件、场地清理干净，有一处不符合要求扣1分			
6	定额	操作时间		每超1 min从总分中扣2分			
合计			100				

否定项：

1. 焊缝表面存在裂纹、未熔合缺陷。
2. 焊接操作时任意更改试件焊接位置。
3. 焊缝原始表面破坏。
4. 焊接时间超出定额的50%。

16Mn 钢板搭接仰位 CO_2 焊评分标准

序号	考核内容	考核要求	配分	评分标准	检测结果	扣分	得分
1	焊前准备	劳保着装及工具准备齐全，并符合要求；参数设置、设备调试正确	5	工具及劳保着装不符合要求，参数设置、设备调试不正确或不符合标准各扣 1 分			
2	焊接操作	试件固定的空间位置符合要求	10	试件固定的空间位置超出规定范围不得分			
3	焊缝外观	焊缝表面不允许有焊瘤、气孔、烧穿等缺陷	10	出现任何一种缺陷不得分			
		焊缝咬边深度≤0.5 mm，两侧咬边总长度不超过焊缝有效长度的 15%	10	1. 咬边深度≤0.5 mm (1) 累计长度每 5 mm 扣 1 分 (2) 累计长度超过焊缝有效长度的 15% 不得分 2. 咬边深度 >0.5 mm 不得分			
		焊缝凹凸度差≤1.5 mm	10	1. 凹凸度差 >1.5 mm 时不得分 2. 凹凸度差≤1.5 mm 时不扣分			
		焊脚尺寸 K = δ + (1 ~2) mm	15	每超差一处扣 5 分			
		两板之间夹角为 90° ±2°	5	超差不得分			
4	宏观金相检验	根部熔深≥0.5 mm	10	根部熔深 <0.5 mm 时不得分			
		条状缺陷	10	1. 最大尺寸≤1.5 mm 且数量不多于 1 个时，不扣分 2. 超标不得分			
		点状缺陷	10	1. 点数≤6 个时，每个扣 1 分 2. 点数 >6 个时，不得分			
5	其他	安全文明生产	5	设备、工具复位，试件、场地清理干净，有一处不符合要求扣 1 分			
6	定额	操作时间		每超 1 min 从总分中扣 2 分			
合计			100				

否定项：

1. 焊缝表面存在裂纹、未熔合缺陷。
2. 焊接操作时任意更改试件焊接位置。
3. 焊缝原始表面破坏。
4. 焊接时间超出定额的 50%。

技能操作考核模拟试卷二

一、16MnR 钢板 I 形坡口对接横位手工电弧焊

考核要求：

1. 定位焊在试件背面两端 20 mm 范围内。
2. 根部要焊透，单面焊双面成形。
3. 焊缝的空间位置不许超出横焊位置范围。
4. 试件一经固定开始焊接，不得任意移动试件。
5. 使用按规定烘干的焊条，随用随取。
6. 打底焊接头处允许修磨。
7. 不许破坏焊缝原始表面。
8. 允许使用刚性固定。
9. 操作时间为 40 min。

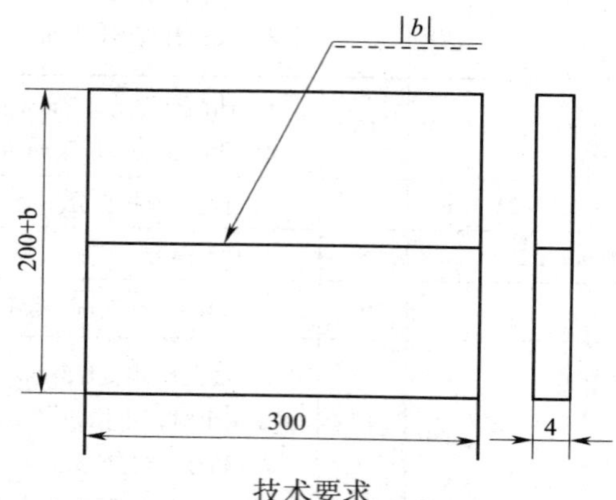

技术要求

1. 单面焊双面成形。
2. 间隙反变形自定。
3. 试件离地面高度自定。

二、20 钢板 T 形接头立角焊手工电弧焊

考核要求：

1. 定位焊在试件侧面两端 20 mm 范围内。
2. 根部要具有一定的熔深。
3. 焊缝的空间位置不许超出立角焊位置的范围。
4. 试件一经固定开始焊接，不得任意移动试件。
5. 焊条必须按规定烘干，随用随取。
6. T 形接头长度符合要求。
7. 不许破坏焊缝原始表面。
8. 操作时间为 40 min。

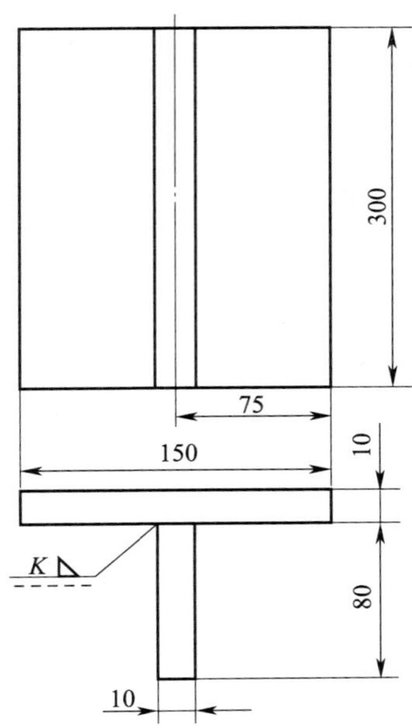

技术要求

1. 焊脚尺寸 $K=10\pm1$。
2. 间隙反变形自定。
3. 试件离地面高度自定。

成绩表

序号	试题名称	配分	得分	权重	最后得分	备注
1	16MnR 钢板 I 形坡口对接横位手工电弧焊	60%				
2	20 钢板 T 形接头立角焊手工电弧焊	40%				
	合计	100%				

16MnR 钢板 I 形坡口对接横位手工电弧焊评分表

序号	考核内容	考核要点	配分	评分标准	检测结果	扣分	得分
1	焊前准备	劳保着装及工具准备齐全并符合要求，参数设置、设备调试正确	5	工具及劳保着装不符合要求，参数设置、设备调试不正确有一项扣 1 分			
2	焊接操作	试件固定的空间位置符合要求	10	试件固定的空间位置超出规定范围不得分			

续表

序号	考核内容	考核要点	配分	评分标准	检测结果	扣分	得分
3	焊缝外观	两面焊缝表面不允许有焊瘤、气孔、烧穿等缺陷	10	出现任何一种缺陷不得分			
		焊缝咬边深度≤0.5 mm，两侧咬边总长度不超过焊缝有效长度的15%	8	1. 咬边深度≤0.5 mm （1）累计长度每5 mm扣1分 （2）累计长度超过焊缝有效长度的15%不得分 2. 咬边深度>0.5 mm不得分			
		未焊透深度≤0.15δ且≤1.5 mm，总长度不超过焊缝有效长度的10%（氩弧焊打底的试件不允许未焊透）	8	1. 未焊透深度≤0.15δ且≤1.5 mm，累计长度超过焊缝有效长度的10%不得分 2. 未焊透深度超标不得分			
		背面凹坑深度≤0.25δ且≤1 mm；除仰焊位置的板状试件不作规定外，总长度不超过焊缝有效长度的10%	4	1. 背面凹坑深度≤0.25δ且≤1 mm，背面凹坑长度每5 mm扣1分 2. 背面凹坑深度>1 mm时不得分			
		双面焊缝余高0～3 mm，焊缝宽度比坡口每侧增宽0.5～2.5 mm，宽度误差≤3 mm	10	每种尺寸超差一处扣2分，扣满10分为止			
		错边≤0.1δ	5	超差不得分			
		焊后角变形误差≤3°	5	超差不得分			
4	内部质量	X射线探伤	30	Ⅰ级片不扣分；Ⅱ级片扣10分；Ⅲ级片不得分			
5	其他	安全文明生产	5	设备、工具复位，试件、场地清理干净，有一处不符合要求扣1分			
6	定额	操作时间		每超1 min从总分中扣2分			
合计			100				

否定项：

1. 焊缝表面存在裂纹、未熔合缺陷。
2. 焊接操作时任意更改试件焊接位置。
3. 焊缝原始表面破坏。
4. 焊接时间超出定额的50%。

20 钢板 T 形接头立角焊手工电弧焊评分表

序号	考核内容	考核要求	配分	评分标准	检测结果	扣分	得分
1	焊前准备	劳保着装及工具准备齐全并符合要求，参数设置、设备调试正确	5	工具及劳保着装不符合要求，参数设置、设备调试不正确或不符合标准各扣 1 分			
2	焊接操作	试件固定的空间位置符合要求	10	试件固定的空间位置超出规定范围不得分			
3	焊缝外观	焊缝表面不允许有焊瘤、气孔、烧穿等缺陷	10	出现任何一种缺陷不得分			
		焊缝咬边深度≤0.5 mm，两侧咬边总长度不超过焊缝有效长度的 15%	10	（1）咬边深度≤0.5 mm 1）累计长度每 5 mm 扣 1 分 2）累计长度超过焊缝有效长度的 15% 不得分 （2）咬边深度 >0.15 mm 不得分			
		焊缝凹凸度差≤1.5 mm	10	（1）凹凸度差 >1.5 mm 时不得分 （2）凹凸度差≤1.5 mm 时不扣分			
		焊脚尺寸 $K=\delta+$（1～2）mm	15	每超差一处扣 5 分			
		两板之间夹角为 90°±2°	5	超差不得分			
4	宏观金相检验	根部熔深≥0.5 mm	10	根部熔深 <0.5 mm 时不得分			
		条状缺陷	10	（1）最大尺寸≤1.5 mm 且数量不多于 1 个时，不扣分 （2）超标不得分			
		点状缺陷	10	（1）点数≤6 个时，每个扣 1 分 （2）点数 >6 个时，不得分			
5	其他	安全文明生产	5	设备、工具复位，试件、场地清理干净，有一处不符合要求扣 1 分			
6	定额	操作时间		每超 1 min 从总分中扣 2 分			
合计			100				

否定项：

1. 焊缝表面存在裂纹、未熔合缺陷。
2. 焊接操作时任意更改试件焊接位置。
3. 焊缝原始表面破坏。
4. 焊接时间超出定额的 50%。

技能操作考核模拟试卷三

一、20 钢或 16Mn 钢板 V 形坡口对接横位手工电弧焊

考核要求：

1. 定位焊在试件背面两端 20 mm 范围内。
2. 根部要焊透，单面焊双面成形。
3. 焊缝的空间位置不许超出横焊位置范围。
4. 试件一经固定开始焊接，不得任意移动试件。
5. 使用按规定烘干的焊条，随用随取。
6. 打底焊接头处允许修磨。
7. 不许破坏焊缝原始表面。
8. 操作时间为 60 min。

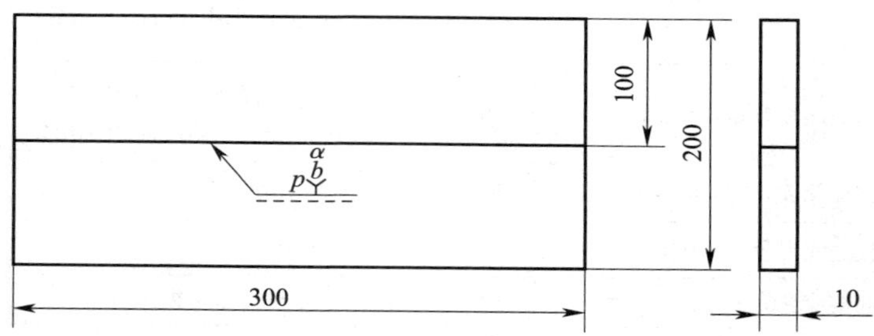

技术要求

1. 单面焊双面成形。
2. 间隙反变形自定。
3. 试件离地面高度自定。

二、16Mn 钢板 60°V 形坡口立位 CO_2焊

考核要求：

1. 定位焊在试件背面两端 20 mm 范围内。
2. 根部要具有一定的熔深。
3. 焊缝的空间位置不许超出立焊位置的范围。
4. 试件一经固定开始焊接，不得任意移动试件。
5. 焊前将坡口处的油污、氧化膜等清理干净，焊丝除锈。
6. 不许破坏焊缝原始表面。
7. 操作时间为 40 min。

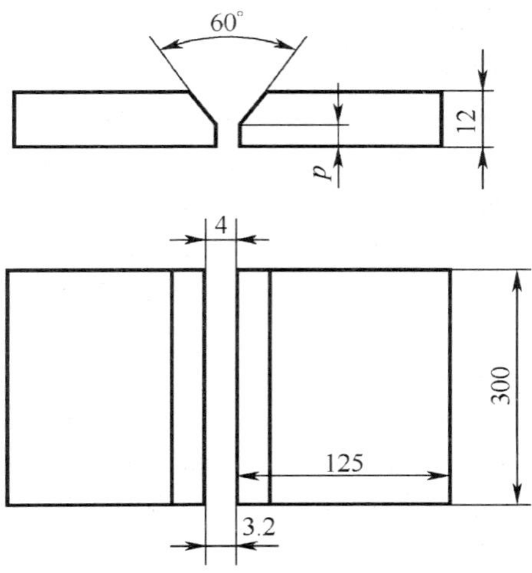

技术要求

1. 单面焊双面成形。
2. 间隙反变形自定。
3. 试件离地面高度自定。

总成绩表

序号	试题名称	配分	得分	权重	最后得分	备注
1	20 钢或 16Mn 钢板 V 形坡口对接横位手工电弧焊	60%				
2	16Mn 钢板 60°V 形坡口立位 CO_2 焊	40%				
	合计	100%				

20 钢或 16Mn 钢板 V 形坡口对接横位手工电弧焊评分表

序号	考核内容	考核要点	配分	评分标准	检测结果	扣分	得分
1	焊前准备	劳保着装及工具准备齐全并符合要求，参数设置、设备调试正确	5	工具及劳保着装不符合要求，参数设置、设备调试不正确有一项扣 1 分			
2	焊接操作	试件固定的空间位置符合要求	10	试件固定的空间位置超出规定范围不得分			
3	焊缝外观	两面焊缝表面不允许有焊瘤、气孔、烧穿等缺陷	10	出现任何一种缺陷不得分			

续表

序号	考核内容	考核要点	配分	评分标准	检测结果	扣分	得分
3	焊缝外观	焊缝咬边深度≤0.5 mm，两侧咬边总长度不超过焊缝有效长度的15%	8	（1）咬边深度≤0.5 mm 1）累计长度每5 mm扣1分 2）累计长度超过焊缝有效长度的15%不得分 （2）咬边深度>0.5 mm不得分			
		未焊透深度≤0.15δ且≤1.5 mm，总长度不超过焊缝有效长度的10%（氩弧焊打底的试件不允许未焊透）	8	（1）未焊透深度≤0.15δ且≤1.5 mm，累计长度超过焊缝有效长度的10%不得分 （2）未焊透深度超标不得分			
		背面凹坑深度≤0.2δ且≤2 mm，除仰焊位置的板状试件不作规定外，总长度不超过焊缝有效长度的10%	4	（1）背面凹坑深度≤0.2δ且≤2 mm，每5 mm扣1分 （2）背面凹坑深度>2 mm时不得分			
		双面焊缝余高0～3 mm，焊缝宽度比坡口每侧增宽0.5～2.5 mm，宽度误差≤3 mm	10	每种尺寸超差一处扣2分，扣满10分为止			
		错边≤0.1δ	5	超差不得分			
		焊后角变形误差≤3°	5	超差不得分			
4	内部质量	X射线探伤	30	Ⅰ级片不扣分；Ⅱ级片扣10分；Ⅲ级片不得分			
5	其他	安全文明生产	5	设备、工具复位，试件、场地清理干净，有一处不符合要求扣1分			
6	定额	操作时间		每超1 min从总分中扣2分			
合计			100				

否定项：

1. 焊缝表面存在裂纹、未熔合缺陷。
2. 焊接操作时任意更改试件焊接位置。
3. 焊缝原始表面破坏。
4. 焊接时间超出定额的50%。

16Mn 钢板 60°V 形坡口立位 CO_2 焊评分表

序号	考核内容	考核要求	配分	评分标准	检测结果	扣分	得分
1	焊前准备	劳保着装及工具准备齐全并符合要求，参数设置、设备调试正确	5	工具及劳保着装不符合要求，参数设置、设备调试不正确或不符合标准各扣 1 分			
2	焊接操作	试件固定的空间位置符合要求	10	试件固定的空间位置超出规定范围不得分			
3	焊缝外观	焊缝表面不允许有焊瘤、气孔、烧穿等缺陷	10	出现任何一种缺陷不得分			
		焊缝咬边深度≤0.5 mm，两侧咬边总长度不超过焊缝有效长度的 15%	10	（1）咬边深度≤0.5 mm 1）累计长度每 5 mm 扣 1 分 2）累计长度超过焊缝有效长度的 15% 不得分 （2）咬边深度 >0.5 mm 不得分			
		焊缝凹凸度差≤1.5 mm	10	（1）凹凸度差 >1.5 mm 时不得分 （2）凹凸度差≤1.5 mm 时不扣分			
		焊脚尺寸 $K=\delta+(1\sim2)$ mm	15	每超差一处扣 5 分			
		两板之间夹角为 90°±2°	5	超差不得分			
4	宏观金相检验	根部熔深≥0.5 mm	10	根部熔深 <0.5 mm 时不得分			
		条状缺陷	10	（1）最大尺寸≤1.5 mm 且数量不多于 1 个时，不扣分 （2）超标不得分			
		点状缺陷	10	（1）点数≤6 个时，每个扣 1 分 （2）点数 >6 个时，不得分			
5	其他	安全文明生产	5	设备、工具复位，试件、场地清理干净，有一处不符合要求扣 1 分			
6	定额	操作时间		每超 1 min 从总分中扣 2 分			
合计			100				

否定项：

1. 焊缝表面存在裂纹、未熔合缺陷。
2. 焊接操作时任意更改试件焊接位置。
3. 焊缝原始表面破坏。
4. 焊接时间超出定额的 50%。

理论知识考核模拟试卷参考答案

试卷一

1. A　2. D　3. C　4. B　5. A　6. D　7. D　8. B　9. C
10. C　11. B　12. C　13. D　14. D　15. D　16. A　17. A　18. A
19. A　20. B　21. D　22. A　23. B　24. A　25. C　26. C　27. B
28. D　29. D　30. A　31. D　32. D　33. A　34. C　35. A　36. C
37. B　38. C　39. C　40. B　41. A　42. D　43. C　44. B　45. D
46. D　47. A　48. C　49. D　50. C　51. D　52. A　53. A　54. A
55. B　56. C　57. A　58. A　59. D　60. B　61. A　62. D　63. B
64. A　65. D　66. A　67. A　68. C　69. B　70. B　71. B　72. B
73. D　74. D　75. A　76. B　77. B　78. C　79. B　80. D　81. √
82. √　83. √　84. √　85. √　86. √　87. √　88. ×　89. √　90. √
91. ×　92. √　93. ×　94. ×　95. √　96. √　97. √　98. ×　99. √
100. √

试卷二

1. C　2. D　3. B　4. C　5. D　6. B　7. C　8. B　9. A
10. C　11. C　12. B　13. A　14. B　15. A　16. D　17. C　18. A
19. B　20. B　21. A　22. C　23. A　24. A　25. A　26. C　27. B
28. B　29. A　30. A　31. B　32. C　33. C　34. D　35. B　36. C
37. B　38. D　39. B　40. A　41. B　42. C　43. A　44. A　45. D
46. C　47. B　48. A　49. A　50. C　51. B　52. B　53. A　54. B
55. A　56. B　57. A　58. C　59. D　60. D　61. D　62. A　63. B
64. C　65. C　66. C　67. B　68. B　69. C　70. B　71. C　72. B
73. A　74. D　75. B　76. A　77. B　78. D　79. B　80. A　81. √
82. √　83. ×　84. √　85. √　86. ×　87. ×　88. ×　89. ×　90. √
91. ×　92. ×　93. √　94. √　95. √　96. ×　97. ×　98. √　99. ×
100. √

试卷三

1. A　2. B　3. B　4. C　5. B　6. B　7. D　8. D　9. B

10. C　11. A　12. D　13. B　14. B　15. D　16. D　17. A　18. A
19. C　20. B　21. D　22. A　23. B　24. A　25. D　26. B　27. A
28. C　29. D　30. A　31. C　32. B　33. B　34. C　35. A　36. A
37. B　38. C　39. A　40. A　41. B　42. C　43. A　44. A　45. D
46. D　47. B　48. B　49. A　50. D　51. C　52. D　53. A　54. C
55. A　56. B　57. A　58. C　59. B　60. A　61. B　62. A　63. B
64. B　65. C　66. D　67. C　68. A　69. C　70. C　71. B　72. C
73. A　74. C　75. A　76. B　77. C　78. C　79. A　80. A　81. √
82. ×　83. ×　84. √　85. √　86. ×　87. √　88. √　89. ×　90. ×
91. √　92. ×　93. √　94. √　95. ×　96. √　97. √　98. ×　99. √
100. √